U0357668

首批"国家精品课程"教材

清華大學 计算机系列教材

吴文虎 徐明星 邬晓钧 编著

程序设计基础

（第4版）

清华大学出版社
北京

内 容 简 介

本书以程序设计的分析问题和解决问题为重点，讲授在 C/C++ 语言环境下程序设计的解题思路、算法设计和程序实现，可帮助读者提高编程能力和上机解题能力。全书语言简洁，示例丰富，深入浅出地引导读者理性思维和理性实践，章节结构安排合理，教学方法引人入胜，便于读者自学。

本书可作为高等院校计算机相关专业程序设计课程的教材，亦可供从事计算机、自动化及其他相关领域的科研技术人员参考。

图书在版编目（CIP）数据

程序设计基础 /吴文虎，徐明星，邬晓钧编著. —4 版. —北京：清华大学出版社，2017(2023. 10重印)
（清华大学计算机系列教材）
ISBN 978-7-302-45401-4

Ⅰ. ①程… Ⅱ. ①吴… ②徐… ③邬… Ⅲ. ①程序设计– 高等学校 – 教材 Ⅳ. ①TP311.1

中国版本图书馆 CIP 数据核字（2016）第 260163 号

责任编辑： 龙启铭
封面设计： 常雪影
责任校对： 焦丽丽
责任印制： 宋 林

出版发行： 清华大学出版社
网　　址：http://www.tup.com.cn, http://www.wqbook.com
地　　址：北京清华大学学研大厦 A 座　　邮　编：100084
社 总 机：010- 83470000　　邮　购：010- 62786544
投稿与读者服务：010-62776969，c-service@tup.tsinghua.edu.cn
质 量 反 馈：010-62772015，zhiliang@tup.tsinghua.edu.cn
课 件 下 载：http://www.tup.com.cn，010-83470236
印 装 者：三河市君旺印务有限公司
经　　销：全国新华书店
开　　本：185mm×260mm　　印　张：19　　字　数：455 千字
版　　次：2003 年 9 月第 1 版　2017 年 2 月第 4 版　　印　次：2023 年10月第12次印刷
定　　价：49.00 元

产品编号：061247-02

第 4 版前言

本书第 3 版是 2010 年 11 月完成的。六年来，我们在使用本教材的过程中，认真听取学生反馈意见，不断改进教学方法、完善教学环节、调整教学次序，使得课程学习效果有了进一步提升。

为及时反映课内教学成果，我们又在第 3 版基础上对文字教材进行了修订，包括调整了若干章节的次序、补充了部分章节的课后习题、修改了一些地方的文字错误和代码错误等等。

我们还系统梳理了第 3 版教材中的所有示例源程序，调整了所有代码中的注释，清除了在部分代码中发现的问题，并用最新的编译环境进行了编译测试。

希望本次修订能为计算机语言程序设计学习者提供一本内容与时俱进、更加易学易用的教材。

由于时间仓促，作者水平有限，书中难免还有纰漏，欢迎广大读者朋友多提宝贵意见！

吴文虎，徐明星，邬晓钧

2017 年 1 月

第3版前言

本书的第1版是2003年9月完成的，经过一年的试用，于2004年9月发行了第2版。学生普遍反映，这本教材思路清晰，重点突出，易学易用，特别是强化实践教学思想，使学生既动手又动脑，学会了编程的基本思路和方法，受到了学生的好评。从第2版的使用到现在又经过了6年时间，这期间我们在实践中认真听取学生的反馈意见，不断改进教学方法，与时俱进地充实教学内容，特别是注重将讲课内容与作业提交系统形成一个有机的整体；使学生的学习更容易做到理性思维和理性实践，以期达到进一步提高教学质量的目标。为此，我们又在第2版的基础上调整了部分章节，增加了一些常用的重要算法及程序实现，形成了现在的第3版。从教材改版的目标而言，我们认为“没有最好，只有更好”。

吴文虎　徐明星

2010年9月

第 2 版前言

本书第 1 版是 2003 年 9 月出版的，经过一年的使用后，学生普遍反映本书重点突出，易学易用。但作为教师，我感到还要不断地研究教学规律，化解教学中的难点。为此，我又重新审阅了全书，在文字上做了调整，内容上做了修正，力求讲得明白透彻。在教学中发现，初学者往往要花费很多的时间在程序调试上，效率很低。实际上程序调试已成为学生编程实践中的“拦路虎”。所以，配合本书，又专门编著了《程序设计基础（第 2 版）习题解答与上机指导》，还准备上小班辅导课让学生学会调试程序的基本方法。我认为这可能是进一步提高该课教学质量的一个关键。

吴文虎

2004 年 8 月

第1版前言

“计算机语言与程序设计”是一门十分重要的基础课程。该课长期沿袭着这样的教学模式：过于注重语句、语法和一些细节，基本上是以高级语言自身的体系为脉络展开的，没有把逻辑与编程解题思路放在主体地位上；对如何分析问题和解决问题讲得不够，对学生编程的能力、上机解题的能力训练不够。这样就给后续课程及研究生阶段的课题研究留下了缺憾。很多学生在学习这门课时感到枯燥难学，学过之后，不能用来解决实际问题。

我个人的经历有些不同，除了学校给我安排的教学和科研任务之外，20年来我一直指导初中学生、高中学生和大学生参加有关计算机的各种比赛，包括国际信息学奥林匹克和ACM世界大学生程序设计竞赛，通过对这些学生成长道路的反复思考和研究，使我感到很有必要改变我们的课程教学模式，用新的教学理念和方法培养一流人才。对这一问题，我和有关领导谈了自己的想法，他们非常支持。

从2001年9月起，我接受了程序设计基础课程的教学任务，并开始对该课程教学模式进行改革：以强调动手实践上机编程为切入点；以任务驱动方式，通过实例讲授程序设计的基本概念和基本方法；重点放在思路上，即在C/C++语言的环境下，针对问题进行分析，构建数学模型，理出算法并编程实现。同时，要求学生养成良好的编程习惯；在教学过程中培养学生的思维能力和动手能力，鼓励学生探索、研究和创新。在指导思想上，强调转变观念，以学生为中心，将学生视为教学的主体，安排教学首先考虑培养目标、学生的认知规律和学习特点。在教学的每一个环节，顾及学生的实际情况，多想怎样才能有利于调动学生学习的积极性，引导学生主动学习。具体的改革措施主要针对两个方面：教学模式和对学生学习的评价方式。

对教学模式的改革

提出强化实践。明确告诉学生：程序设计课是高强度的脑力劳动，不是听会的，也不是看会的，而是自己练会的。只有让学生动手，他才会有成就感，进而对课程产生兴趣，学起来才比较从容。因此，我们的基本思想是在理论指导下，让学生动手、动脑，更多地上机实践。学生只有在编写大量程序之后，才能获得真知灼见，感到运用自如。注重学生动手能力的培养是这门课和以往课程最大的不同之处。

提出理性思维和理性实践。按照建构主义的学习理论，学生作为学习的主体在与客观环境（指所学内容）的交互过程中构建自己的知识结构。教师应引导学生在解题编程的实践中探索其中带规律性的认识，将感性认识升华到理性高度，只有这样，学生才能举一反三。

提出授课的原则是要学生“抱西瓜”而不是“捡芝麻”，重点放在思路、算法、编程构思和程序实现上。语句只是表达工具，讲一些最主要的，对细枝末节的东西根本不讲。要求学生在课堂上积极思考，尽量当堂学懂。突出上机训练，在编写程序的过程中，使学生提高利用计算机这个智力工具来分析问题和解决问题的能力。

提出要让学生养成良好的编程习惯。我们在与国内一些软件公司的技术人员座谈时了解到，中国软件之所以上不去的原因之一就有“习惯问题”。印度十个人编程，会编出一样的东西，而我们十个人编程可能会有十种风格。因为我们忽略了一个重要问题，即“顾客”的感受，程序的编写是给别人看的，而不是只给我们自己看的。再者，尽管我们学生模型构思做得很快，但编程的基本功不扎实，往往到了关键的时候，就出问题。鉴于此，在课上我们强调程序的可读性、规范性；要求变量必须加注释；程序构思要有说明；学会如何调试程序；尽量使程序优化；还要求对程序的运行结果做正确与否的判断和分析。

提出“自学、动手、应用、上网”的学习习惯。我认为在本科阶段就应该注意培养学生的自学能力。很多东西完全是可以自学的，尤其是计算机。计算机是实践性极强的学科，所学的内容和要实践的东西是一个整体，因此可以自己动手来学，书上看不懂的在机器上动手试试，往往就弄懂了。上网是指充分利用网络平台，提高获取信息、处理信息和交流信息的能力。

对学生学习评价方式的改革

考试是检验学生学习效果、评价学生学习业绩的重要环节。考试作为“指挥棒”对教学目标、教学过程有着相当大的影响。我一直在思考如何进行考试改革，如何借助考试环节调动和激发学生自主学习的积极性、创造性等问题。

开学之初，我就向学生宣布考试方式——上机解题，判分也是由计算机来完成，对就是对，错就是错，不纸上谈兵，不考笔试，不考死记硬背的东西。我们平时比较注意对学生学习方式的引导，让学生明白：理论很重要，要在理论指导下，动手动脑、有条理地进行实践。实践才能出真知，动手才能学到真本事。

我们还将一些有较好程序设计基础的学生组织起来，因材施教，引导他们进行探索式的研究性学习，让他们继续提高。同时让他们在班上担任“小教员”，帮助同学学习。

这样做行不行呢？经过两年的教学实践，这门课取得了很好的教学效果，学生给以很高的评价。学生点评为：“授课方式独特新颖，深入浅出，启发式教学，激发学生兴趣，调动学生的积极性，有助于学生独立思考能力的提高。”（引自清华大学 2001 年下半年教学评估结果查询）参加“小教员”工作的学生，提高了责任感，培养了敬业精神。他们的水平和能力也有相应的提高，其中三名同学代表清华大学参加了 2002 年 ACM 世界大学生程序设计竞赛的分区赛和总决赛，取得了世界总排名第四的好成绩（2300 支队伍参加区域赛，60 支队伍参加总决赛）。

2002 年 5 月，在北京市高校计算机基础教育研讨会上，我曾应约就此课程的教学改革作了专题报告，受到了与会专家和老师们的好评，他们认为“这是非常好的新的教学范例”。

改革是没有止境的。经过两年的实践，我感到在一些方面还要进一步努力，还有许多工作要做：要进一步加大学生训练环节的力度；要加强对基础较差学生的辅导；要建立一个因材施教的机制，创造条件，让学生能有更广阔的发展空间；要建立平时的督促机制，让每一个学生真正落实动手实践；要考虑与后续课程的衔接。

现在大家看到的这本教材就是在上述的背景下，整理了课上的教案，补充了一些内容写出来的。在教材成文的过程中，我的同事和学生（博士生）起了很大作用。他们提出了很好的建议，对一些算法进行了研究和整理，特别是对全书整体上的结构进行了缜密的推敲。

从一种体系转变为现在的体系是有相当大的难度的，也有风险，学生爱不爱这样学，能不能学到真本事，是不是能够达到预期的教学目标，都会存在问题。但我以为，要改革就要知难而进，不付诸努力就收到良好的教学效果是不可能的。

目前这本教材可能存在很多不足，但是我们有这种思想准备，在教学实践中，多听取学生的反馈意见，不断修改，使之日臻完善。我们相信，恒心与虚心能够成就一本好的教材。

参加本书研究、撰写工作的还有徐明星（参加本书总体策划与章节编排）、邬晓钧（撰写第 9、10、13 章及附录）和李净（进行教案整理、图文设计），此外，赵强工程师和杨非同学也做了大量的书稿整理和成文工作，吴根清、孙辉、刘建、刘林泉、邓菁、陈德锋、侯启明等同学看了本书的第一稿，提出了宝贵的修改意见。在此一并感谢他们所付出的劳动。

由于时间仓促，作者水平有限，书中难免有纰漏，欢迎读者多提宝贵意见。

吴文虎

2003 年 9 月

目 录

第1章　绪　　论

“计算机语言及程序设计”是信息学的一门基础课程，旨在为学生进行程序设计打基础。有的学者认为：

程序设计=计算机编程语言+数据结构+算法

程序设计基础的核心内容包括程序的基本结构和设计思想、算法与问题求解、基本数据结构、递归和事件驱动程序设计等。

在程序设计基础的学习过程中，须深刻理解计算机是“人类通用智力工具”。要用好这个工具，人是主动的，是第一位的，必须发挥人的能动性。要让计算机帮助运算，就要知道计算机是如何工作的，它能够做什么、擅长做什么。人要用计算机能懂的语言驾驭计算机，让它成为驯服的工具。学习程序设计的目标是利用计算机这个智力工具来分析问题和解决问题。因此，编程能力的培养是这门课的首要任务。

按照可持续发展的教育观，程序设计基础课应处理好知识、能力和素质三者的辩证关系。一个具有较强能力和良好素质的人必须掌握丰富的知识。程序设计基础领域的知识是由程序设计的基本概念和程序设计艺术（技巧）组成的，要掌握这些基本概念和设计艺术，必须立足于理性化的学习和实践。

能力是技能化的知识的综合体现。程序设计能力的培养不是纸上谈兵就能做到的，需要强调动手实践，不动手是绝对学不会的。但这门课也有别于那种简单的、以人操作为主的实验课。程序设计需要以扎实的理论基础、科学方法，以及思维能力和思维方法来指导实践。简而言之，就是学习程序设计既要动手又要动脑，即进行“理性”的思维和“理性”的实践。

素质是知识和能力的升华。高的素质不仅可以使知识和能力更好地发挥作用，还可以推动知识不断扩展，能力进一步增强。素质教育强调尊重学生的主体作用和主动精神，注重开发学生的潜能，以形成健全人格为根本特征。对程序设计基础课而言，要在内容中融入科学的世界观和方法论，在课程的学习中学会理性思维和理性实践；同时还需要养成良好的编程习惯，以及团结合作的精神。

知识、能力和素质是创新的基础。超凡的想象力、扎实的基本功和丰富的实践经验是创新的源泉。对学生创新能力的培养可以从点滴做起。就程序设计课而言，应该逐步向“研究型学习”发展，引导学生就一些新的算法和问题解法进行探索，给他们创造“攀登顶峰”的体验机会，鼓励他们大胆提出新思路和新方法。

以上是对本书所反映的教学思想的表述，下面是对教学的设想。

1. 教学对象

理工科大学生，程序设计初学者。

2. 教学目标

（1）程序设计的重要性；

（2）程序设计的基本概念与基本方法；

（3）编程解题的思路与典型方法；

（4）算法及算法步骤；

（5）程序结构与相应语句；

（6）编码与上机调试。

3. 教学重点

（1）掌握程序设计的基本概念、基本方法；

（2）在 C/C++语言的环境下，学会如何针对问题进行分析、构建数学模型、寻找算法并编程实现；

（3）有条有理、有根有据地编程实践；

（4）养成良好的编程风格与习惯；

（5）重在思维方法的学习，鼓励创新。

4. 指导思想

（1）立足改革

人的认识要随着时代的前进而不断深化。在新的形势和环境下，教学要突破传统观念和传统模式，要追求高效和完美，以培养高素质和有创造精神的人才作为教学目标。

（2）以学生为中心

- 学生是教学的主体，安排教学首先必须考虑培养目标、学生的认知规律和学习特点；
- 教学的每一个环节都要顾及学生的实际情况，要有利于调动学生学习的积极性，引导学生主动学习。

（3）强化实践

程序设计是高强度的脑力劳动，实践性极强，不是听会的，也不是看会的，而是练会的。要让学生充分上机动手编程，这可能是与以往的教学安排最大的不同之处。

（4）鼓励和引导探索式的学习

按照建构主义的学习理论，学生（作为学习的主体）是在与客观环境（所学内容）的交互过程中构建自己的知识结构的。要引导学生在解题编程的实践中探索其中带规律性的认识，并将感性认识升华到理性的高度。

（5）突出重点

重点放在思路、算法、编程构思和程序实现上，语句只是表达工具；强调主次分明，“抱西瓜，不捡芝麻”。重在训练利用计算机编程手段分析问题和解决问题的能力。

（6）养成良好的编程习惯

- 程序构思要清晰才能上机写程序代码；
- 强调可读性；
- 变量要加注释；
- 学会如何调试程序；
- 对运行结果要做正确与否的分析。

（7）考试方法

原则是考学生真正的编程能力。

- 不纸上谈兵，不考死记硬背的东西；
- 上机解题，自动测试；

- 考核试题与平时训练难度相当，注重平时训练，有相应练习平台支持。

（8）学习方法

- 动手动脑，在理论指导下实践；
- 注重编程思路的学习和总结；
- 提倡“做学问，要又学又问”要善于使用互联网资源，从中获得解答和知识；
- 进行大量练习，以求熟能生巧，运用自如。

（9）学习心态

- 提倡“自立、自信、自尊、自强”；
- 知难而进；
- 充满信心。

5. 教学内容安排

（1）绪论：程序设计的基本概念与基本方法，本课程的学习方法；
（2）编程准备；
（3）代数思维与计算机解题；
（4）逻辑思维与计算机解题；
（5）函数思维与模块化设计；
（6）数据的组织与处理（1）—— 数组；
（7）数据的组织与处理（2）—— 结构；
（8）数据的组织与处理（3）—— 文件；
（9）递归思想与相应算法；
（10）多步决策问题；
（11）宽度优先搜索；
（12）深度优先搜索；
（13）贪心法；
（14）动态规划；
（15）蒙特卡罗法。

第2章 编程准备

教学目标

- 上机的基本知识
- 输出流对象 cout
- 算术运算符号
- 常用数学函数

内容要点

- 进入（退出）Visual C++环境
- 建立工程
- 建立文件
- 运行程序
- 将程序文件放入工程
- 选择已建好的工程
- 将其他目录下的程序文件放入已建好的工程
- 程序代码及说明
- 输出流对象及说明
- 程序注释
- 算术运算符
- 数学函数

对于一个从未接触过 C/C++语言环境、没有编程经历的初学者而言，动手实践，是最为重要的。为了给初学者搭一个台阶，下面先编程实现一个功能强大的计算器，感受一下“编程并不难学，动手是化难为易的金钥匙”的道理。

2.1 程序编写

【任务 2.1】 计算下列三角函数的值：

$$\sin 20^\circ \times \cos 20^\circ - \cos 10^\circ / \tan 10^\circ$$

为了完成任务 2.1，可以使用一些集成开发环境，如 Visual C++ 6.0 集成开发环境，或 Dev-C++集成开发环境。下面分别进行介绍。

2.1.1 用 Visual C++ 6.0 编写程序

1. 进入 Visual C++ 6.0

进入 Visual C++ 6.0 编程开发环境，如图 2.1 所示。

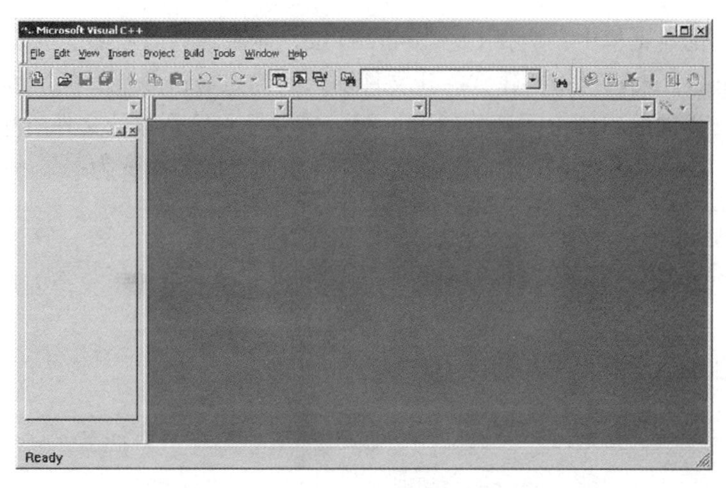

图 2.1 Visual C++ 6.0 编程环境

2. 建立工程

Visual C++是一个编写程序的工具。一般 C++语言的程序存放到后缀为.cpp 的文件中，Visual C++开发工具会提供工程（project）来管理这些文件。因此，首先要学会建立自己的工程，比如王小二（wxr）想要建立一个以其名字命名的工程 wxr project，步骤如下：

（1）在 Visual C++环境下，用鼠标单击 File，出现 File 的下拉菜单后，单击 New。

（2）在 New 菜单弹出对话框的左上角选择 Project 中的 Win32 Console Application（控制台程序）。

（3）在同一界面的右边 Location 处，用键盘输入一个自选路径或由辅导老师指定的路径，例如 D:\wxr，意思是工程放在 D 盘 wxr 目录下。

（4）在同一界面的右上角 Project name 处，用键盘输入要建立的工程名称，比如 wxr project。当输入这个工程名称后，会发现在 Location 处，这个名称也自动写到 wxr 目录下了，单击 OK 按钮。

（5）接着出现 Win32 Console Application Step 1 of 界面，选择 An empty project 后单击 Finish 按钮。

（6）之后出现 New Project Information 界面，单击 OK 按钮，工程就建好了。这时的界面名为 wxr project-Microsoft Visual C++。

（7）单击 FileView（在屏幕左边靠下位置）出现两行文字：

```
workspace 'wxr project' : 1
wxr project files
```

单击第二行文字前的+号，会出现 3 个文件的目录，依次为：

① Source Files　　用来存放一般的程序文件（含.cpp）。

② Header Files　　用来存放头文件（含.h）。

③ Resource Files　　用来存放资源文件。

（8）单击 Source Files，可以看到文件是空的，当然现在尚未有文件加入此工程。

3. 建立文件

（1）单击 wxr project-Microsoft Visual C++界面中的 File，在其下拉菜单中单击 New。

（2）在弹出的对话框中，选择 C++ Source File，此时该界面右侧的 Add to Project 中自动出现 wxr project，表示已将要建立的新文件加入到名为 wxr project 的工程中。

（3）在同一界面的右侧中间部分的 File 处，需要输入给新建的文件所起的名字，比如 wxr1.cpp，输入之后单击 OK 按钮。这时屏幕左上角的界面名称变为：

```
wxr project - Microsoft Visual C++ [wxr1.cpp]
```

标示程序名是 wxr1.cpp。同时在编程的白色“纸”面上出现了一个闪烁的黑竖线。提示可以在这里写程序了。

（4）键入如下所示的程序代码：

```
#include <iostream>
using namespace std;

int main()
{
   cout << "I am a student" << endl;
   return 0;
}
```

4．运行程序

上述 7 行称为程序的源代码，单击按钮，就可将源代码存放到名为 wxr1.cpp 的文件中。

（1）按 F7 键，对程序进行编译和链接，如果有错还要修改。

（2）按 Ctrl+F5 键，或单击“!”按钮，即可执行刚编写的 wxr1.cpp 程序。这时屏幕上会显示如下两行文字（其中第一行文字是程序运行的输出结果）：

```
I am a student
Press any key to continue
```

（3）按下任何一个键都可以从输出界面返回到编程界面。这也是上述输出第二行提示文字的含义。

以上是建立第一个程序文件和运行程序的过程。如果现在想编写第二个程序，然后仍然在 wxr project 下运行新的程序，那又该怎么做呢？

5．将程序文件放入工程

下面举例讲解如何操作。

（1）在第一个程序的基础上，修改 cout 后面的内容，得到如下程序：

```
#include <iostream>
using namespace std;

int main()
{
   cout << "Good morning!" << endl;
   return 0;
}
```

（2）单击 File，在下拉菜单中选 Save As 项，出现一个“保存为”界面，在“文件名”处输入 wxr2.cpp，然后单击“保存”按钮（注意原来的文件名不是 wxr2.cpp）。

（3）单击 project，在下拉菜单中选 Add to Project 中的 Files，出现左上角为 Insert Files into Project 字样的界面。这时可以单击界面中出现的 wxr2.cpp，它会出现在“文件名”项中，再单击 OK 按钮，该文件就加到了名为 wxr project 的工程中了。

（4）这时要查看一下界面左面 wxr project files 中的 Source Files 下面的文件名（单击 Source Files 左面的按钮），会有两个文件：wxr1.cpp 和 wxr2.cpp。

现在要的是 wxr2.cpp，因此应将 wxr1.cpp 删去。删除的办法是选中 wxr1.cpp，再按键盘上的 Delete 键。保证在工程中只处理一个含 main 函数的源文件，这件事至关重要，否则系统会报错。

（5）单击 Build，在其下拉菜单上选中 Rebuild All。系统将对 wxr2.cpp 重新进行编译和链接。

（6）单击“!”按钮，屏幕出现如下两行文字：

```
Good morning!
Press any key to continue
```

6．退出 Visual C++ 6.0

单击界面右上角的关闭按钮，屏幕上会出现一条提示，询问是否要保留对工程内容所做的改变。可以有 3 种选择：“是”“否”或“取消”。选择“是”退出 Visual C++系统。

7．进入 Visual C++ 6.0 选择已建好的工程

（1）单击 Visual C++ 6.0 图标，出现 Microsoft Visual C++界面。

（2）单击 File，在其下拉菜单中选择 Open Workspace，出现左上角为 Open Workspace 字样的界面。查找所要打开的工程，例如前面建立的 wxr project。在“查找范围”右边的下拉列表中选择“D:”，在下面的目录列表中选择 wxr（双击），再选择 wxr project（双击），选择 wxr project.dsw，双击或单击“打开”按钮，即可打开该工程。

8．将其他目录下已经存在的程序文件放到所选的工程中

接上一项往下做：

（1）单击 Project，在其下拉菜单中选中 Add to Project，再单击下一级菜单中的 Files。随之出现一个左上角有 Insert File into Project 字样的界面，在该界面的“查找范围”处，单击按钮来寻找所要的程序文件（当然文件的后缀须是.cpp），选中并单击 OK 按钮。这时该文件就被置于所选择的工程中了。

（2）为了显示在工程中新加入的文件的清单，在左边的 FileView 栏中，双击新加入的文件名，程序清单就会显示到屏幕上。

（3）要运行这个新加入的程序，还要删除工程中原来管理的程序。在界面左侧 FileView 中选中原来的程序名，按 Delete 键，让工程中只保留一个新加入的程序文件。

（4）单击菜单栏中的 Build，在其下拉菜单上选中 Rebuild All，完成对新程序的编译和链接。

（5）单击“!”按钮，程序就会运行。

2.1.2 使用 Dev-C++开发程序

Dev-C++ 是一种开发 C++程序的免费集成开发工具，发布工具的网址是 http://www.bloodshed.net/dev/devcpp.html。

1．安装使用

安装 Dev-C++非常容易，如果遇到问题，请查阅相关资料。

假定已安装好了 Dev-C++，可以单击 Windows 的 Start 按钮，从 All Programs 菜单中找到 Booldshed Dev-C++，然后选择其中的 Dev-C++，这样就启动了 Dev-C++程序，可以看到如图 2.2 所示的界面出现在屏幕上。

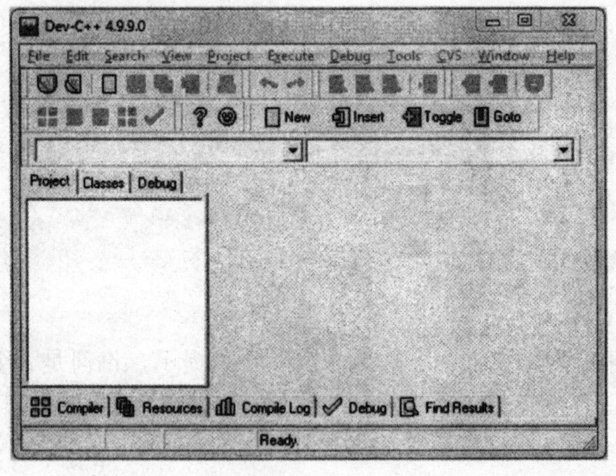

图 2.2　Dev-C++

这时，就可以开始录入和编辑源程序、编译和运行程序，以及对有错误的程序进行调试了。

2．源程序的创建和编辑

在 Dev-C++中创建一个源程序的步骤如下。

（1）在 File 菜单中选择 New→Source File 子菜单，如图 2.3 所示，也可以按 Ctrl+N 键

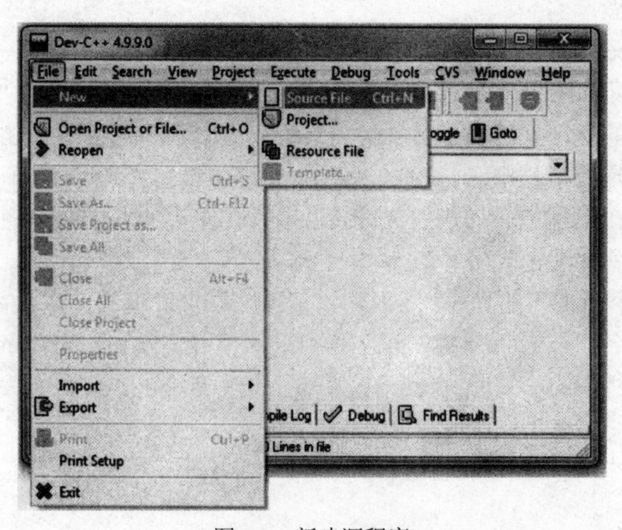

图 2.3　新建源程序

（即按下 Ctrl 键不放的同时，按下 N 键，然后再全部放开两键）。

（2）在新出现的空白窗格中输入自己的程序源码，如图 2.4 所示。

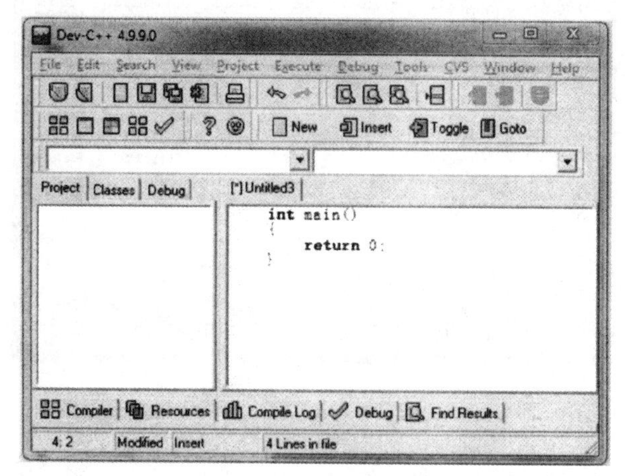

图 2.4　输入源程序

（3）在步骤（2）中，我们输入了世界上“最短”的 C++程序（当然，这个程序并没有做任何计算工作）。在编辑源程序的过程中，以及完成了源程序的全部编辑工作之后，都应该及时将程序保存到磁盘上。

为了保存源程序，可以按 Ctrl+S 键，或者从 File 菜单中选择 Save 选项，如图 2.5 所示。

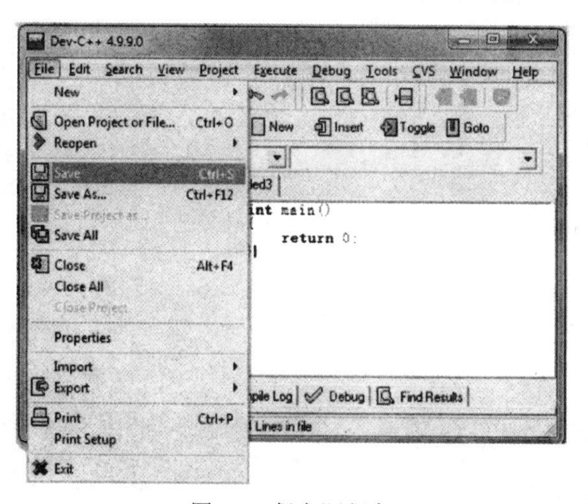

图 2.5　保存源程序

无论使用哪种方法，屏幕上均会出现如图 2.6 所示的保存文件的对话框，需要在对话框下面的 File name 栏中输入源程序的名字。

源程序文件的名字是源程序的一种标识，应该以容易理解和记忆的名字来命名。源程序的名字通常以 cpp 为后缀名，表明这是一个 C++语言编写的源程序。

程序保存到磁盘上后，可能还会多次打开和使用它，所以请记住你保存文件的位置，以及源程序的文件名称。

（4）完成了上述步骤后，可以发现源程序窗格上的标签文字已变成了源程序的名称，如图 2.7 所示（在此例中，我们将源程序命名为 ex1.cpp）。

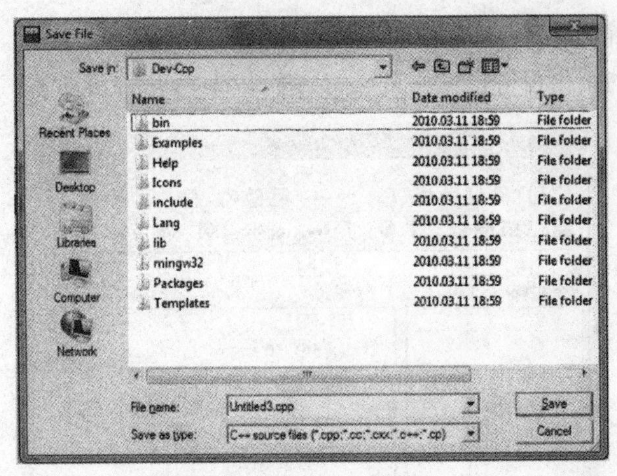

图 2.6　保存文件对话框

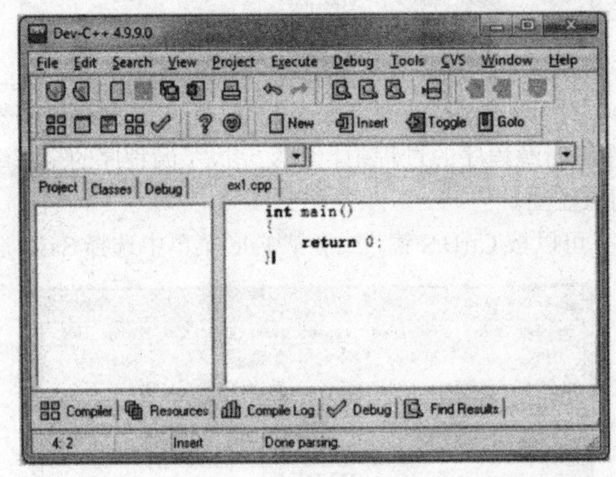

图 2.7　源程序的名称

3．编译源程序

编写并保存好源程序编译通过后，才能得到可以运行的可执行程序。编译程序的方法有多种，可以按 Ctrl+F9 键，也可以从菜单栏中选择 Execute→Compile，如图 2.8 所示。

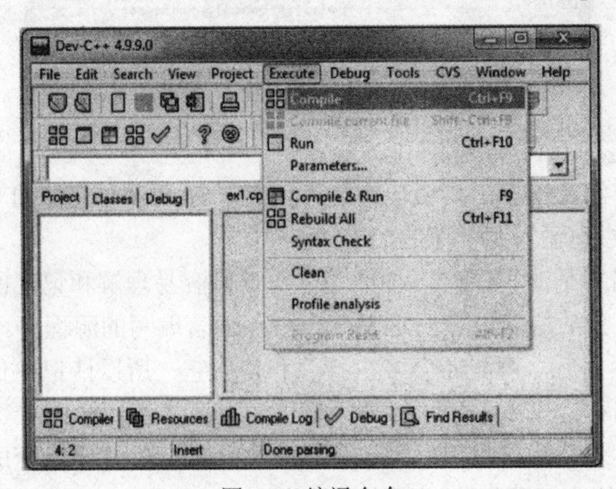

图 2.8　编译命令

还可以从工具按钮栏中单击按钮。无论哪种方法，屏幕上都会出现如图 2.9 所示的对话框，指明编译的状态和结果。如果没有编译错误（错误通常是由于输入的源程序中有不符合 C++语法要求的语句造成的，如拼错了 C++的关键字、漏掉了语句结束处的分号、少了花括号、尖括号或圆括号等），则最终会在对话框中显示如图 2.9 所示的 Errors 和 Warnings 均为 0 的状态，单击窗口中的 Close 按钮可完成源程序的编译工作，程序就可以运行了。

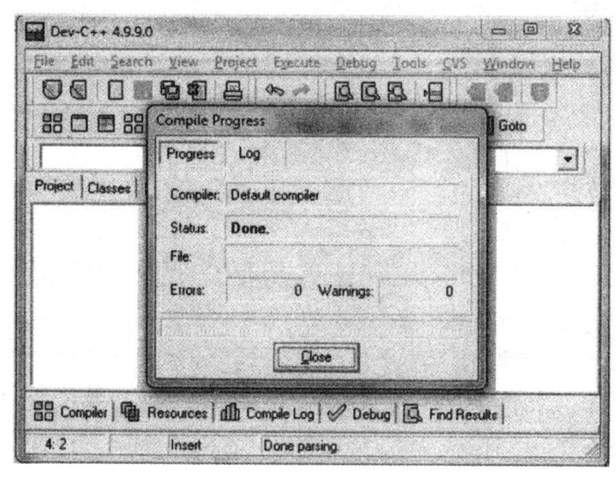

图 2.9　Compile Progress 对话框

4．运行程序

要运行已编译成功的程序，仍然有多种不同的方法。可以按 Ctrl+F10 键，也可以选择菜单 Execute→Run，如图 2.10 所示。

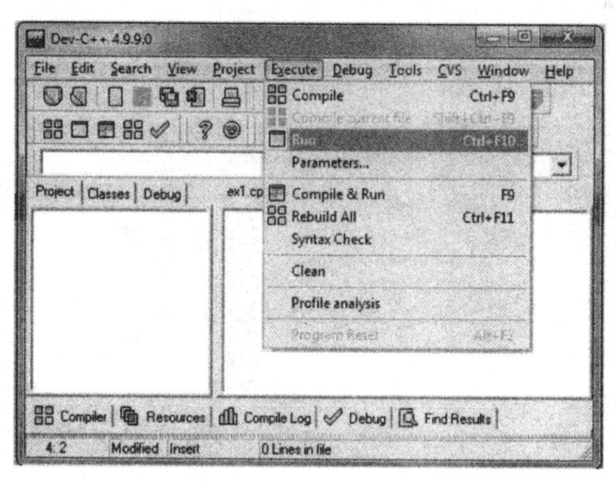

图 2.10　运行程序命令

单击工具栏中的按钮，也可以使程序运行起来。

程序运行时，屏幕上似乎有个窗口飞快地闪了一下就消失了。为了看清那个窗口的内容到底是什么，需要在源程序的 return 0 之前增加一条语句：

```
system("pause");
```

这里，双引号必须是英文字符，引号中的内容是 pause。

增加了这条语句后，如果我们正在编译修改后的源程序，会看到如图 2.11 所示的屏幕输出。

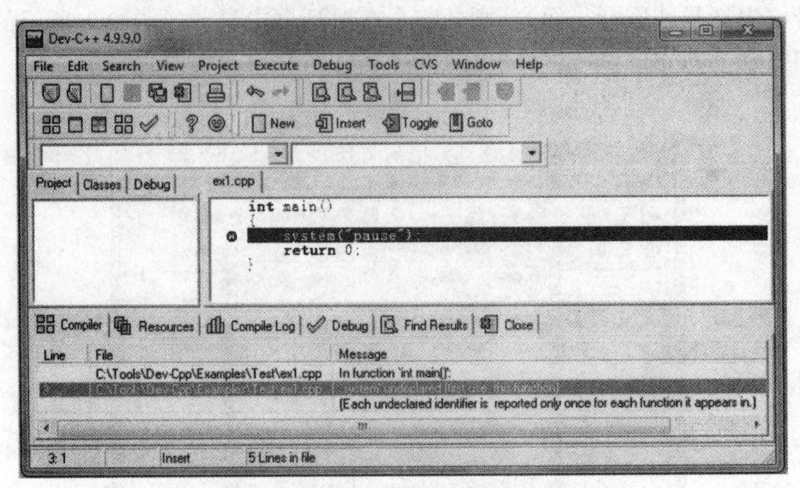

图 2.11　编译错误提示

这说明源程序中有错误，根据窗口下面信息提示框中的文字，以及源程序窗格中加亮彩色条所指示的代码行，我们可以得出结论，新增的 system("pause")语句调用了函数 system，但该函数所需要的头文件没有包含进来，所以编译器不“认得”该函数。

经查相关参考资料，为解决上述错误，只需要在源代码的第一行加上如下语句就可以了：

```
#include <cstdlib>
```

最终的程序源码如图 2.12 所示。

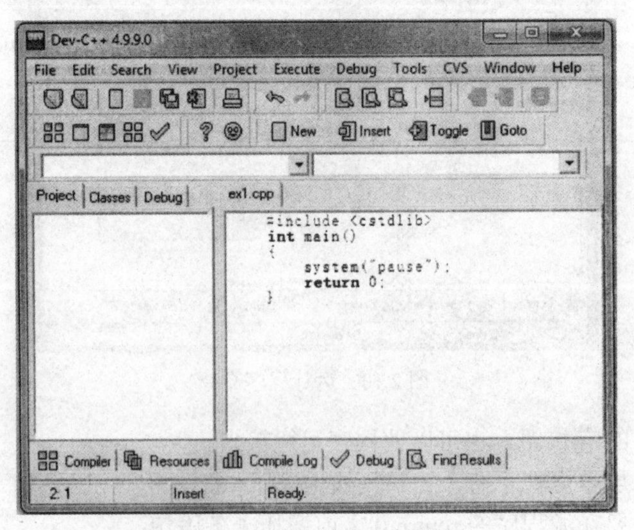

图 2.12　修改后的程序代码

因为增加了上述语句，程序再运行时，可以看到程序执行完成后，有一个控制台窗口显示“Press any key to continue…”文字并停留在屏幕上（见图 2.13），这样我们就可以清楚地看到程序执行时的输出信息了。在本示例中，程序没有输出任何信息，所以屏幕窗口中没有其他信息显示。

按键盘上的任意键后，显示程序运行结果的窗口就会消失，将再次回到 Dev-C++的编辑窗口中。这正是“Press any key to continue…”的含义。

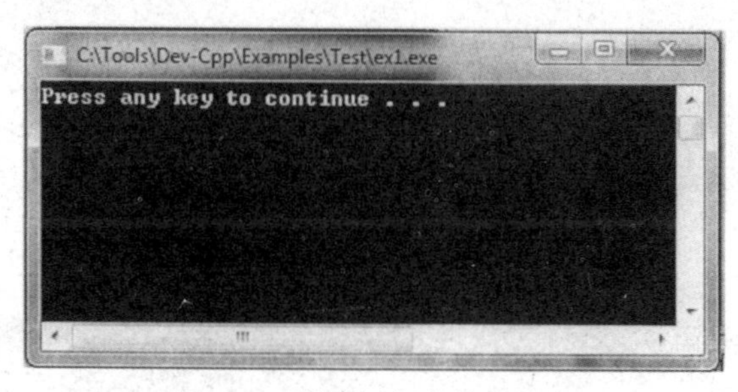

图 2.13 程序运行的输出信息

5. 打开和修改已有程序

假如我们想修改以前编写好并已存盘的源程序，就需要用 Dev-C++重新打开它，在完成编辑修改后，再编译运行。

要打开已有源程序进行修改，同样也有多种方法。可以按 Ctrl+O 键，或者选择菜单 File→Open Project or File…，或者单击工具栏上的按钮。无论哪种方法，最后都会出现如图 2.14 所示的对话框，要求用户输入需要打开的源程序文件。

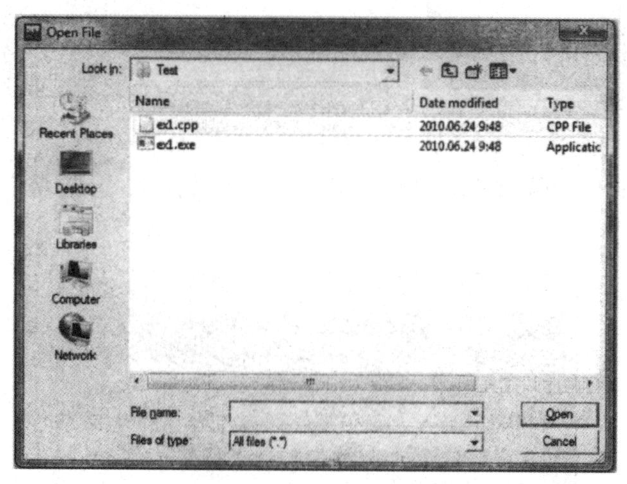

图 2.14 打开文件对话框

必须根据自己的需要，通过上述对话框查找到真正想要打开的源文件，然后单击对话框中的 Open 按钮打开它。

一旦找到并打开了已有的源程序，Dev-C++的界面显示就与刚创建并保存了新的源文件时一样。

下面假定打开的是前面编写的世界上“最短”的那个程序，现在希望修改它，让程序在屏幕上输出一行文字信息：“I am a student”。

为了完成上面的任务，我们需要对源程序做如下修改：

```
#include <cstdlib>
#include <iostream>
using namespace std;

int main()
{
    cout << "I am a student" << eldl;
    system("pause");
    return 0;
}
```

如图 2.15 所示。

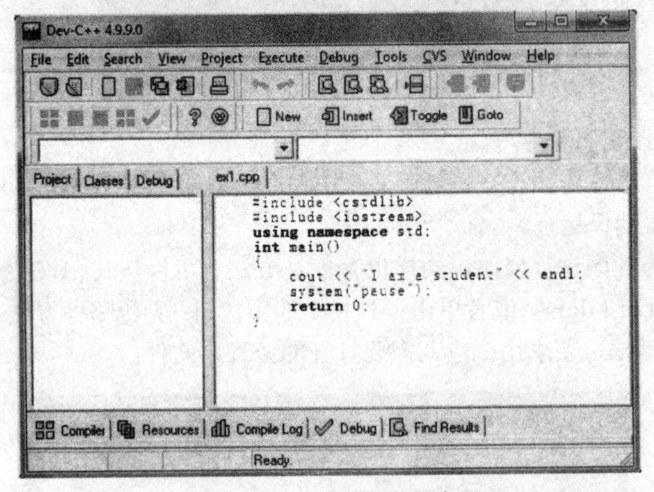

图 2.15　修改后的源程序

程序修改后运行时的输出情况如图 2.16 所示，可以看到，在屏幕上输出了指定的文字内容。

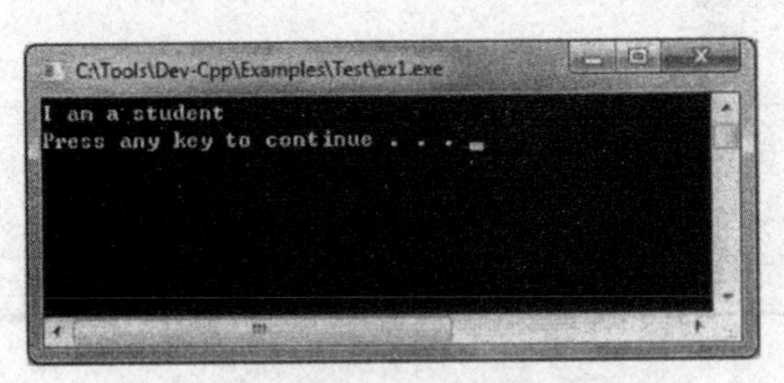

图 2.16　程序运行时的输出信息

2.2　程序代码及说明

先将任务 2.1 计算三角函数的程序列在下面：

```
#include <iostream>        //预编译命令
```

```
#include <cmath>            //预编译命令
using namespace std;

int main()                  //主函数
{                           //主函数开始
                            //计算三角函数式并输出
   cout <<  sin(20.0/180*3.14159) +
            cos(20.0/180*3.14159) -
            cos(10.0/180*3.14159) /
            tan(10.0/180*3.14159)
        <<  endl;
   return 0;
}                           //主函数结束
```

（1）以符号#开头的行，称为编译预处理行。

（2）#include 称为文件预处理命令。

（3）#include <iostream>这条命令是让文件“iostream”的内容包含到新建的程序中去。

（4）iostream 是 C++系统定义的一个“头文件”，在这个头文件中设置了 C++的输入输出（I/O）相关环境，定义了输入流 cin 和输出流 cout 对象。

（5）#include <cmath>这条命令是让系统中已经有的常用的数学函数包含到新建的程序中去。有了它才能使用正弦、余弦函数的公式。

（6）using namespace 称为使用名字空间命令，是为避免同名冲突而引入的，std 是 C++自带的一个名字空间，由它定义了 C++的库标识符，比如 cout 等。有了 using namespace std 这句话，程序就可以直接使用 std 里面的标识符了。

（7）main()是每一个 C++程序都必须有的，称为主函数。可以把它看成是程序的入口。在 main()前面的 int 是标准的 C++所提倡的，这样做，需要在主函数结束前增加一行代码：

```
return 0;
```

关于 main() 主函数的详细说明将在第 3 章中介绍。在这个计算三角函数的程序中实际上只有一行代码，开头是 cout <<，中间是三角函数算式，结尾是<< endl。按照这种模式，两头不动，只要改变中间部分就可以计算任何算式（当然是有 cmath 支持的才行）。这里 cout 是系统的关键字，代表标准输出的流设备，其后的符号<<表示输出操作，可将其右侧的数据送至显示器上。在这个程序中 cout <<的右侧就是三角函数算式的数值，<< endl 表示在屏幕显示计算结果之后换一行。

2.3　输出流对象 cout

在 C++中引入了术语 stream（流），指的是来自设备或传给设备的一个数据流。

cout 表示输出流对象，它是输入输出流库的一部分。与 cout 相关联的设备是显示器。在程序中有了关联字 cout，就有了将数据流传送到显示器的条件。用插入操作符“<<”将其后的数据插入到该流中去，比如下面的两条语句：

```
cout << " Welcome to Tsinghua" ;
cout << endl;
```

可以用图 2.17 来说明，放在引号中的字符串“Welcome to Tsinghua”是要传给显示器设备的数据，用插入操作符将其传至显示设备上。endl 字符串之后插入回车符，直接将字符串写到屏幕上。

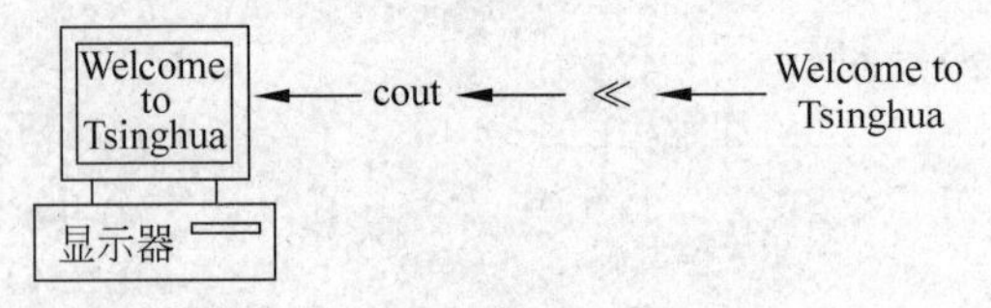

图 2.17　cout 输出流

插入操作符可以把多个输出数据组合或级联成单个的输出语句。比如下面的语句：

```
cout << " Welcome to Tsinghua," << " I am a student." << endl;
```

这时屏幕上显示：

```
Welcome to Tsinghua, I am a student.
```

2.4　程 序 注 释

注释（comments）是非常重要的一种机制。没有注释的程序不能算是合格的程序。

要建立这样的观念：程序是为别人编的，让人家看懂是第一位的。特别是将来你可能参加一个团队，几十人甚至几百人一起合作编程，相互协同，就更应将注释写得清清楚楚、明明白白，因此，规定程序中要有如下注释内容：

（1）程序名称；
（2）程序要实现的功能，比如要完成什么数学运算；
（3）程序的思路和特点；
（4）编程的人与合作者；
（5）编程的时间，修改后的第几版本；
（6）其他需要注明的信息。

对于初学者，最好每条重要的语句都加上注释，注明这条语句的作用。

2.5　算术运算符

C/C++中基本的算术运算符有+、－、*、/、% 共 5 个，分别为加、减、乘、除、求余运算符。加、减、乘、除运算符的运算对象可以是整数，也可以是实数。求余运算符%的运算对象是整数，比如求 21 整除以 4 的余数，可用下式表示：

```
21 % 4
```

余数是 1。如果在程序中写如下语句：

```
cout << 21 % 4 << endl;
```

输出是 1。

2.6　数学函数

C++提供了几百个数学函数，存放在函数库中，只要包含了相应的头文件，就可以在程序使用它们进行计算。

根据 C++语言的语法限定，每个数学函数都需要用字母和数字组成的字符序列来命名。有些名称与数学中所用的完全一致，例如计算正弦的 sin、cos 函数；有些名称则与数学符号不一样，例如计算绝对值时用 abs 函数、求开平方时用 sqrt 函数、求 10 为底对数时用 log10 函数等等。

在本书的附录 B 中介绍了最常用的一些数学函数，大家可以根据实际需要选择使用相应的函数。

2.7　小　　结

（1）这一章的重点是如何在 Visual C++ 和 Dev-C++环境下建立工程，如何将一个文件纳入工程之中。许多初学者由于没有掌握这方面的知识和操作步骤，付出了许多不必要的时间，事倍而功半。本书这部分内容是精心准备的，只要照着做，熟练掌握并不难。

（2）学会使用输出流对象 cout，就可以看到屏幕上的输出，这为正式编写程序做好了准备工作。

（3）给程序加上注释是对初学者大有益处的良好编程习惯。

（4）掌握算术运算符和常用数学函数，就可以编写简单的数学计算类的程序了。

习　　题

1．计算 $y=1+\cfrac{1}{1+\cfrac{1}{1+\cfrac{1}{5}}}$

2．计算 $\sqrt{3^2+4^2}$

3．计算 $\sqrt{\dfrac{1-\cos(\pi/3)}{2}}$

4．计算 $y=\sin^2(\pi/4)+\sin(\pi/4)\cos(\pi/4)-\cos^2(\pi/4)$

5．计算 $y=\dfrac{2\sqrt{5}(\sqrt{6}+\sqrt{3})}{6+3}$

6．计算

$$y=\frac{\ln 5(\ln 3)-\ln 2}{\sin(\pi/3)}$$

要求将上述各题由程序加以实现，在计算过程中掌握第 2 章的内容，包括建立工程、建立文件、编译通过，以及得出正确结果。

第3章　代数思维与计算机解题

教学目标

- C/C++程序的基本结构
- 变量的定义和使用
- 代数思维

内容要点

- 程序的基本结构
- 程序说明部分
- 预编译命令
- 主函数
  - ▶ 声明部分
  - ▶ 执行部分
- 变量与数据类型
  - ▶ 变量的基本概念
  - ▶ 数据类型与变量的地址空间
  - ▶ 定义变量和赋初值
  - ▶ 变量赋值的5个要点
  - ▶ 指针变量
  - ▶ 指针定义与初始化
  - ▶ 指针赋值

在讲述这一章之前，先举一个例子。

【任务3.1】 王小二同学是一个聪明的孩子，他到超市去买东西，看到电子计价器算账方便快捷，就想编程模拟操作一下。下面先请读者看程序，然后我们再做解释。

3.1　程序的基本结构

先来读任务3.1的程序，为了易于说明，程序清单的左边加注了表示行号的数字。

```
1 //*******************************************
2 //* 程 序 名：3_1.cpp                         *
3 //* 作    者：王小二                           *
4 //* 编制时间：2002年7月7日                   *
5 //* 主要功能：计算应付款                     *
6 //*******************************************
7 #include <iostream>      //预编译命令
```

```
8 using namespace std;
9
10 int main()                                    //主函数
11 {                                             //主函数开始
12     float applePrice = 3.5;                   //苹果单价，3.5 元/千克
13     float bananaPrice = 4.2;                  //香蕉单价，4.2 元/千克
14     float appleWeight = 0.0;                  //苹果重量，初始化为 0
15     float bananaWeight = 0.0;                 //香蕉重量，初始化为 0
16     float total = 0.0;                        //总钱数，初始化为 0
17     cout << "请输入苹果重量" << endl;         //提示信息
18     cin << appleWeight;                       //输入苹果重量
19     cout << "请输入香蕉重量" << endl;         //提示信息
20     cin << bananaWeight;                      //输入香蕉重量
21     total = applePrice * appleWeight + bananaPrice * bananaWeight;
22                                               //计算应付款
23     cout << "应付款" << total << endl;        //输出应付款
24     return 0;
25 }   //主函数结束
```

1．程序说明部分

写好的程序通常还会再修改，或与他人交流。由于程序语言与人类自然语言在表达上的差异，程序代码示意图不太容易从代码直接反映出来，有些重要信息（如作者、时间、目的等）也不属于源码性质，所以，一般要在源程序开头几行对程序作一个简要的说明。这些说明是以 C++的注释形式出现的。所谓注释，是指计算机不对其进行计算的部分，在 C++中以“//”符号引导的同一行内的文字都是注释。

在读程序时，首先要看程序说明，这件事十分重要。此程序的说明有 4 项：程序名、作者、编制时间、主要功能。在源程序清单中占 6 行，这 6 行纯粹是为了说明用的，不属于机器要计算的内容，因此，在每一行的前面冠以注释符号“//”。为了节省篇幅，本书后续章节中的源程序代码都省略了程序说明。

2．预编译命令

在第 7 行以“#”开头的是预编译命令。“#include <iostream>”意思是将程序库中的输入输出流文件作为头文件加入到现在要编写的程序中。

3．输入流对象 cin

cin 表示输入流对象，它也是输入输出流库的一部分，与 cin 相关联的输入设备是键盘。当从键盘输入字符串时，形成了输入流（数据流），用提取操作符“>>”将数据流存储到一个事先定义好的变量中，例如下面两条语句：

```
float x;
cin >> x;
```

第一条语句定义了一个浮点数类型的对象，即变量 x；第二条语句是用键盘输入一个带小数点的数，例如 3.14159。图 3.1 描述了提取输入流的示意图。

4．主函数

从第 10 行到第 25 行是主函数。主函数是以“main()”为标识的，这是每一个程序都

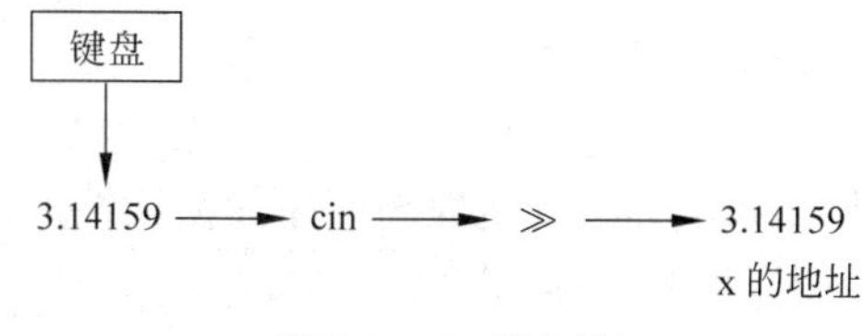

图 3.1　cin 输入流

必须有的标识。

主函数 main()的函数体由一对大括号{}括起，函数体包含两个部分：前面是声明部分，后面是执行部分。按规定声明在前，执行在后。不声明者，不能执行。

在任务 3.1 中声明了以下 5 项内容，依次在程序的第 12～16 行：

（1）变量名 applePrice 是苹果单价，在其前的 float 是该变量所取的数据类型，3.2 节将详细讲解。在其后的“=3.5”是赋初值给该变量，这里苹果的单价是每千克 3.5 元。

（2）变量名 bananaPrice 是香蕉单价。

（3）变量名 appleWeight 是苹果重量。

（4）变量名 bananaWeight 是香蕉重量。

（5）变量名 total 是总钱数。

声明部分之后是对 5 个变量的操作，即执行部分。

第 17 行和第 19 行是让屏幕显示提示信息，告诉程序的使用者下面准备用键盘输入苹果和香蕉的重量。这两条语句用 cout 输出流。

第 18 行和第 20 行是用 cin 输入流将键盘输入的实数分别赋给变量 appleWeight（苹果重量）和 bananaWeight（香蕉重量）。

第 21 行用来计算应付款 total，这是一条赋值语句，计算购买香蕉和苹果的钱，相加后将总钱数赋给 total 变量。

第 23 行是输出语句，将应付款显示到屏幕上。

第 24 行要有“return 0;”。

第 11 行与第 25 行所包含的一对大括号是主函数 main()所必需的，被这一对大括号所括起的语句，就是主函数的内容。任务 3.1 是一个完整的例子，在对变量有了一些初步的感性认识之后，下面再深入讲述有关变量的重要概念和一些特点。

3.2　变量与数据类型

3.2.1　变量的基本概念

变量是相对于常量而言的，在程序中经过操作其值允许改变的量称为变量。

变量在使用前必须加以定义。

每一个变量要有一个与其他变量不相同的名字，称为变量名。

变量在计算机中需要占据存储空间，这些空间都有各自不同的内部编号。这些编号称为变量在计算机内存中存储单元的地址，简称变量的地址。

变量名的第一个字符必须是字母或下画线，其后的字符只能是字母、数字和下画线，且所用的名字不得与 C/C++语言系统所保留的关键字相同。变量中的字母是区分大小写的，即大小写有差异的两个变量是不同的变量。

建议

在给变量命名时应考虑实际含义，以便提高程序的易读性。例如任务 3.1 中的苹果单价用 applePrice。

3.2.2 数据类型与变量的地址空间

程序中的变量取什么数据类型是由工程任务的需要决定的。C/C++中的数据类型可分为以下两大类：第一类是基本数据类型，包括整型、浮点型和字符型；第二类是构造数据类型，包括数组、结构、联合、枚举等。所谓构造数据类型，是指这种类型的数据是由若干个基本数据类型的变量按特定的规律组合构造而成的。

各种数据所能表示的数据精度不同，因而它所占用的内存空间的大小不同。下面仅就基本数据类型来分析所能表示的数的精度和所占用的内存空间。

基本数据类型有：

（1）整型。即整数类型，它又可分为 4 种。

① int：整型，占用 4 字节，数的表示范围是－2 147 483 648～2 147 483 647。

② unsigned int：无符号整型，占用 4 字节，数的表示范围是 0～4 294 967 295。

③ long int：长整型，占用 4 字节，数的表示范围是－2 147 483 648～2 147 483 647。

④ unsigned long int：无符号长整型，占用 4 字节，数的表示范围是 0～4 294 967 295。

（2）实型。即实数类型，它又可分为 3 种。

① float：浮点型，占用 4 字节，数的表示范围是$-3.4\times10^{38}\sim-2.2\times10^{-38}$，$1.2\times10^{-38}\sim3.4\times10^{38}$，有效位为 7 位。

② double：双精度型，占用 8 字节，数的表示范围是$-1.7\times10^{308}\sim-2.2\times10^{-308}$，$2.2\times10^{-308}\sim1.7\times10^{308}$，有效位为 15 位。

③ long double：长双精度型，占用 16 字节，数的表示范围是$-1.2\times10^{4932}\sim-3.3\times10^{-4932}$，$3.3\times10^{-4932}\sim1.2\times10^{4932}$，有效位为 19 位。

（3）bool：逻辑型。占用 1 字节。

（4）char：字符型。占用 1 字节。

3.3 定义变量和赋初值

在主函数 main() 中要对一些变量进行定义，提出合适的精度要求，指出这些变量的数据类型，目的是为变量分配内存单元并赋予初始值。例如定义变量名为 a 的整型变量，程序写成：

```
int a = 30;
```


图 3.2 变量的定义和内存地址的关系

系统会根据这个精度要求，安排 4 个字节的内存单元存放 a 变量的整数值，见图 3.2。在图中变量名 a 是这个内存单元的符号地址。在本节的学习中建立起变量与变量地址的概念会对以后的学习大有用处。一讲到变量就要想到有一个地址与之联系。

为了更清楚地讲清变量内存单元的大小与存储单元地址的关系，我们来看如下的示例程序：

```
#include <iostream>
using namespace std;

int main()
{
    int i;
    long m;
    float f;
    double d;
    cout << "sizeof(int)=" << sizeof(int) << ", sizeof(i)="
        << sizeof(i) << ", &i=" << &i << endl;
    cout << "sizeof(long)=" << sizeof(long) << ", sizeof(m)="
        << sizeof(m) << ", &m=" << &m << endl;
    cout << "sizeof(float)=" << sizeof(float) << ", sizeof(f)="
        << sizeof(f) << ", &f=" << &f << endl;
    cout << "sizeof(double)=" << sizeof(double) << ", sizeof(d)="
        << sizeof(d) << ", &d=" << &d << endl;
    return 0;
}
```

在上面的程序中，“&”表示取变量地址的操作符，运算结果是返回变量在内存中存储单元的位置，即地址值。

程序运行结果如下：

```
sizeof(int)=4, sizeof(i)=4, &i=0x7fff5fbffa9c
sizeof(long)=8, sizeof(m)=8, &m=0x7fff5fbffa90
sizeof(float)=4, sizeof(f)=4, &f=0x7fff5fbffa98
sizeof(double)=8, sizeof(d)=8, &d=0x7fff5fbffa88
```

在上面的运行结果中，地址是通过 cout 输出到屏幕的，通常是以十六进制的格式表示的。需要说明的是，上述地址信息在读者自己机器上可能会有所不同。

3.4　变量赋值

给变量赋值是一个非常重要的概念。

3.4.1　赋值符号与赋值表达式

在 C/C++中赋值符号为“=”，赋值表达式的一般格式为：

```
<变量> = <表达式>
```

例如：

```
PI = 3.14159;    //读作将表达式的值 3.14159 赋给变量 PI
C = sin(PI/4);  //读作将表达式π/4 的正弦函数值赋给变量 C
```

3.4.2 变量赋值的 5 要素

给变量赋值时要注意以下 5 点：

（1）变量必须先定义再使用。

（2）在变量定义时就赋给初值，是良好的编程习惯。

（3）对变量的赋值过程是“覆盖”过程。所谓“覆盖”是在变量地址单元中用新值去替换旧值。

（4）读出变量的值后，该变量保持不变，相当于从中复制一份出来。

（5）参与表达式运算的所有变量都保持原来的值不变。

下面举例说明上述特点。

```
#include <iostream>
using namespace std;

int main()
{
    int a = 0, b = 0, c = 0;    //定义 a、b、c 为整型变量，均初始化为 0
    a = 7;          //a 赋值为 7，覆盖了原来的 0
    b = a;          //b 赋值为 a，a 中的值覆盖了 b 中的值，但 a 中的值不变
    c = a + b;    //将 a+b 的值赋给 c，a+b 的值为 14 去覆盖 c 中的 0，a 与 b 保持 7 不变
    a = a + 1;    //将 a+1 的值赋给 a，a+1 的值为 8 覆盖了原来的 7
    cout << a << ' ' << b << ' ' << c << endl;
    return 0;
}
```

上例中，“a = a + 1”可简化写作“a++”，图 3.3 说明了这 5 条语句的执行过程。

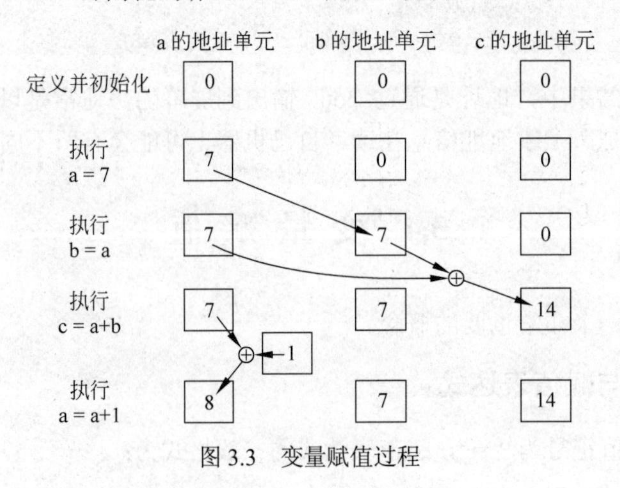

图 3.3 变量赋值过程

3.5 指 针 变 量

指针是 C/C++语言中的一个重要概念。掌握指针的用法，可使程序简洁、高效、灵活。指针看似复杂，但并不难学。

为了了解什么是指针，先看一个小故事。

地下工作者阿金接到上级指令，要去寻找打开密电码的密钥，这是一个整数。几经周折，才探知如下线索：密钥藏在一栋 3 年前就被贴上封条的小楼中。一个风雨交加的夜晚，阿金潜入了小楼，房间很多，不知该进哪一间，正在一筹莫展之际，忽然走廊上的电话铃声响起。艺高人胆大，阿金毫不迟疑，抓起听筒。只听一个陌生人说："去打开 211 房间，那里有线索。"阿金疾步上楼，打开 211 房间，用电筒一照，只见桌上赫然写着：地址 1000。阿金眼睛一亮，迅速找到 1000 房间，取出重要数据 66，完成了任务。

可用图 3.4 来描述这几个数据之间的关系。

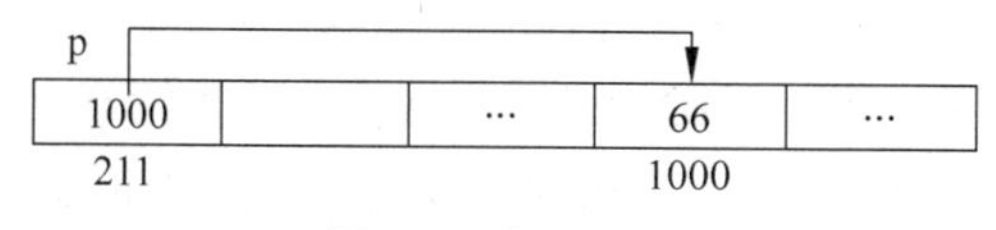

图 3.4　数据存放

说明

（1）数据藏在一个内存地址单元中，地址是 1000。

（2）地址 1000 又由 p 单元所指认，p 单元的地址为 211。

（3）66 的直接地址是 1000；66 的间接地址是 211；211 中存的是直接地址 1000。

（4）称 p 为指针变量，1000 是指针变量的值，实际上是有用数据在存储器中的地址。指针变量就是用来存放另一变量地址的变量（变量的指针就是变量的地址）。

3.5.1 指针定义与初始化

指针是一种特殊的变量，特殊性表现在类型和值上。从变量角度看，指针也具有变量的 3 个要素：

（1）变量名，这与一般变量命名相同，由英文字符开始。

（2）指针变量的类型，是指针所指向的变量的类型，而不是自身的类型。

（3）指针的值是某个变量在内存中的地址，简称变量的内存地址。

例如下面的语句是定义一个名为 p 的指针，该指针指向一个整数类型的变量，且被初始化为 NULL。

```
int *p = NULL;
```

一旦指针 p 被定义，系统会为 p 分配一个内存单元，该单元的地址可以用"&p"表示（符号&p 表示 p 的地址），如图 3.5 所示。

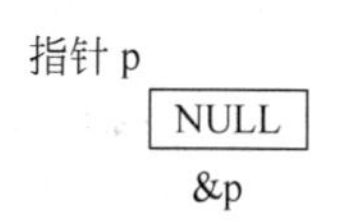

图 3.5　指针 p 被分配一个内存单元

在 p 中赋予一个符号化的常量 NULL，称之为将指针 p 初始化为 0。这个符号化的常量 NULL 是在头文件<iostream>中定义的。将指针初始化为 NULL 等于将指针初始化为 0，在这里整数 0 是 C/C++系统唯一一个允许赋给指针类型变量的整数值。除 0 以外的整数值是不允许赋给指针变量的，因为指针变量的数据类型是内存的地址，而不是任何整数。要记住：值为 NULL 的指针不指向任何变量。在定义时让指针初始化为 NULL 可以防止其指向任何未知的内存区域，以避免产生难以预料的错误。定义指针并将其初始化为 NULL 是一个值得提倡的好习惯。

3.5.2 指针赋值

前已述及指针变量是一个特殊的变量，其值是内存的地址，给指针赋值，就是将一个内存地址装入指针变量，这件事一做完就意味着指针指向了该内存地址。请看下例：

```
int a = 66;                    //定义一个整型变量 a，并将其初始化为 66
int *p = NULL, *q = NULL;      //定义 p, q 为指向整型变量的指针变量并初始化为 0
p = &a;                        //将变量 a 地址赋给 p
q = p;                         //将 p 的值赋给 q
```

在图 3.6 中，当 a 变量的地址赋给指针 p，意味着让指针 p 指向 a。

在图 3.7 中，当执行 q = p 后，p 中所存的 a 变量的地址值也就被放到 q 变量中，意味着让指针 q 也指向 a。这里用到了一个取地址运算符“&”，“&a”表示取变量 a 所在的内存的地址。

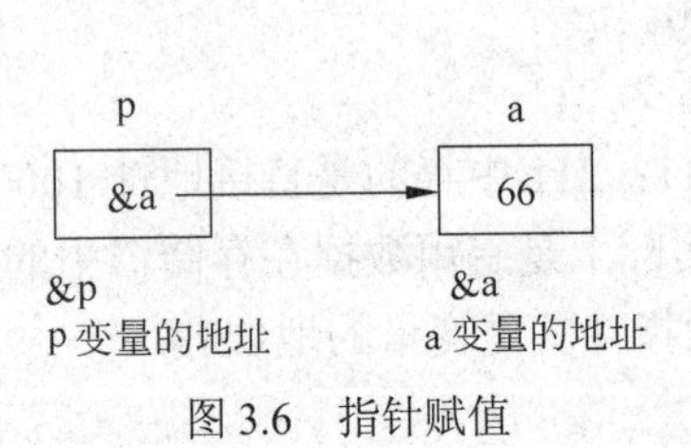

图 3.6 指针赋值

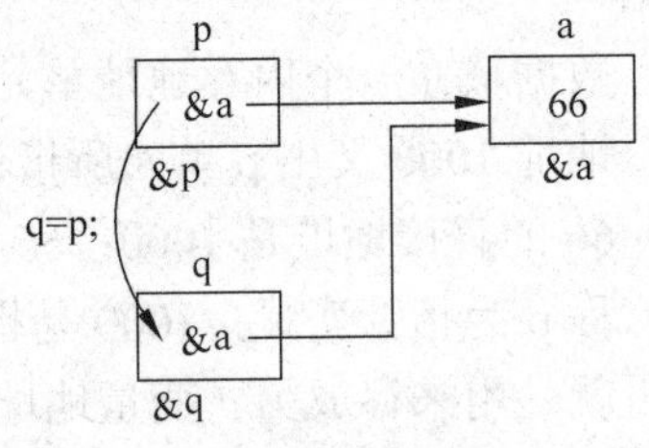

图 3.7 赋值

3.5.3 在赋值语句中使用间接访问运算符

下面给出一个程序，在程序中定义两个指针变量 p 和 q，在第 14 行和第 15 行，使用取地址运算符将整型变量 akey 的地址赋给 p，b 的地址赋给 q，即让 p 和 q 分别指向 akey 和 b。出现在第 16 行语句中的*p 和*q 代表指针所指向的变量单元中的内容。换句话说*p 和 akey 等价，*q 与 b 等价。赋值表达式

```
*q = *p;
```

等价于

```
b = akey;
```

以下是完整的源程序。

```
#include <iostream>
using namespace std;
```

```
int main()
{
    int akey = 0, b = 0;          //定义整型变量
    int *p = NULL, *q = NULL;     //定义指针变量
    akey = 66;                    //赋值给变量 akey
    p = &akey;                    //赋值给指针变量 p，让 p 指向变量 akey
    q = &b;                       //赋值给指针变量 q，让 q 指向变量 b
    *q = *p;                      //将 p 所指向的 akey 的值赋给 q 所指向的变量 b
    cout << "b=" << b << endl;    //输出 b 的值
    cout << "*q=" << *q << endl;//输出 b 的值
    return 0;
}//函数体结束
```

程序操作如图 3.8 所示。

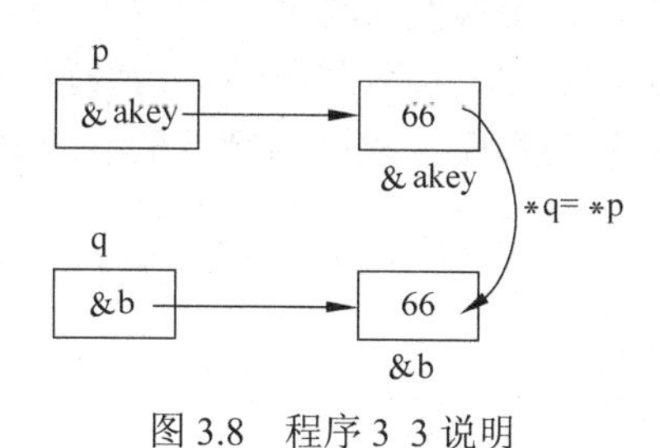

图 3.8　程序 3_3 说明

3.6　小　　结

（1）掌握变量的概念和变量赋值的 5 个要素，对于程序设计是十分重要的。

（2）比较第 2 章与第 3 章的内容可见，仅仅能够将计算机当作功能强大的计算器是远远不够的，只是使用了输出流 cout 和一些数学函数，基本上是算术运算。当引入变量后，就有了质的飞跃，上升到代数运算水平，编写程序用计算机自动解题才有了一个初步的基础。

（3）指针是一个特殊的变量，其值是内存的地址。给指针赋值就是将一个内存地址装入指针变量。如果这个内存地址是某变量的地址，则该指针就指向了该变量。

（4）指针变量的类型是指针所指向的变量的类型。

（5）在定义一个指针变量时，将其初始化为 NULL 是一个好习惯。

（6）对指针赋值是将它所指向的变量的地址赋给指针变量。这时要用到取地址运算符 &。&a 表示取变量 a 的地址。如果有

```
int a = 66;
int *p = NULL;
```

则

```
p = &a;
```

就是将变量 a 的地址赋给指针变量 p。

（7）在赋值语句中可使用间接访问运算符*，如

```
int a = 66;
int b = 0;
int *p = &a;
b = *p;
```

则会将 p 指针所指向的变量 a 的值 66 赋给变量 b。

习　题

新年就要到了，假定你要负责筹备一个晚会，晚会上要有抽奖活动，奖品由你设计，例如一等奖是一个双肩背的包，二等奖是一件普通的背心，三等奖是一个笔记本。奖项的人数、钱数都由你来筹划，原则是注重实效和节约。请编写一个程序计算要筹集多少钱。

当然，这是你第一次编写这类程序，建议你借鉴王小二编写的程序。

第 4 章　逻辑思维与计算机解题

教学目标

- 将实际问题抽象为逻辑关系
- 枚举法解题思路
- 关系与关系表达式
- 程序的循环结构与分支结构

内容要点

- 关系运算符与关系表达式
- 从人的思维到用计算机语言的表示
- 枚举的概念与思路
- 循环结构
- 分支结构

本章试图以“任务驱动”的方式来引出如下内容：

（1）介绍关系运算符与关系表达式；

（2）介绍枚举法的解题思路；

（3）为了枚举引出程序的循环结构；

（4）为了判断和裁决引出程序的分支结构。

按以上这种讲法目的明确，有的放矢，思路清晰，易于上手。

计算机强大的逻辑分析功能是由人通过程序赋给它的，一些逻辑问题必须转换成计算机能够看得懂的数学表达式和一定的程序指令。这一章通过例子来介绍如何将人对问题的思考转换为让计算机能解的数学表达式，同时给出一些通常要用到的程序结构和 C/C++ 语句。

【任务 4.1】 清华附中有 4 位同学中的一位做了好事不留名。表扬信来了之后，校长问这 4 位同学是谁做的好事。

A 说：不是我。

B 说：是 C。

C 说：是 D。

D 说：他胡说。

已知 3 个人说的是真话，一个人说的是假话。现在要根据这些信息，找出做了好事的人。

为了解这道题，需要学习如何通过逻辑思维与判断找到解这类问题的思路。

4.1 关系运算和关系表达式

4.1.1 关系运算符

关系运算符有如下 6 个：>=（大于等于），>（大于），==（等于），<=（小于等于），<（小于）和 !=（不等于）。

为了讲解关系运算符和关系表达式，先在机器上建立和运行程序 4_1.cpp。

```
#include <iostream>
using namespace std;

int main()
{
    cout << "3>2 的逻辑值是" << (3 > 2) << ", 1 为真。" << endl;
    cout << "3>=2 的逻辑值是" << (3 >= 2) << ", 1 为真。" << endl;
    cout << "3==2 的逻辑值是" << (3 == 2) << ", 0 为假。" << endl;
    cout << "3<2 的逻辑值是" << (3 < 2) << ", 0 为假。" << endl;
    cout << "3<=2 的逻辑值是" << (3 <= 2) << ", 0 为假。" << endl;
    cout << "3!=2 的逻辑值是" << (3 != 2) << ", 1 为真。" << endl;
    return 0;
}
```

程序运行结果

```
3>2 的逻辑值是 1，1 为真。
3>=2 的逻辑值是 1，1 为真。
3==2 的逻辑值是 0，0 为假。
3<2 的逻辑值是 0，0 为假。
3<=2 的逻辑值是 0，0 为假。
3!=2 的逻辑值是 1，1 为真。
```

4.1.2 关系表达式的一般格式

关系表达式的格式如下：

```
<变量 1>  关系运算符  <变量 2>
```

例如，变量 1 为 b，变量 2 为 c，关系运算符为>，则关系表达式为

```
b > c
```

4.1.3 将“是”“否”写成关系表达式

1. 定义字符型变量

为了完成任务 4.1，将 4 个人所说的 4 句话写成关系表达式。为此，要定义一种字符型的变量。这里用 thisman 表示要寻找的做了好事的人。在程序中写入：

```
char thisman = ' ';              //定义字符变量并将其初始化为空
```

接着让“==”在这里的含义为“是”，让“!=”在这里的含义为“不是”。利用关系表达式将 4 个人所说的话表示成如下表：

说话人	说的话	写成关系表达式
A	“不是我”	`thisman != 'A'`
B	“是 C”	`thisman == 'C'`
C	“是 D”	`thisman == 'D'`
D	“他胡说”	`thisman != 'D'`

2．字符型变量在内存中的数据

在 C/C++中，字符在存储单元中是以 ASCII 码的形式存放的（字符的 ASCII 码见附录 C）。C/C++实际上是把 char 型按一个字节大小的整型来处理。因此，用赋值语句 thisman = 'A' 和 thisman = 65 是一样的，见图 4.1。

图 4.1　字符型变量的存储

这两个赋值语句是等效的，在以 thisman 为标识的存储单元中存的是数字 65。65 即是字符'A'的 ASCII 编码值。建议用程序 4_2.cpp 加以验证。

```
#include <iostream>
using namespace std;

int main()
{
    char thisman;    //定义字符变量 thisman
    thisman = 'A';   //thisman 赋值为'A'
    //输出关系表达式"65=='A'"的值
    cout << "65=='A' -- 关系表达式的值为" << (65 == 'A') << ", 1 为真。" << endl;
    return 0;
}
```

4.2　枚举法的思路

结合任务 4.1 分析，A、B、C、D 这 4 个人只有一位是做好事者。令做好事者为 1，未做好事者为 0，可以有如下 4 种状态（情况）：

状态	A	B	C	D
1	1	0	0	0

续表

状态	A	B	C	D
2	0	1	0	0
3	0	0	1	0
4	0	0	0	1

这 4 种状态可简化写成：

状态	赋值表达式
1	thisman = 'A'
2	thisman = 'B'
3	thisman = 'C'
4	thisman = 'D'

显然第一种状态是假定 A 是做好事者，第二种状态是假定 B 是做好事者，……。所谓枚举是按照这 4 种假定逐一地去测试 4 个人的话有几句是真话，如果不满足 3 句为真，就否定掉这一假定，换下一个状态再试。

具体做法如下：

（1）假定让 thisman = 'A' 代入 4 句话中：

说话人	说的话	关系表达式	值
A	thisman != 'A';	'A' != 'A'	0
B	thisman == 'C';	'A' == 'C'	0
C	thisman == 'D';	'A' == 'D'	0
D	thisman != 'D';	'A' != 'D'	1

4 个关系表达式的值的和为 1，显然不是 'A' 做的好事。

（2）假定让 thisman = 'B' 代入 4 句话中：

说话人	说的话	关系表达式	值
A	thisman != 'A';	'B' != 'A'	1
B	thisman == 'C';	'B' == 'C'	0
C	thisman == 'D';	'B' == 'D'	0
D	thisman != 'D';	'B' != 'D'	1

4 个关系表达式的值的和为 2，显然不是 'B' 做的好事。

（3）假定让 thisman = 'C' 代入 4 句话中：

说话人	说的话	关系表达式	值
A	thisman != 'A';	'C' != 'A'	1
B	thisman == 'C';	'C' == 'C'	1
C	thisman == 'D';	'C' == 'D'	0
D	thisman != 'D';	'C' != 'D'	1

4 个关系表达式的值的和为 3，就是'C'做的好事。

综上所述，一个人一个人去试，就是枚举。从编写程序看，实现枚举最好用循环结构。

4.3　循环结构

循环结构是程序中用得最多的一种，它发挥了计算机长于重复运算的特点。下面，还是先结合任务 4.1，写出枚举法所要完成的工作。

4.3.1　使用循环结构的部分程序

使用循环结构的程序如下：

```
for (k = 0; k < 4; k = k + 1)    //计数型循环，循环的控制变量为 k
{   //循环体开始
    thisman = 'A' + k;           //产生被试者，依次为'A','B','C','D'
                                 //赋值给 thisman
    sum = (thisman != 'A')       //测试'A'的话是否为真
          + (thisman == 'C')     //测试'B'的话是否为真
          + (thisman == 'D')     //测试'C'的话是否为真
          + (thisman != 'D');    //测试'D'的话是否为真
}   //循环体结束
```

4.3.2　for 语句的格式和执行过程

for 语句的格式为：

```
for (表达式 1; 表达式 2; 表达式 3)
{
    循环体（语句组）
}
```

结合图 4.2 来看 for 循环的执行过程，从而了解表达式 1、表达式 2 与表达式 3 各起什么作用。

for 循环的执行过程如下：

（1）求解表达式 1，赋值表达式，置循环控制变量的初值。

（2）测试表达式 2，关系表达式，测试是否未到循环控制变量的终值。

　① 如果表达式 2 的值为真，则执行（3）；

　② 如果表达式 2 的值为假，则退出循环转至（5）。

（3）执行循环体语句组之后转至（4）。

（4）求解表达式 3，赋值表达式，让循环控制变量增值或减值，再转至（2）。

（5）执行下一条语句。

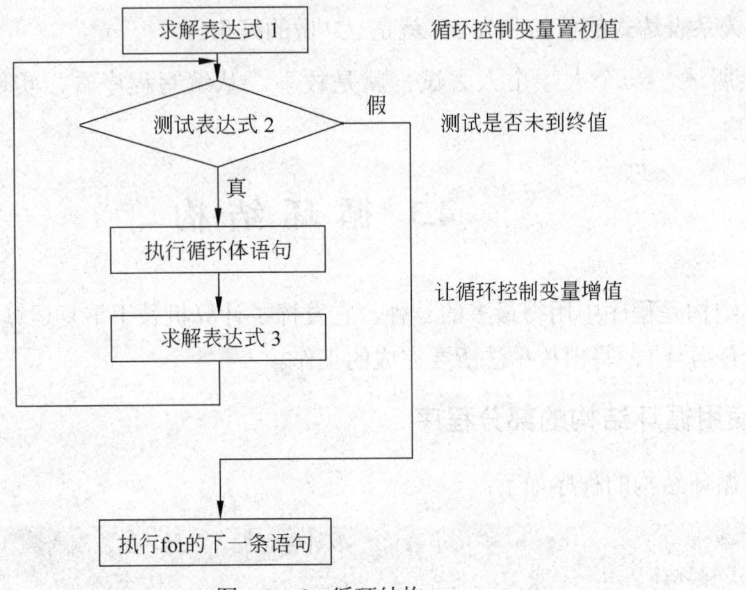

图4.2　for循环结构

4.3.3　使用for循环解题实例

1．求自然数1～100之和

程序4_3.cpp如下：

```
#include <iostream>
using namespace std;

int main()
{
    int sum = 0;                              //定义sum为整型变量，并初始化为0
    for (int i = 0; i < 100; i = i + 1) //for 循环
    {   //循环体开始
        sum = sum + (i + 1);                  //累加求和
    }   //循环体结束
    cout << "自然数1～100之和为" << sum << endl;      //输出累加结果
    return 0;
}
```

【思考】

在程序4_3.cpp中做如下修改：

（1）将原来的

```
for (int i = 0; i < 100; i = i + 1)
```

修改为

```
for (int i = 0; i < 100; i = i + 2)
```

问：这是哪些自然数在求和，答案是多少？

（2）将原来的

```
for (int i = 0; i < 100; i = i + 1)
```

修改为

```
for (int i = 0; i < 100000; i = i + 1)
```

执行程序能够得出正确结果吗？如果不能，自己想办法解决。

2．求 10 的阶乘

程序 4_4.cpp 如下：

```
#include <iostream>
using namespace std;

int main()
{
   long mul = 1;                            //定义长整型变量，初始化为 1
   for (int i = 10; i >= 1; i = i - 1)  //用 for 循环作累乘运算
     mul = mul * i;
   cout <<< "10!=" << mul << endl;       //输出 10 的阶乘值
   return 0;
}
```

为了详细了解 10!计算过程的每一步；可以在循环语句中增加一些输出语句，将我们关心的一些中间状态信息以 cout 语句输出到屏幕上。修改后的程序如下：

```
#include <iostream>
using namespace std;

int main()
{
   long mul = 1;                            //定义 mul 为长整型变量，并初始化为 1
   for (int i = 10; i >= 1; i = i - 1)  //用 for 循环作累乘运算
   {
      cout << "i=" << i ;                   //显示 i
     mul = mul * i;                         //每一步乘积
      cout << "\tmul =" << mul << endl; //显示每一步乘积
      for (int j = 1; j <= 5500; j = j + 1)          //用 for 循环延迟时间
         for (int k = 1; k <= 10000; k = k + 1);   //用 for 循环延迟时间
   }
   cout << "10!=" << mul << endl;                    //显示运算结果
   return 0;
}
```

程序运行结果

```
i=10    mul=10
```

```
i=9    mul=90
i=8    mul=720
i=7    mul=5040
i=6    mul=30240
i=5    mul=151200
i=4    mul=604800
i=3    mul=1814400
i=2    mul=3628800
i=1    mul=3628800
10!=3628800
```

【解题思路】

（1）将 10！展开为 10×9×8×7×6×5×4×3×2×1。

（2）让整型变量 i 表示 10，9，…，1。

（3）让长整型变量 mul 表示乘积，初始时让其为 1。

（4）将求 10 的阶乘考虑成累乘问题，让 i = 10 去乘 mul 再将积存至 mul 中，即 mul = mul * i，之后让 i = i – 1，再用上式累乘，不断地反复做这两个运算，从 i = 10，9，…，1，就完成了求 10！的任务。

（5）恰好计算机擅长做这种重复操作，使用 for 循环是最佳选择。

（6）让循环控制变量 i 就是数字 10，9，…，1。i 的初值为 10，终值为 1。for 循环的 3 个表达式中，表达式 1 为 i = 10，表达式 2 为 i >= 1，表达式 3 为 i = i – 1。

4.3.4 for 循环的程序框图

为了以后讲解方便，有必要使用更为简便的程序结构流程图，如图 4.3 所示。

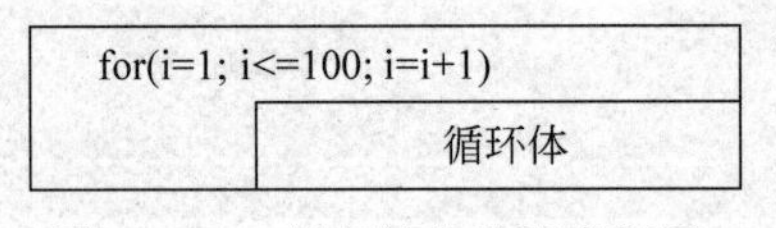

图 4.3 for 循环结构的程序框图

该流程图中突出了 for 循环的 3 个表达式，将循环体表示成放在右下角的一个小一些的矩形方框。循环就是依照条件反复执行这个小矩形方框中的语句组。

4.4 分支结构

为了完成任务 4.1，光有循环结构还不行，还要有用于判断是否已经有 3 个人的话是真话的分支结构。这个程序段如下：

```
if (sum == 3)
{
    cout << "This man is" << 'A' + k << endl;
    g = 1;
}
```

这一段程序可以读作：如果 sum 真的为 3，做下面两件事：

（1）输出做好事的人。

（2）将本题的有解标志置为 1。

其中(sum == 3)为条件判断语句中的条件，根据其真假使程序分支。

图 4.4 是分支程序的流程图，这种图直观清晰，一目了然。

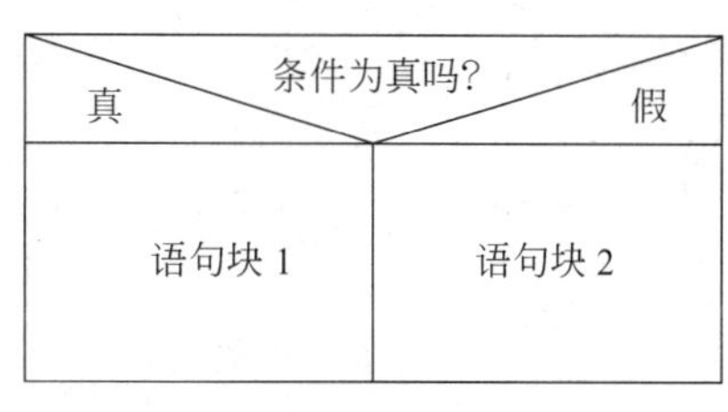

图 4.4　分支结构程序框图

4.4.1　if 语句的格式

1．第 1 种情况

```
if (表达式)
    语句 1;
```

如果表达式为真，则只执行语句 1；否则什么都不做。

2．第 2 种情况

```
if (表达式)
{
    语句块 1;
}
```

如果表达式为真，执行语句块 1（多条语句）的内容；否则什么都不做。

3．第 3 种情况

```
if (表达式)
    语句 1;
else
    语句 2;
```

如果表达式为真，执行语句 1；否则执行语句 2。

4．第 4 种情况

```
if (表达式)
{
    语句块 1;
}
else
{
    语句块 2;
}
```

如果表达式为真，执行语句块 1；否则执行语句块 2。

4.4.2 分支结构的实例

编程实现如图 4.5 所示的函数。

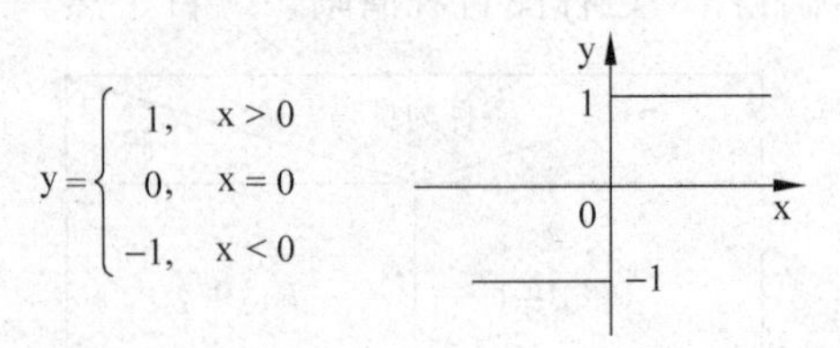

图 4.5 符号函数

参考程序 4_5.cpp 如下：

```
#include <iostream>
using namespace std;

int main()
{
    float x = 0, y = 0;             //定义 x、y 为浮点类型变量，并初始化为 0

    cout << "请输入 x" << endl;     //提示信息
    cin >> x;                       //从键盘输入浮点数送至 x 中

    if (x > 0)                      //如果 x>0，将 1 赋给 y
    {
        y = 1;
    }
    else if (x == 0)                //如果 x==0，将 0 赋给 y
    {
        y = 0;
    }
    else                            //否则(x<0)，将-1 赋给 y
    {
        y = -1;
    }
    //输出 x、y 的值
    cout << "当 x=" << x << "时, y=" << y << endl;
    return 0;
}
```

该程序的框图如图 4.6 所示。

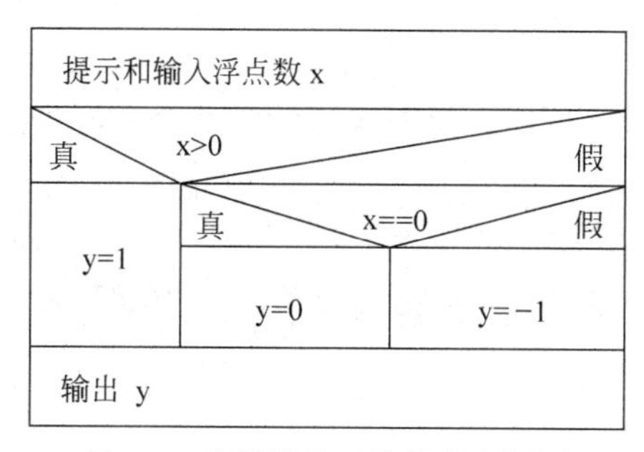

图 4.6　实现符号函数的程序框图

4.5　任务 4.1 的程序框图

图 4.7 为任务 4.1 的程序框图。

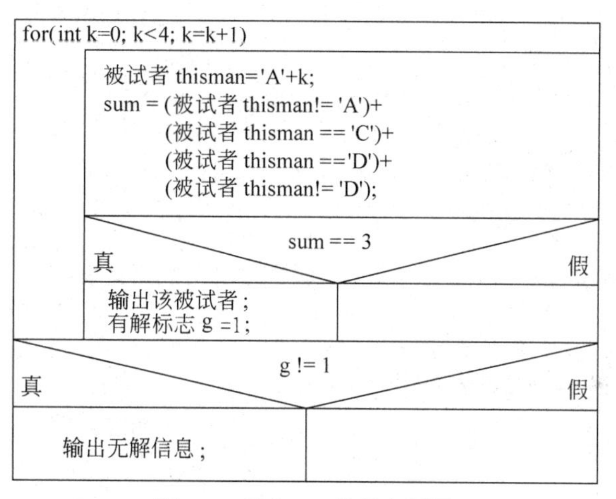

图 4.7　任务 4.1 的程序框图

现在来分析“谁做的好事”的程序框图，它是由两大块组成的，如图 4.8 所示。

第一块是循环结构，功能是产生被试对象，依次为 A、B、C、D，并测试 4 句话有多少句为真；如有 3 句为真，则可确定做好事者，同时置有解标志为 1。

第二块为分支结构，功能是判断是否无解；如为真，则输出无解信息。

再往细看，第一块的循环体又由两块组成，如图 4.9 所示，①中含两条赋值语句，②中

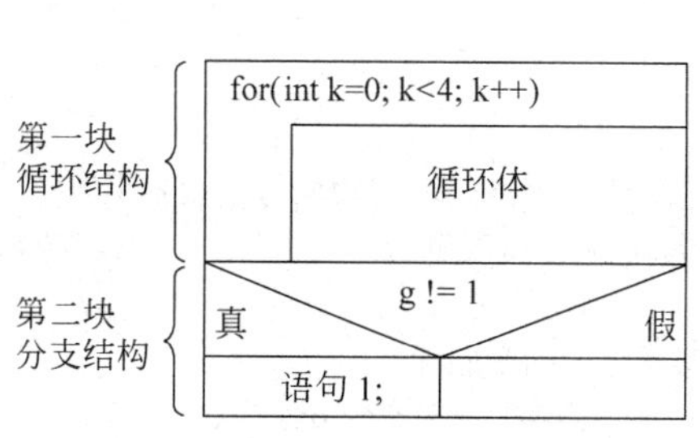

图 4.8　程序框图的组成（1）

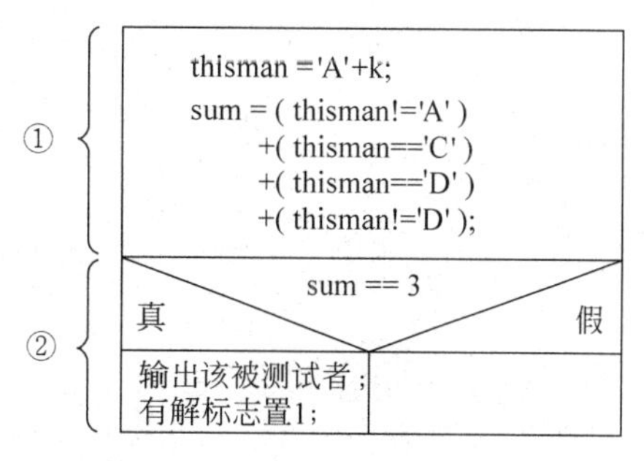

图 4.9　程序框图的组成（2）

含一条分支语句。

本节是希望读者掌握程序框图，这对今后的学习会有好处。按照程序框图就很容易写出程序了。

4.6 任务 4.1 的参考程序

1．程序 1

```
#include <iostream>
using namespace std;

int main()
{
    int g = 0;                               //定义变量为整数类型，初始化为 0 表示无解
    for (int k = 0; k < 4; k = k + 1)//k 既是循环控制变量，也表示第 k 个人
    {
        char thisman = 'A' + k;
        int sum = (thisman != 'A')
                + (thisman == 'C')
                + (thisman == 'D')
                + (thisman != 'D');
        if (sum == 3)                        //如果 4 句话有 3 句话为真，则输出该人
        {
            //输出做好事者
            cout << "做好事者为" << thisman << endl;
            g = 1;                           //有解标志置 1
        }
    }
    if (g != 1)                              //则输出无解信息
        cout << "Can't found!" << endl;
    return 0;
}
```

2．程序 2

```
#include <iostream>
using namespace std;

int main()
{
    int g = 0;                               //定义变量为整型，初始化为 0 表示无解
    for (int k = 0; k < 4; k = k + 1)//循环从 k 为 0 到 3
    {
        int sum = 0;                         //循环体内的初始化
        if (k != 0) sum = sum + 1;    //如 A 的话为真，则让 sum 加 1;
        if (k == 2) sum = sum + 1;    //如 B 的话为真，则让 sum 加 1;
```

```
        if (k == 3) sum = sum + 1;    //如C的话为真，则让sum加1;
        if (k != 3) sum = sum + 1;    //如D的话为真，则让sum加1;
        if (sum == 3)                 //若有3句话为真，则做下列两件事
        {
            cout << "This man is " << char('A' + k) << endl;//输出做好事者
            g = 1;                    //让有解标志置1
        }
    }
    if (g != 1)                       //则输出无解信息
        cout << "Can't found!" << endl;
    return 0;
}
```

3．程序 3

```
#include <iostream>
using namespace std;

int main()
{
    int g = 0;                        //定义变量为整数类型，初始化为0表示无解
    for (int k = 0; k < 4; k = k + 1)//k既是循环控制变量，也表示第k个人
    {
        if (((k != 0) + (k == 2) + (k == 3) + (k != 3)) == 3)
        {   //如果4句话有3句话为真，则输出该人
            //输出做好事者
            cout << "做好事者为" << char('A' + k) << endl;
            g = 1;                    //有解标志置1
        }
    }
    if (g != 1)                       //则输出无解信息
    {
        cout << "Can't found!" << endl;
    }
    return 0;
}
```

4.7　逻辑问题及其解法

【任务 4.2】 某地刑侦大队对涉及 6 个嫌疑人的一桩疑案进行分析：

（1）A、B 至少有 1 人作案；

（2）A、D 不可能是同案犯；

（3）A、E、F 3 人中至少有 2 人参与作案；

（4）B、C 或同时作案，或与本案无关；

（5）C、D 中有且仅有 1 人作案；

（6）如果 D 没有参与作案，则 E 也不可能参与作案。

试编写一程序，将作案人找出来。

4.7.1 逻辑运算符与逻辑表达式

为了解这道题，要研究逻辑运算符与逻辑表达式。

1. 逻辑与

逻辑与的运算符为“&&”。

在如图 4.10 所示的电路中，用 A=1 表示开关 A 合上，用 B=1 表示开关 B 合上，用 A&&B=1 表示灯亮。

在图 4.10 的表中，1 表示真，0 表示假，这是逻辑变量的取值，非真即假。

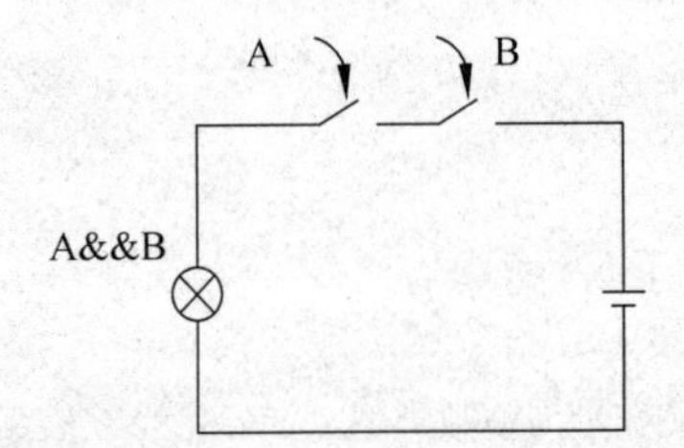

A	B	A&&B
1	1	1
1	0	0
0	1	0
0	0	0

图 4.10 逻辑与电路

2. 逻辑或

逻辑或的运算符为“||”。

在如图 4.11 所示电路中，用 A=1 表示开关 A 合上，用 B=1 表示开关 B 合上，用 A||B=1 表示灯亮。

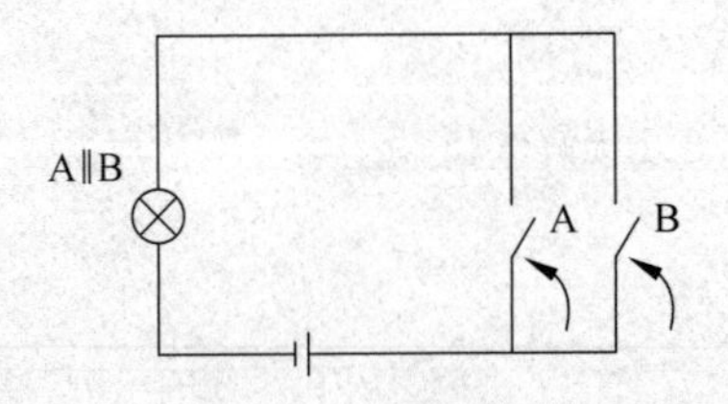

A	B	A||B
1	1	1
1	0	1
0	1	1
0	0	0

图 4.11 逻辑或电路

在图 4.11 的表中，1 表示真，0 表示假。

3. 逻辑非

逻辑非的运算符为“!”。

两队比赛篮球，变量 A 表示 A 队到场，!A 表示 A 队不到场，变量 B 表示 B 队到场，!B 表示 B 队不到场。这场球赛能够赛成，必须两队都到场。假定“能赛成”用逻辑变量 C 表示，则

```
C = A && B
```

赛不成当然用!C 表示，让 D=!C，D 表示赛不成，则

```
D = !A || !B
```

理解为 A 不到场或 B 不到场，球赛无法进行。

4.7.2　逻辑问题的解题思路

结合任务 4.2 来分析逻辑问题的解题思路。

1．将案情写成逻辑表达式

将案情的每一条写成逻辑表达式，从第 1 条到第 6 条依次用 CC1，…，CC6 表示。

① CC1：A 和 B 至少有一人作案。令 A 变量表示 A 作案，B 变量表示 B 作案。

显然这是或的关系，因此有

```
CC1 = (A || B)
```

CC1 的真值表如下：

A	B	CC1
0	0	0
1	0	1
0	1	1
1	1	1

② CC2：A 和 D 不可能是同案犯。

A 如果是案犯，D 一定不是案犯；D 如果是案犯，A 一定不是案犯。A&&D 表示 A 与 D 是同案犯，!(A && D)表示 A 和 D 不可能是同案犯，因此有

```
CC2 = !(A && D)
```

CC2 的真值表如下：

A	D	A && D	CC2
1	0	0	1
1	1	1	0
0	0	0	1
0	1	0	1

③ CC3：A、E、F 中至少有两人涉嫌作案。分析有 3 种可能：

第一种，A 和 E 作案，写成(A && E)。

第二种，A 和 F 作案，写成(A && F)。

第三种，E 和 F 作案，写成(E && F)。

这 3 种可能性是或的关系，因此有

```
CC3 = (A && E) || (A && F) || (E && F)
```

写出 CC3 的真值表如下：

A	E	F	CC3
1	1	1	1
1	1	0	1
1	0	1	1
0	1	1	1
0	0	1	0
0	1	0	0
1	0	0	0
0	0	0	0

④ CC4：B 和 C 或同时作案，或都与本案无关。

第一种情况，同时作案写成(B && C)。

第二种情况，都与本案无关写成(!B && !C)。

两者为或的关系，因此有

```
CC4 = (B && C) || (!B && !C)
```

真值表如下：

B	C	!B	!C	B && C	!B && !C	CC3
1	1	0	0	1	0	1
1	0	0	1	0	0	0
0	1	1	0	0	0	0
0	0	1	1	0	1	1

⑤ CC5：C，D 中有且仅有一人作案，写成

```
CC5 = (C && !D) || (D && !C)
```

⑥ CC6：如果 D 没有参与作案，则 E 也不可能参与作案。分析这一条比较麻烦一些，可以列出真值表再归纳。

D	E	!E	CC6	含义	分析
1	1	0	1	D 作案，E 也作案	可能
1	0	1	1	D 作案，E 不作案	可能
0	0	1	1	D 不作案，E 也不可能作案	可能
0	1	0	0	D 不作案，E 却作案	不可能

分析后可得出

```
CC6 = D || (!D && !E)
```

以上是案情分析，已经化成了计算机可解的逻辑表达式。

2．破案综合判断条件

将案情分析的 6 条归纳成一个破案综合判断条件 CC。

```
CC = CC1 && CC2 && CC3 && CC4 && CC5 && CC6
```

当 CC 为 1 时，说明 6 条的每一条都满足了，可以结案了。

3. 采取枚举方法

定义 6 个整型的变量 A、B、C、D、E、F，分别表示 6 个嫌疑人。让变量的取值为 0 表示不是作案人，为 1 表示是作案人，每个人都有作案和没作案两种可能，作为 6 个人的一个整体，存在 2^6 种可能，依次为第 0 种可能到第 63 种可能，见下表。表中 n 为组合号，n 为 0 的情况是 6 个人都没作案，n 为 63 的情况是 6 个人都是作案者。

n	A	B	C	D	E	F
0	0	0	0	0	0	0
1	0	0	0	0	0	1
2	0	0	0	0	1	0
⋮	⋮	⋮	⋮	⋮	⋮	⋮
63	1	1	1	1	1	1

枚举法的思路就是将这 64 种情况一一去试，看一看哪一种情况符合破案综合判断条件 CC，即看哪一种情况可以使 CC 的逻辑值为 1。

很明显要枚举 ABCDEF，让这个整体从 000000 变到 111111，又要用到循环结构。

4. 实现枚举

我们分析上表，分别看到 A、B、C、D、E、F 随组合号的变化。

① 对于 F，n 每次加 1，F 变号（从 0 变 1，或从 1 变 0）；

② 对于 E，n 每次加 2，E 变号（从 0 变 1，或从 1 变 0）；

③ 对于 D，n 每次加 4，D 变号（从 0 变 1，或从 1 变 0）；

④ 对于 C，n 每次加 8，C 变号（从 0 变 1，或从 1 变 0）；

⑤ 对于 B，n 每次加 16，B 变号（从 0 变 1，或从 1 变 0）；

⑥ 对于 A，n 每次加 32，A 变号（从 0 变 1，或从 1 变 0）。

可见，F 变化最快，A 变化最慢。模拟这种情况可以用 6 重循环。循环控制变量分别是 A、B、C、D、E、F，初值为 0，终值为 1。A 循环处在最外层，F 循环处在最里层，形成一个套一个的嵌套关系，如图 4.12 所示。

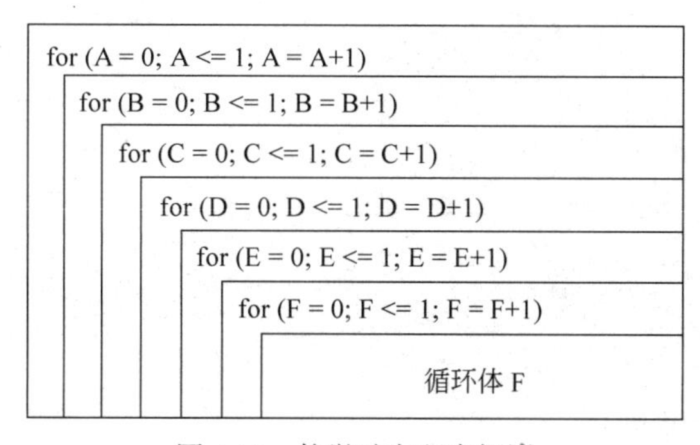

图 4.12 枚举破案程序框图

图 4.12 可写成如下程序段：

```
for (A = 0; A <= 1; A = A + 1)
{   //以下是 A 循环的循环体
    for (B = 0; B <= 1; B = B + 1)
    {   //以下是 B 循环的循环体
        for (C = 0; C <= 1; C = C + 1)
        {   //以下是 C 循环的循环体
            for (D = 0; D <= 1; D = D + 1)
            {   //以下是 D 循环的循环体
                for (E = 0; E <= 1; E = E + 1)
                {   //以下是 E 循环的循环体
                    for (F = 0; F <= 1; F = F + 1)
                    {
                        //循环体 F
                    }
                }//E 的循环体结束
            }//D 的循环体结束
        }//C 的循环体结束
    }//B 的循环体结束
}//A 的循环体结束
```

对于 A 循环而言

```
for (B = 0; B <= 1; B = B + 1)
{
    …
}
```

就是 A 循环的循环体，且只有一条语句，没有第二条语句。因此括在最外面的一对大括号可以省去不写。对于 B 循环而言

```
for (C = 0; C <= 1; C = C + 1)
```

也是作为循环体的唯一一条语句，当然大括号也可以不写，依此类推，程序可简写为：

```
for (A = 0; A <= 1; A = A + 1)
    for (B = 0; B <= 1; B = B + 1)
        for (C = 0; C <= 1; C = C + 1)
            for (D = 0; D <= 1; D = D + 1)
                for (E = 0; E <= 1; E = E + 1)
                    for (F = 0; F <= 1; F = F + 1)
                    {
                        //循环体 F
                    }
```

上述程序看上去简单多了。

4.7.3　任务 4.2 的参考程序

按上述分析使用 6 重循环的程序，程序如下：

```
#include <iostream>
using namespace std;

int main()
{
    int cc1, cc2, cc3, cc4, cc5, cc6;          //定义 6 个变量，分别表示 6 句话
    for (int A = 0; A <= 1; A = A + 1)         //枚举 A 的两种可能
        for (int B = 0; B <= 1; B = B +  1)    //枚举 B 的两种可能
            for (int C = 0; C <= 1; C = C +1)  //枚举 C 的两种可能
                for (int D = 0; D <= 1; D = D + 1)        //枚举 D 的两种可能
                    for (int E = 0; E <= 1; E = E + 1)     //枚举 E 的两种可能
                        for (int F = 0; F <= 1; F = F + 1) //枚举 F 的两种可能
                        {                      //循环开始
                            cc1 = A || B;          //第 1 句话的逻辑表达式
                            cc2 = !(A && D);       //第 2 句话的逻辑表达式
                            cc3 = (A && E) || (A && F) || (E && F);
                                                   //第 3 句话的逻辑表达式
                            cc4 = (B && C) || (!B && !C);//第 4 句话的逻辑表达式
                            cc5 = (C && !D) || (D && !C);//第 5 句话的逻辑表达式
                            cc6 = D || (!D && !E);        //第 6 句话的逻辑表达式
                            //测试 6 句话都为真时，才输出谁是罪犯
                            if (cc1 + cc2 + cc3 + cc4 + cc5 + cc6 == 6)
                            {                      //输出判断结果
                                cout << "A: " << (A == 0 ? "不是" : "是")
                                     << "罪犯" << endl;
                                cout << "B: " << (B == 0 ? "不是" : "是")
                                     << "罪犯" << endl;
                                cout << "C: " << (C == 0 ? "不是" : "是")
                                     << "罪犯" << endl;
                                cout << "D: " << (D == 0 ? "不是" : "是")
                                     << "罪犯" << endl;
                                cout << "E: " << (E == 0 ? "不是" : "是")
                                     << "罪犯" << endl;
                                cout << "F: " << (F == 0 ? "不是" : "是")
                                     << "罪犯" << endl;
                            }                      //输出结束
                        }                          //循环结束
    return 0;
}
```

附加说明：在上述程序的输出中，用到了一个新的运算符，称为选择运算符“?:”。由选择运算符构成的表达式的格式为：

```
表达式 1 ? 表达式 2 : 表达式 3
```

例如输出 A 时

```
表达式 1 为 A == 0
表达式 2 为"不是"
表达式 3 为"是"
```

其执行过程是：

（1）先计算表达式 1 的值，如 A==0 的逻辑值为 true，就执行表达式 2，"不是"（处在输出语句中，屏幕显示"不是"）；

（2）否则，A==0 的逻辑值为 false，则去执行表达式 3，"是"（处在输出语句中，屏幕显示"是"）。

使用选择运算符，可使程序更加简练。

4.8 小　结

本章的内容十分丰富，且十分重要，重点是从解题思路出发引出需要掌握的一些程序结构和语句。

（1）解题的重要一步是要将人的想法表示成机器能够实现的表达式、数学公式或操作步骤。首先遇到的问题可能是“是”还是“否”，“等于”还是“不等于”，“大于”还是“小于”等。这些要描述成关系表达式，要用关系运算符。因此灵活地使用关系运算符就显得十分重要。

（2）用计算机解题很多时候涉及逻辑运算，因此掌握逻辑运算符和构成逻辑表达式也是十分重要的。

（3）用计算机解题往往需要从许多种可能性中去寻找其中的一种或几种，因此，最容易想到的，也是最容易做到的就是“枚举法”。要用枚举法就会遇到大量的重复计算的问题，自然要用到程序的循环结构，因此掌握循环结构的程序设计是一个非常重要的基本功。

（4）分支是计算机思维的很重要的一个方式，掌握和灵活运用它并不十分困难。

课后阅读材料

不使用 6 重循环的程序

直接枚举 64 种情况，循环控制变量取 n，让 n=0，1，…，63，去试能否符合破案综合判断条件 CC。其实，知道了 n 的值就能知道 A、B、C、D、E、F 的值了。因为作为整型变量 n，它在内存中是以二进制数的形式存放的。例如在 n=3 时，其内存地址的低位数据如图 4.13 所示。

ABCDEF 分别处在二进制数的第 5 位、第 4 位、……、第 0 位。可以认为图 4.14 与图 4.13 是等效的。在 n=3 时， A=B=C=D=0，E=F=1。

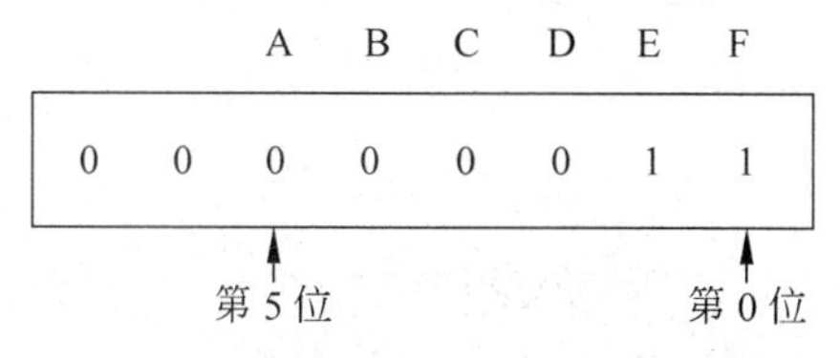

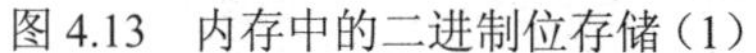

图 4.13　内存中的二进制位存储（1）

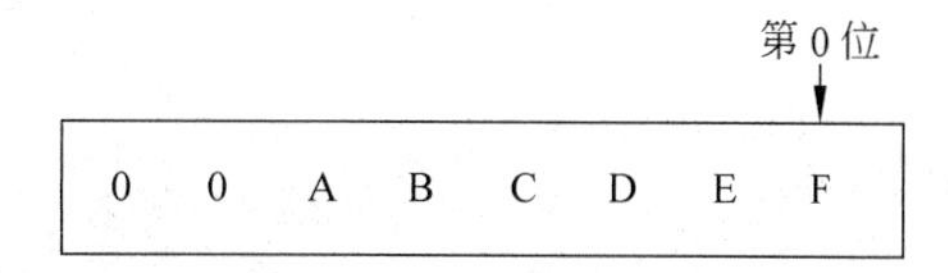

图 4.14　内存中的二进制位存储（2）

知道 n 后如何将 A，B，…，F 分离出来呢？可以利用 C++提供的位运算符，一个是向右移一位运算符“>>”，另一个是“按位与”运算符“&”。

先说“按位与”运算，例如 n=62，让 a=n&5，问 a 的值是多少？

见图 4.15，a 的值为 4，“按位与”运算实际上是在二进制数上作对应位上的“逻辑与”运算，0“与”1 得 0，0“与”0 得 0，1“与”1 得 1。“按位与”有一个重要特征：任何位上的二进制数只要和 0 相“与”，则该位即被清零（称之为被屏蔽）；和 1 相“与”，则该位被保留。所谓保留，即维持原状，原来是 0 还是 0，原来是 1 还是 1。现在就要利用这个性质，将 A、B、…、F 从 n 中提取出来。

	n:	0	0	1	1	1	1	1	0
&	5:	0	0	0	0	0	1	0	1
	4:	0	0	0	0	0	1	0	0

图 4.15　按位与运算

由图 4.16 可见，提取 F 很容易，只要让 n 作“按位与”1 的运算即可，即

```
F = n & 1;
```

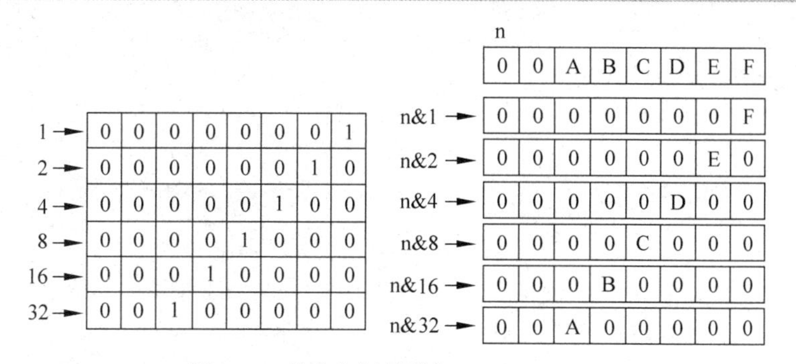

图 4.16　按位与运算提取 A，B，…，F

而提取 E 就没这么简单了，因为用 n 作“按位与”2 的运算得出的 E 不是处于第 0 位，如果 E 本身是 1 的话，n&2 的值为 2，需要右移一位。这时可用

```
E = (n & 2) >> 1;
```

这条语句读作，让 n“按位与”2 再右移 1 位，将这个结果赋给变量 E。

同样的道理可写出

```
D = (n & 4) >> 2;
C = (n & 8) >> 3;
```

```
B = (n & 16) >> 4;
A = (n & 32) >> 5;
```

程序清单如下：

```
#include <iostream>
using namespace std;

int main()
{
    int  cc1, cc2, cc3, cc4, cc5, cc6;    //定义 6 个变量，分别表示 6 句话
    int  A, B, C, D, E, F;                //定义 6 个变量，分别表示 6 个人
    for (int i = 0; i < 64; i++)
    {
        A = (i & 32) >> 5;                //从 i 中经位操作分离出 A
        B = (i & 16) >> 4;                //从 i 中经位操作分离出 B
        C = (i & 8) >> 3;                 //从 i 中经位操作分离出 C
        D = (i & 4) >> 2;                 //从 i 中经位操作分离出 D
        E = (i & 2) >> 1;                 //从 i 中经位操作分离出 E
        F = i & 1;                        //从 i 中经位操作分离出 F
        cc1 = A || B;                     //第 1 句话的逻辑表达式
        cc2 = !(A && D);                  //第 2 句话的逻辑表达式
        cc3 = (A && E) || (A && F) || (E && F);  //第 3 句话的逻辑表达式
        cc4 = (B && C) || (!B && !C);     //第 4 句话的逻辑表达式
        cc5 = (C && !D) || (D && !C);     //第 5 句话的逻辑表达式
        cc6 = D || (!D && !E);            //第 6 句话的逻辑表达式
        if (cc1 + cc2 + cc3 + cc4 + cc5 + cc6 == 6) //测试 6 句话都为真时，
                                          //才输出谁是罪犯
        {  //输出判断结果
            cout << "A: " << (A == 0 ? "不是" : "是") << "罪犯" << endl;
            cout << "B: " << (B == 0 ? "不是" : "是") << "罪犯" << endl;
            cout << "C: " << (C == 0 ? "不是" : "是") << "罪犯" << endl;
            cout << "D: " << (D == 0 ? "不是" : "是") << "罪犯" << endl;
            cout << "E: " << (E == 0 ? "不是" : "是") << "罪犯" << endl;
            cout << "F: " << (F == 0 ? "不是" : "是") << "罪犯" << endl;
        }
    }
    return 0;
}
```

其他循环语句

直到型循环，一般格式为：

```
do
{
    循环体语句块
}while (表达式);
```

直到型循环框图如图 4.17 所示。

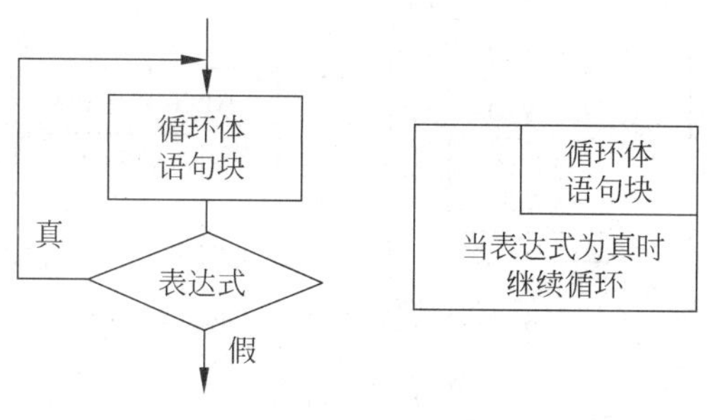

图 4.17　直到型循环

do…while 循环的特点是直到表达式为假时才退出循环，所以循环体至少执行一次。

【练一练】

求自然对数的底 e 的近似值，公式为

$$e = 1 + c(1) + c(2) + \cdots + c(k)$$

$$c(i) = 1/i! \quad i = 1，2，\cdots，k$$

当 k 很大时，c(k)会很小，在计算中认为 $c(k)<=10^{-10}$ 以后的项即可忽略。使用直到型循环的参考程序列于下面。

```
#include<iostream>
using namespace std;

int main()
{
    double e = 1.0, c;
    long k = 1;
    do
    {
        c = 1.0;
        for (int i = 1; i <= k; i++)
        {
            c = c / i;
        }
        k++;
        e = e + c;
    }while (c > 1e-10);
    cout << e;
    return 0;
}
```

下面还要介绍另一种循环——“当循环”，见图 4.18，一般形式为

```
while (表达式)
{
    语句块;  //循环体
}
```

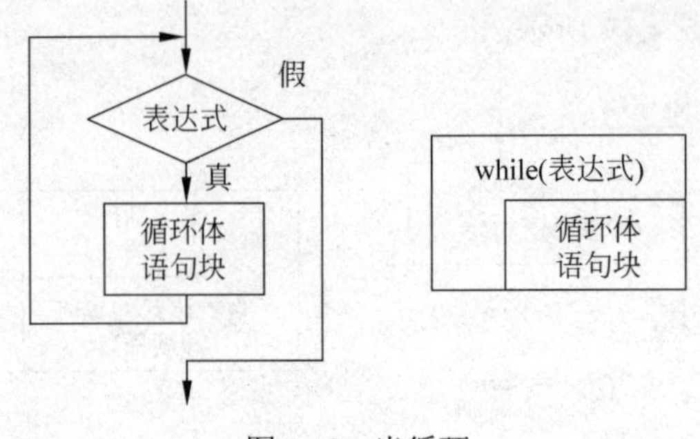

图 4.18　当循环

【练一练】

求两个整数的最小公倍数。

分析

假定有 x，y，且 x>y，设最小公倍数为 z，则

（1）令 z 一定会大于等于 x。

（2）令 z=kx，k=1，2，…。

（3）令 z 一定会被 y 整除。

用两个最简单的数试一下就可以找到算法，例如设 x=5，y=3，执行如下操作：

（1）令 z=x=5，5%3!=0，不能整除；

（2）令 z=z+x=10，10%3!=0，不能整除；

（3）令 z=z+x=15，15%3==0，能整除；

（4）找到了 z，15 就是 5 和 3 的最小公倍数。

根据上述算法，写出下列参考程序。

```
#include <iostream>
#include <cmath>
using namespace std;

int main()
{
   int x = 0, y = 0, z = 0, w = 0;
   cout << "请输入两个整数，用空格隔开：" ;
   cin >> x;
   cin >> y;
   if (x < y)            //让 x 表示两者中的大数
   {
      w = x;  x = y; y = w;
   }
   z = x;                //将一个大数赋给 z
   while (z % y != 0)    //当 z 不能被 y 整除时，就让 z 累加 x
      z = z + x;
   cout << "最小公倍数为" << z << endl; //输出最小公倍数
   return 0;
}
```

【自学与比较】

请同学们比较如下 3 种循环的异同之处：

（1）for 循环（计数型循环）；

（2）当循环（while 循环）；

（3）直到型循环（do…while 循环）。

习　题

1．3 个人比饭量大小，每人说了两句话。

A 说：B 比我吃得多，C 和我吃得一样多。

B 说：A 比我吃得多，A 也比 C 吃得多。

C 说：我比 B 吃得多，B 比 A 吃得多。

事实上饭量越小的人讲对的话越多。请编程按饭量的大小输出 3 个人的顺序。

2．4 名专家对 4 款赛车进行评论。

A 说：2 号赛车是最好的。

B 说：4 号赛车是最好的。

C 说：3 号不是最佳赛车。

D 说：B 说错了。

事实上只有一款赛车最佳，且只有一名专家说对了，其他 3 人都说错了。请编程输出最佳车的车号，以及哪位专家说对了。

3．5 位跳水高手将参加 10m 高台跳水决赛，有好事者让 5 人据实力预测比赛结果。

A 选手说：B 第二，我第三。

B 选手说：我第二，E 第四。

C 选手说：我第一，D 第二。

D 选手说：C 最后，我第三。

E 选手说：我第四，A 第一。

决赛成绩公布之后，每位选手的预测都只说对了一半，即一对一错。请编程解出比赛的实际名次。

4．我国有 4 大淡水湖。

A 说：洞庭湖最大，洪泽湖最小，鄱阳湖第三。

B 说：洪泽湖最大，洞庭湖最小，鄱阳湖第二，太湖第三。

C 说：洪泽湖最小，洞庭湖第三。

D 说：鄱阳湖最大，太湖最小，洪泽湖第二，洞庭湖第三。

4 个人每个人仅答对了一个，请编程给出 4 个湖从大到小的顺序。

5．A、B、C 是小学老师，各教 2 门课，互不重复。共有如下 6 门课：语文、算术、政治、地理、音乐和美术。已知：

（1）政治老师和算术老师是邻居。

（2）地理老师比语文老师年龄大。

（3）B 最年轻。

（4）A 经常对地理老师和算术老师讲他看过的文学作品。

（5）B 经常和音乐老师、语文老师一起游泳。

请编程输出 A、B、C 各教哪两门课。

6. 校田径运动会上 A、B、C、D、E 分获百米、四百米、跳高、跳远和三级跳冠军。

观众甲说：B 获三级跳冠军，D 获跳高冠军。

观众乙说：A 获百米冠军，E 获跳高冠军。

观众丙说：C 获跳远冠军，D 获四百米冠军。

观众丁说：B 获跳高冠军，E 获三级跳冠军。

实际情况是每人说对一句，说错一句。请编程求出 A、B、C、D、E 各获哪项冠军。

7. 夏日炎炎，空调机走俏。5 家空调机厂的产品在一次质量评比活动中分获前 5 名。评前大家就已知道 E 厂的产品肯定不是第 2 名和第 3 名。

A 厂的代表猜：E 厂的产品稳获第 1 名。

B 厂的代表猜：我厂可能获第 2 名。

C 厂的代表猜：A 厂的质量最差。

D 厂的代表猜：C 厂的产品不是最好的。

E 厂的代表猜：D 厂会获第 1 名。

评比结果公布后发现，只有获第 1 名和第 2 名的两个厂的代表猜对了。请编程给出 A、B、C、D、E 各是第几名？

第5章　函数思维与模块化设计

教学目标

- 函数的概念、定义、调用和返回
- 带自定义函数的程序设计

内容要点

- 函数的定义
- 实在参数与形式参数
- 调用和返回值

函数是组成C++程序的基础。C++库中已经为用户提供了许多标准库函数，例如在第2章中已经介绍过的数学函数。编程者可以根据自己的需要，选用合适的库函数；如果不存在所需要的函数，还可以自己定义和编写一些函数。

5.1　函　　数

【任务5.1】 从键盘输入一个正整数a，编写一个程序判断a是否为质数。

可以设计一个函数bool checkPrime(int a)，让该函数负责检查a是否为质数：如果是，该函数返回true，否则返回false。

参考程序如下：

```
#include <iostream>
#include <cmath>
using namespace std;

bool checkPrime(int);                          //函数声明在前

int main()
{
    int a;
    cout << "请输入一个正整数a" << endl;     //提示信息
    cin >> a;                                  //输入整数a
    if (checkPrime(a))                         //在if语句中调用checkPrime函数
        cout << a << "是质数" << endl;
    else
        cout << a << "不是质数" << endl;
    return 0;
}
```

```
bool checkPrime(int af)      //bool 是布尔类型，af 是 a 的形参
{
    for (int i = 2; i <= sqrt(af); i = i + 1)
    {
        if (af % i == 0 )     //af 可被某个数整除，返回 false
            return false;
    }
    return true;              //否则返回 true，为质数
}
```

下面结合任务5.1来讲函数的定义和使用。

5.1.1 函数的说明

在全局上自定义函数应该在主函数之前有一个说明，目的是告诉系统在主函数中要用到一个自定义的函数，被主函数直接调用或间接调用。说明的时候就要写清楚这个函数的数据类型是什么，自变量有几个，都是什么数据类型的。结合任务5.1来看说明语句

```
bool checkPrime(int);
```

此语句是说自变量只有一个，是整数型的，函数的数值是布尔类型的，true 或 false。函数的取值在这里称为函数的返回值。true 为“真”，false 为“假”。

5.1.2 函数的定义

函数定义的格式为

```
函数返回值的类型名 函数名(类型名 形式参数 1, 类型名 形式参数 2, …)
{    //函数体
    说明部分
    语句部分
}
```

任务5.1中的函数名是checkPrime，形式参数名为af，是定义成整数型的。这里只定义了一个形式参数。函数返回值类型名是bool，表明它只有true或false两种可能的函数值。用大括号括起的部分是函数体。同主函数一样，函数体也有两大部分，先是说明部分，后是执行部分。本例中执行部分有两条语句，一条是for循环语句，另一条是return语句（函数的返回语句在5.1.3节细讲）。在for语句的循环体中只含一条if语句。

5.1.3 函数的返回值

函数一般是由主函数调用（当然也有函数调用函数的情况），调用函数的目的是让它计算某一个函数值，这个值通过return语句返回给调用它的函数。格式是

```
return 表达式;
```

或

```
return (表达式);
```

表达式的值就是函数的取值，其数据类型要与定义函数时的说明相一致。

有时被调用的函数只是一些操作，而不需返回数值，这时返回语句的格式为

```
return;
```

或者不写。

5.1.4　函数的调用

函数一经定义，以其名为标识的一片内存地址就被该函数所占有。在这片地址中存储着相关的一系列程序指令。因此，在程序中一出现该函数名，就意味着程序转到了这一片内存地址，调用了这个函数，执行了相关的一系列程序指令。

函数的调用方式有两种：

（1）对于有返回值的函数，可将其视作表达式放在任何可放的地方。例如任务 5.1 中的 checkPrime 函数放在 if 语句的表达式中。它之所以可放，是因为它的返回值是 bool 型的，与 if 语句所要求的表达式的数据类型一致。该语句为

```
if (checkPrime(a))
```

在这条语句中函数的返回值直接作为分支结构的判断条件。以后读者还会看到函数的返回值可赋值给类型相同的其他变量，或参与到表达式的运算当中去的情况。

（2）对于没有返回值的函数，一般会实现一系列操作，这时函数会在程序中作为独立的一条语句出现，不以表达式形式出现。例如在第 9 章中将要讲到的汉诺塔问题。

5.1.5　形式参数和实在参数

形式参数和实在参数说明如下。

（1）形式参数是在定义函数时放在函数名称之后的括号中的参数。在函数未被调用时，系统不对形式参数分配内存单元。在函数被调用时，系统会立刻给形式参数分配内存单元；调用结束后，再释放掉形式参数所占有的内存单元。因此，形式参数属于局部变量，其作用域限定在它所在的函数体内。这就不难理解在定义函数时为什么要指定形参变量的数据类型了。

（2）实在参数是一个具有确定值的表达式。函数在调用时，要将实在参数赋给形参变量。例如任务 5.1，主函数用 if 语句中的 checkPrime(a)调用子函数，这时 a 为实在参数，在这之前变量 a 是被赋过具体值的。假定 a 是 17，被调用函数的定义为

```
bool checkPrime(int af)
```

其中 af 是形式参数。在函数被调用时，系统给 af 分配了内存单元，之后，实在参数 a 中的 17 赋给了 af，见图 5.1。

图 5.1　实在参数和形式参数

此外，实在参数的个数及类型应与形式参数一致，赋值时多个参数之间的前后对应关系不变。

5.1.6 调用和返回

仍用任务 5.1 以图解的方式来看主函数是如何调用子函数的，如图 5.2 所示。

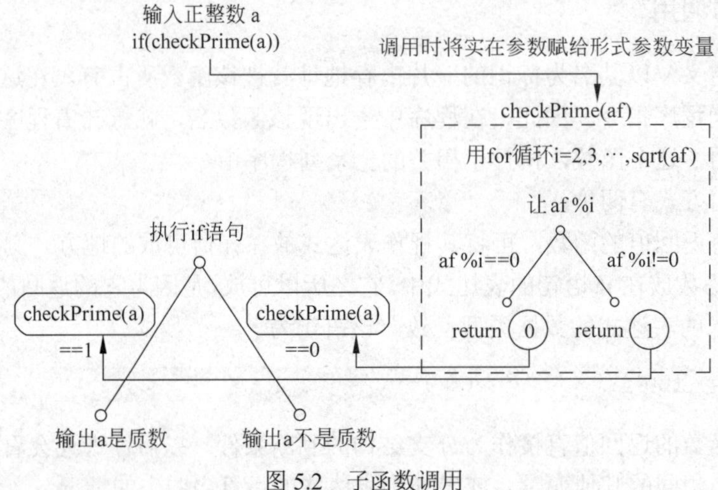

图 5.2 子函数调用

图 5.2 的说明如下。

（1）主函数中先是由键盘输入一个正整数（例如 17），赋给 a。

（2）在 if 语句中作为条件判断表达式出现了 checkPrime(a)，注意这时的 a 已有具体的数值了，这个数就是实在参数。这时就要将程序转至 checkPrime()函数所占的地址，去执行子函数，先是为形式参数 af 分配内存单元，之后将 a 的值 17 赋给 af。

（3）接着执行 checkPrime(af)函数所定义的运算。这里是 for 循环结构，让 i=2，3，⋯，sqrt(af)，用一条 if 语句去判断 af 值能否被 i 所整除。如能则判定 af 不是质数，将 0 返回给 checkPrime(a)；如不能被 i 整除，则将 1 返回给 checkPrime(a)。

（4）主函数中的分支语句 if(checkPrime(a))就是按照上述的返回值来决定 a 是否为质数的。

（5）从图 5.2 中可以看出，对于被调用函数（子函数）而言，有调用就会有返回。因为主函数在调用子函数时，程序会从主函数所在的内存地址区中转移到子函数所在的内存地址区，去执行子函数的指令序列。当子函数的程序执行完毕，程序还会返回到主函数所在内存地址区。

5.1.7 带自定义函数的程序设计

【任务 5.2】 N 名裁判给某歌手打分（假定分数都为整数）。评分原则是去掉一个最高分，去掉一个最低分，剩下的分数的平均值即为该歌手的最终得分。裁判给分的范围是 60≤分数≤100。裁判人数 N=10。请编写一个程序，每个裁判所给的分数由键盘输入，要求屏幕输出歌手的最终得分。

【解题思路】

（1）构造一个名为 Max()的函数，让它返回两个参数中的较大者。

```
int Max(int a, int b)
{
    if (a > b) return a;
    else return b;
}
```

（2）构造一个名为 Min()的函数，让它返回两个参数中的较小者。

```
int Min(int c, int d)
{
    if (c < d) return c;
    else return d;
}
```

（3）定义整型变量 p，用以保存 N 个数中的最大值，初始化时赋给它一个很小的数，这里用 0。

```
int p = 0;
```

（4）定义整型变量 q，用以保存 N 个数中的最小值，初始化时赋给它一个大数，这里用 100 即可。

```
int q=100;
```

（5）定义一个整型变量 sum 作累加用，初始化为 0。

（6）采用 for 循环结构，从 1 到 N 逐个输入每位裁判的打分，随时记录输入过程中 N 个数中的最大值 Max 和最小值 Min，以及 N 个数的累加值 sum。

（7）最终得分用下面的公式计算：

```
(sum - Max - Min) / (N - 2)
```

参考程序如下：

```
#include <iostream>
#include <cmath>
using namespace std;

int Max(int,int);           //声明有一个函数 Max()
int Min(int,int);           //声明有一个函数 Min()

int main()
{
    int p = 0;              //p 用以保存 N 个数的最大值
    int q = 100;            //q 用以保存 N 个数的最小值
    int sum = 0;            //sum 是累加器
```

```
    for (int i = 1; i <= 10; i = i + 1)
    {
        cout << "请第" << i << "位裁判给分" << endl;//提示信息
        int x;
        cin >> x;
        p = Max(x, p);
        q = Min(x, q);
        sum = sum + x;
    }
    cout << "选手最终得分为" << (sum - p - q)/(10 - 2) << endl;
    return 0;
}

int Max(int a, int b)
{
    return a > b ? a : b;
}

int Min(int c, int d)
{
    return c < d ? c : d;
}
```

5.2　编程实例 1

编程求解 $\sum_{x=1}^{n} x^k$ 。

现假定 n = 6，k = 4。

【解题思路】

（1）该式可分解为 $1^4+2^4+3^4+4^4+5^4+6^4$。

（2）定义一个函数

$$power(i, l) = i^l$$

让 l = 4，i = 1，2，…，6

这个函数可以表示 1^4、2^4、3^4、4^4、5^4、6^4。

（3）再定义一个函数

$$SOP(m, l) = \sum_{i=1}^{m} power(i, l)$$

让 m = n，i = k，即可得解。

参考程序如下：

```
#include <iostream>
using namespace std;
```

```
const int n = 6;               //定义常量n为6
const int k = 4;               //定义常量k为4
int SOP(int m, int l);         //声明函数SOP
int power(int p, int q);       //声明函数power

int main()
{
   //输出结果，其中SOP(n, k)为被调用函数
   cout << "Sum of " << k << " the powers of integers from 1 to " << n
       << " is " << SOP(n, k) << endl;
   return 0;
}

//以下函数是被主程序调用的函数
//功能：计算1, 2, ..., m的l次幂的和
int SOP(int m, int l)               //整型自定义函数，m、l为形参
{                                   //自定义函数体开始
   int sum;                         //定义整型变量sum
   sum = 0;                         //初始化累加器
   for (int i = 1; i <= m; i++)     //计数循环i
      sum = sum + power(i, l);      //累加
   return sum;                      //返回值sum给函数SOP(m, l)
}                                   //自定义函数体结束

//以下函数是被函数SOP(n, k)调用的函数
//功能：计算p的q次幂
int power(int p, int q)             //整型自定义函数
{                                   //自定义函数体开始
   int product;                     //整型变量
   product = 1;                     //初始化累乘器
   for (int i = 1; i <= q; i++)     //计数循环i
      product = product * p;        //累乘
   return product;                  //累乘值product返回给power
}
```

5.3　编程实例 2

编程求解 2～100 以内全部 4n+1 型的质数的数目。

【解题思路】

（1）采用循环结构枚举 2，3，…，100 以内的正整数。

（2）检验这些正整数是否满足以下两个条件：

① 是质数；

② 可以表示成 4n+1 的形式。

（3）用一个计数器来累加，得出满足上述条件的数的个数。

先来看这个题目的参考程序：

```
#include <iostream>
#include <cmath>
using namespace std;

bool IsPrime(int n)                              //判断 n 是否为质数
{
   bool ans = true; //ans 表示判断结果，true 表示 n 是质数，false 表示 n 不是质数
   for (int c = 2; c <= n - 1; c++)      //循环变量 c 表示因子
   if (n % c == 0)                              //如果 n 被 c 整除
   {
      ans = false;                              //则不是质数
      break;                                    //跳出循环
   }
   return ans;                                  //返回最后结果
}

int main()
{
   int count = 0;                               //定义计数器
   for (int i = 2; i <= 100; i++)        //循环变量 i 表示当前需判断的数
   {
      if (!IsPrime(i)) continue;          //如果不是质数，中断当前循环
      if ((i - 1) % 4 != 0) continue;  //如果不是 4n+1 的形式，中断当前循环
      cout << i << endl;                  //输出 i
      count++;                                 //计数器加 1
   }
   cout << "count = " << count << endl;//输出有多少个这样的数
   return 0;
}
```

bool IsPrime(int n)是一个判断 n 是否为质数的函数。这是一个返回值为布尔类型数据的函数。函数中用一个 c 作为循环控制变量，c 的值为 2～n−1，作为因子，测试 n 可否被 c 整除。如能被 c 整除，则 n 不是质数，就没有必要再去试下一个 c，这时让 ans=false，再加一个跳出循环语句 break。这样做可以节省很多时间。跳出循环以后，return ans 返回的是 false，报告主函数 n 不是质数。如果 n 是质数，则当 c 为 2，3，…，n−1 时，都不会满足 n%c==0，这时 ans 保持原来预置的 true 值。return ans 之后，返回给主函数的是 true。

主函数中的 i 表示当前被检验的数，该数作为循环控制变量，是因为要一个接一个地检验。

if (!IsPrime(i)) continue 是说：如果 i 不是质数，要中断当前的循环体下面要做的事。例如当前的 i=8，用 IsPrime(8)返回的是 false，表示 8 不是质数，就没有必要再去试是否是 4n+1 型的了。使用 continue 的意思是后面的工作都不做了，跳回到最前面去试加 1 以后的循环控制变量。这时 i=8+1=9。这样做也是为了节约时间。

如果 i=11，是一个质数，再检验其是否为 4n+1 型质数。语句 if ((i−1)%4!=0) continue

是说：如果 i 不是 4n+1 型的质数，当然下面的事别再做了，用 continue 语句跳回到最前面去试加 1 以后的 i。

程序中的这两条 if 语句相当是两个“关”，这两关都过了，说明这时的 i 是 4n+1 型的质数了，可以输出 i 并让计数器 count 加 1。

通过上面的例子，我们介绍了两种新的循环控制语句 continue 和 break，它们都可出现在循环体内，前者的作用是不再执行其后的语句，直接跳到前面让循环控制变量增值（或减值）再执行循环体；后者是无条件退出这一层循环。注意，如果有多重循环，break 属于哪一层就跳出哪一层，不是跳出全部的循环之外。

5.4 几种参数传递方式的比较

下面这部分内容是让读者自己练习读程序的，教学目标是能掌握三种参数传递方式有什么不同。重点放在：

（1）主函数用什么样的实参调用子函数；

（2）子函数中的形参是什么；

（3）子函数执行之后的结果能否影响主函数变量 x、y，说出为什么；

（4）上机运行程序验证你的理解是否正确。

```
#include <iostream>
using namespace std;

//传地址给指针（让指针 p、q 所指向的单元的内容*p 与*q 进行对换）
void swap1(int *p, int *q)
{
    int temp;
    temp = *p;
    *p = *q;
    *q = temp;
    cout << "子函数：*p = " << *p << " *q = " << *q << endl;
}

//传值（让 xc 与 yc 的值对换）
void swap2(int xc, int yc)
{
    int temp;
    temp = xc;
    xc = yc;
    yc = temp;
    cout << "子函数：xc = " << xc << " yc = " << yc << endl;
}

//传地址给指针（修改指针，让指针 xd 和指针 yd 进行对换）
void swap3(int *xd, int *yd)
```

```
{
    int *p;
    p = xd;
    xd = yd;
    yd = p;
    cout << "子函数：*xd = " << *xd << " *yd = "  << *yd << endl;
}

int main()
{
    int x, y;
    x = 100;
    y = 200;
    cout << "初始值：x = " << x  << ", y = " << y << endl;
    cout << endl;

    //传地址（第一种方式实参为变量 x、y 的地址&x、&y，形参为指针 p、q）
    cout << "传地址，修改指针所指的内容：swap1(&x, &y)" << endl;
    swap1(&x, &y);
    cout << "主函数：x = " << x << ", y = " << y << endl;
    cout << endl;

    //传值（第二种方式实参为变量 x、y 的值，形参为 xc、yc 的值）
    cout << "传值：swap2(x, y)" << endl;
    swap2(x, y);
    cout << "主函数：x = " << x << ", y = " << y << endl;
    cout << endl;

    //传地址（第三种方式实参为变量 x、y 的地址&x、&y，形参为指针 xd、yd）
    cout << "传地址，修改指针：swap3(&x, &y)" << endl;
    swap3(&x, &y);
    cout << "主函数：x = " << x << ", y = " << y << endl;
    cout << endl;

    return 0;
}
```

下面用图示来解释 3 种方式的调用过程。

1. 第一种方式

```
x = 100; y = 200;
```

调用语句 swap1(&x, &y);
子函数 swap1(int *p, int *q);
相当于

```
int *p = &x;
int *q = &y;
```

执行情况如图 5.3 所示。

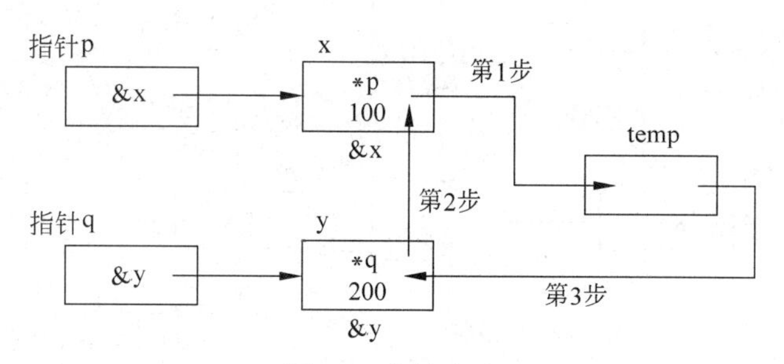

图 5.3　指针方式

从子函数看，是对 p 所指向的单元的内容和 q 所指向的单元的内容进行对换，对换之后 x 中的值变为 200，y 中的值变为 100。

2．第二种方式

```
x = 100; y = 200;
```

调用语句 swap2(x, y);
子函数 swap2(int xc, int yc);
相当于

```
int xc = x;
int yc = y;
```

执行情况如图 5.4 所示。

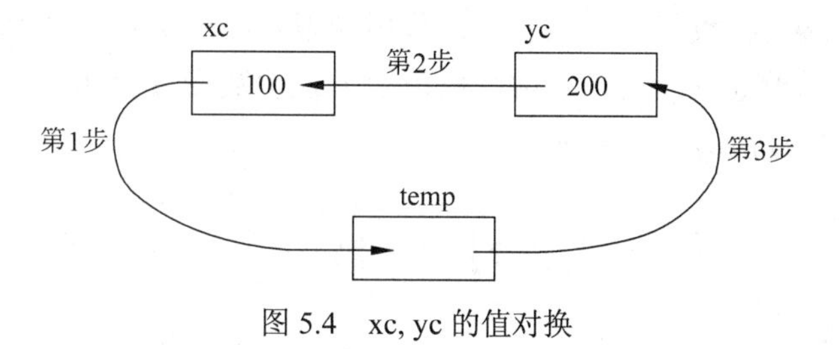

图 5.4　xc, yc 的值对换

从子函数看，是对 xc、yc 进行操作，让两者的值对换，并不涉及主函数中的变量 x、y，或者说 x、y 保持不变。

3．第三种方式

```
x = 100; y = 200;
```

调用语句 swap3(&x, &y);
子函数 swap3(int *xd, int *yd);
相当于

```
int *xd = &x;
int *yd = &y;
```

执行情况如图 5.5 所示。

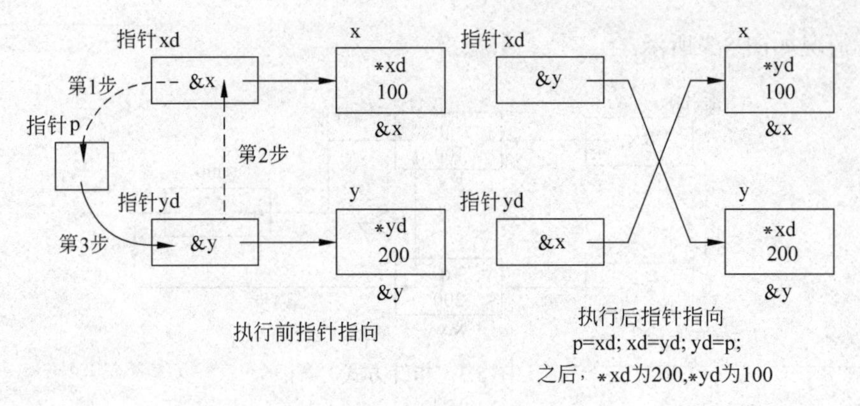

图 5.5 指针对换

从子函数看，是对 xd、yd 进行操作，让两者的值对换，即将两者的指向进行对换，并不涉及主函数中的变量 x、y 的内容，或者说 x、y 保持不变。

5.5 小 结

（1）使用函数可将程序模块化，每个函数完成一个确定的独立任务，使程序结构清晰、易读、易调、易于修改和维护。

（2）主函数调用函数的目的，是让函数完成计算任务，或完成某种操作。如为前者则要返回一个计算出来的值；如为后者，不需返回数据，但最好有所交代。有调用就要有返回，在函数末尾写一个 return 语句，这是一个好习惯。

（3）函数中的形式参数属于局部变量，作用域限定在函数体内。实在参数是具有确定值的表达式，在调用函数时，实在参数就赋值给形式参数变量。实在参数的个数与类型应与形式参数一致，而且前后一一对应。

习 题

1．编一个程序计算 sin x 和 cos x 的近似值。使用如下的泰勒级数：

$$\sin x = \frac{x}{1!} - \frac{x^3}{3!} + \frac{x^5}{5!} - \frac{x^7}{7!} + \cdots$$

舍去的绝对值应小于 ε（预定值），ε 由自己选择。

2．编程计算 105 的所有约数。

3．在某国使用 1 角、2 角和 5 角的硬币可以组成 1 元钱，编程输出有多少种组成方法，输出格式为

方法号	1 角硬币个数	2 角硬币个数	5 角硬币个数
1	10	0	0
2	8	1	0
3	6	2	0

续表

方法号	1 角硬币个数	2 角硬币个数	5 角硬币个数
4	4	3	0
5	2	4	0
6	0	5	0
7	5	0	1
…	…	…	…

4．求出所有用 7，8，9 组成的，且各位数字互不相同的 3 位数。

5．角夫（日本数学家）猜想：任意一个自然数，如果是奇数，将其乘以 3 再加 1；如果是偶数将其除以 2，反复运算，会出现什么结果。请编程试之。

6．“数学黑洞”：任意一个 4 位自然数，将组成该数的各位数字重新排列，形成一个最大数和一个最小数，之后两数相减，其差仍为一个自然数。重复进行上述运算，会发现一个神秘的数。

7. 有一个整数 N，N 可以分解成若干个整数之和，问如何分解能使这些数的乘积最大。请编程，由键盘输入一个整数 N（N<100），将 N 分解成若干个整数，输出这些数的乘积 M，且要保证 M 是最大的。

8．已知 f(x) = cosx+x，求定积分 $\int_1^4 f(x)dx$ 。算法采用梯形法，简介如下：

对 $\int_a^b f(x)dx$ ，将积分区间 b–a 等分为 m 份，每份 h=(b–a)/m。使用梯形面积来近似计算定积分，近似公式为

$$\int_a^b f(x)dx \approx \left[\frac{f(a)+f(b)}{2}+\sum_{k=1}^{m-1} f(a+k\times h)\right]\times h$$

建议 m 取 1000～2000。

编程中建议：

（1）定义一个函数名为 f 的被积函数，参数为 x，类型为 double：

```
double f(double x)
{
   return (cos(x) + x);
}
```

（2）定义一个中间变量 c，使

$$c=\sum_{k=1}^{m-1} f(a+k\times h)$$

这可以用循环结构计算。

（3）定义一个用近似公式求和的函数，名为 S，参数为 a、b 和 m：

```
double S(double a, double b, int m)
```

该函数中要计算 h、c，还要计算 S。

$$S=\frac{f(a)+f(b)}{2}$$

函数返回值为 S，即 return S。

（4）主函数要给出积分上下限和积分区间等份数，即 a、b 和 m 值，然后调用 S 函数，输出。

按照这个思路来编程序。也可以按自己的设想编程序。

第 6 章　数据的组织与处理（1）——数组

教学目标

- 数组的概念、定义和初始化
- 筛法的解题思路
- 查找
- 冒泡排序的思路
- 递推解题思路
- 函数跳转表
- 二维数组

内容要点

- 数组
  - ▶ 定义、初始化、操作与应用
- 筛法
  - ▶ do…while 循环
  - ▶ 求质数
- 线性查找与折半查找
- 排序
  - ▶ 冒泡排序的算法
- 递推
- 函数跳转表
  - ▶ 指向函数的指针
  - ▶ 函数指针数组
- 二维数组
  - ▶ 二维数组的定义
  - ▶ 二维数组的初始化
  - ▶ 二维数组应用实例

6.1　数　　组

【任务 6.1】 中秋佳节，有贵客来到草原，主人要从羊群中选一只肥羊宴请宾客，当然要选最肥者，这样就要记录下每只羊的重量。如果有成千上万只羊，不可能用一般变量来记录，要用带有下标的变量。

程序 6_1.cpp 是先用键盘输入 10 只羊的重量，分别存放到一个名为 sheep 的数组中，并找出最肥的羊，图 6.1 为相应的程序框图。

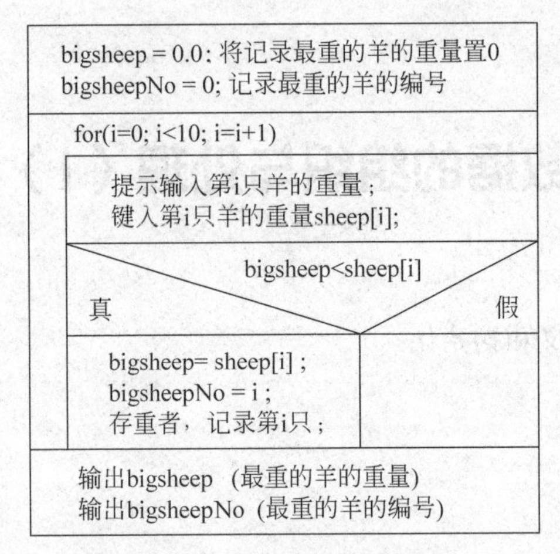

图 6.1　任务 6.1 程序框图

```
#include <iostream>
#include <memory>
using namespace std;

int main()
{
    float sheep[10];                    //数组，有 10 个浮点类型元素，
                                        //用于存 10 只羊每一只的重量
    memset(sheep, 0, sizeof(sheep));    //初始化数组元素为 0
    float bigsheep = 0.0;               //浮点类型变量，存放最肥羊的重量
    int bigsheepNo = 0;                 //整型变量记录最肥羊的编号

    for (int i = 0; i < 10; i = i + 1)  //计数循环
    {
        cout << "请输入羊的重量 sheep[" << i << "]=";
        cin << sheep[i];                //输入第 i 只羊的重量
        if (bigsheep < sheep[i])        //如果第 i 只羊比当前最肥羊大
        {
            bigsheep = sheep[i];        //让第 i 只羊为当前最肥羊
            bigsheepNo = i;             //记录第 i 只羊的编号
        }
    }

    //输出最肥羊的重量
    cout << "最肥羊的重量为" << bigsheep << endl;
    //输出该羊的编号
    cout << "最肥羊的编号为" << bigsheepNo << endl;
    return 0;
}
```

6.1.1　一维数组的定义

一维数组定义的形式如下：

```
类型说明符 数组名 [常量表达式]
```

例如

```
float sheep[10];
int a2001[1000];
```

对于一维数组的定义说明如下：

（1）数组名的第一个字符应为英文字母。

（2）用方括号将常量表达式括起。

（3）常量表达式定义了数组元素的个数。

（4）数组下标从 0 开始。如果定义 5 个元素，是从第 0 个元素至第 4 个元素。

例如，int a[5]定义了 5 个数组元素为 a[0]、a[1]、a[2]、a[3]、a[4]。这是 5 个带下标的变量，这 5 个变量的类型是相同的，见图 6.2。

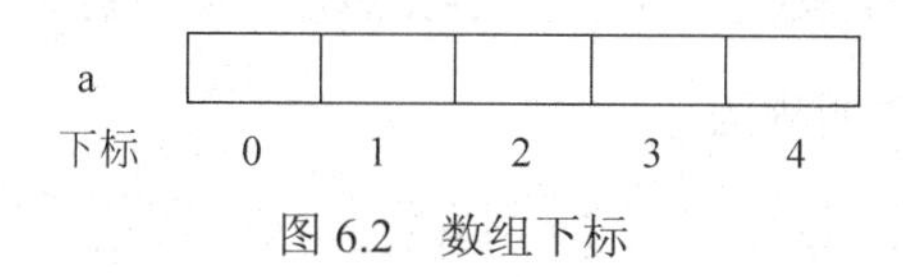

图 6.2　数组下标

（5）常量表达式中不允许使用变量。例如：

```
int n;
n = 5;
int a[n];
```

6.1.2　数组初始化

可直接在声明时初始化，见图 6.3。例如

```
int a[5] = {3, 5, 4, 1, 2};
```

注意上面语句结尾处的分号不要忘记写上。

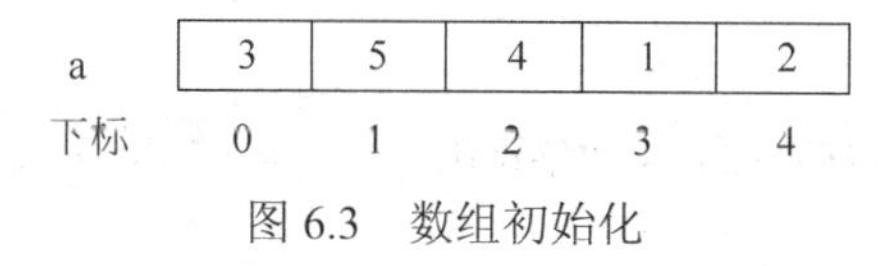

图 6.3　数组初始化

请上机做以下 6 个实验，看看哪些程序是有问题的。

（1）初始程序：

```
#include <iostream>
using namespace std;
```

```
int main()
{
   int a[4];
   cout << a[0] << endl;
   cout << a[1] << endl;
   cout << a[2] << endl;
   cout << a[3] << endl;
   return 0;
}
```

（2）其他不变，改变声明项为：

```
int a[4] = {0, 1, 2, 3};
```

（3）其他不变，改变声明项为：

```
int a[4] = {3, 8};
```

（4）其他不变，改变声明项为：

```
int a[4] = {2, 4, 6, 8, 10};
```

（5）其他不变，改变声明项为：

```
int a[4] = {2, 4, 6, d};
```

（6）其他不变，改变声明项为：

```
int n = 4;
int a[n] = {0, 1, 2, 3};
```

6.1.3 字符数组的定义、初始化和赋值

在程序设计中字符串的处理是非常有用的。例如有一篇文章以文件的形式存在计算机中，如果要统计这篇文章有多少个单词，或者查找有没有出现某个关键词，就需要学习字符串的处理技术，还要用到 C++库中提供的字符串处理函数。字符串的处理基于字符数组，字符数组就是字符串，因此，要从字符数组的定义讲起。有两种方法定义字符数组。

1．方法 1

格式为

```
char 字符数组名[最大字符数+1] = "字符串"
```

例如：

```
char A[8] = "Beijing"
```

在本例中字符串的字符数为 7，而 A 数组的元素个数为 8，这是因为在存储了 7 个字符之后加入了一个终止符'\0'，见图 6.4。

如果在定义时字符数组的最大字符数比初始化的字符个数大，则在内存中补'\0'。例如：

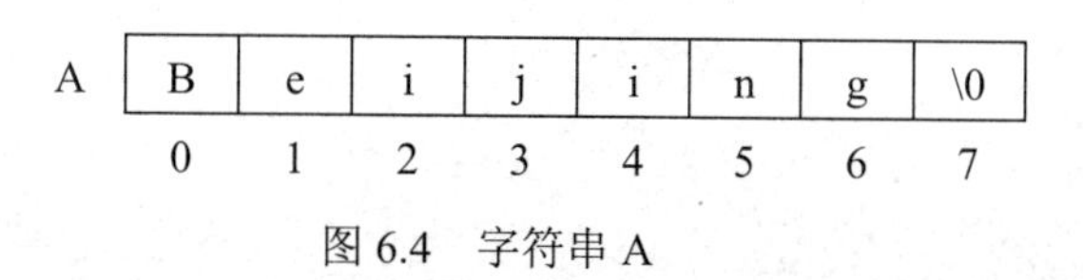

图 6.4　字符串 A

```
char C[10] = "include";
```

对应内存情况如图 6.5 所示。

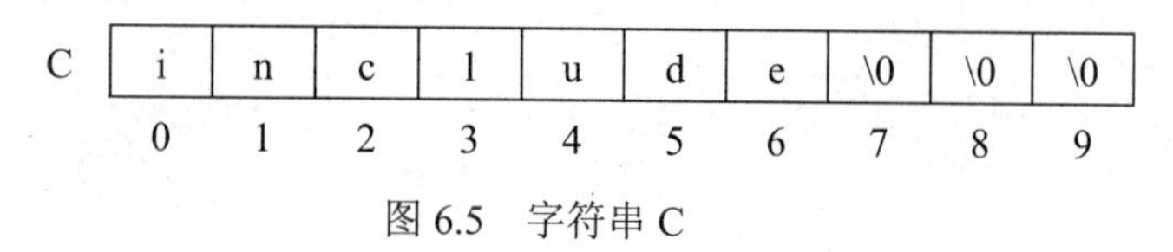

图 6.5　字符串 C

如果初始化时字符串长度要比预定义的最大字符数大，则会产生错误。为避免这种错误，可用第二种定义。

2．方法 2

不说明数组元素个数的方式，其格式为

```
char 字符数组名[] = "字符串"
```

例如：

```
char h[] = "tsinghua";
```

这种定义方式省略了数组中最多字符数，但是系统会根据初值的情况来补上数组的长度。

现在请思考：运行下述程序会出什么问题？

```
#include <iostream>
using namespace std;

int main()
{
    char h[] = "123";
    for (int i = 0; i < 10; i++)
        cin >> h[i];
    for (int i = 0; i < 10; i++)
        cout << h[i];
    cout << endl;
    return 0;
}
```

字符数组按上述方法定义之后，只能在初始化时给字符串整体赋值。其他时候不能整体赋值，而需要一个元素一个元素地赋值。参看如下程序：

```
#include <iostream>
using namespace std;
```

```
int main()
{
    char h[] = "tsinghua";
    h[0] = 'a';
    h[1] = 'b';
    h[2] = '4';
    h[3] = '7';
    h[4] = 'c';
    cout << h << endl;
    return 0;
}
```

程序运行结果

```
ab47chua
```

注意在初始化时整体赋值的字符串是用""号括起的，而对一个字符赋值时，字符是用''号括起的。

请输入如下程序，看会出现什么问题，并请加以解释。

```
#include <iostream>
using namespace std;

int main()
{
    char h[] = "123456";
    h = "abcdef";
    cout << h << endl;
    return 0;
}
```

请运行下列程序（用键盘输入字符串）：

```
#include <iostream>
using namespace std;

int main()
{
    char h[] = "123456789";
    cin >> h;        //输入 abcdef
    cout << h << endl;
    return 0;
}
```

程序运行结果

```
abcdef
```

如果输入 123456789012345，可能会出现什么情况？为什么？

6.1.4　数组与指针

先看如下程序。

```
#include <iostream>
using namespace std;

int main()
{
    int a[5] = {1, 3, 5, 7, 9}; //定义数组，赋初值
    int *p = NULL;              //定义指针变量
    p = a;                      //赋值给指针变量，让 p 指向 a 数组
    for (int i = 0; i < 5; i++)
    {
        cout <<< "a[" << i << "]=" << *p << endl;   //输出 a 数组元素的值
        p++;                    //指针变量加 1
    }
    return 0;
}
```

这个程序的功能是用指针 p 的间接访问运算，输出 a 数组 5 个元素的值。程序中第 14 行 p=a 可以读作将数组 a 的地址赋给指针变量 p。前面讲过指针变量 p 中装的一定是个地址值，式中赋值号右边的 a 是数组名，因此数组名 a 就是该数组的符号地址。它是地址常量，在定义 a 时就已被确定。实际上 a 所表示的地址就是 a[0]的地址，可写作&a[0]。因此，p=a 等效于 p=&a[0]。

数组名是一个常量指针，所谓常量指针是说指针所指向的地方保持不变。对于数组而言，当它一经定义，首地址就已确定，再也不会改变。前面说过数组名是符号地址，例如程序 6_7 中 a 为数组名，a 等效于地址&a[0]。将 a 想象为一个指针，永远指向 a[0]，这样 a 就是常量指针，因此指针可对指针赋值，易于理解 p=a。

下面请看一个程序。该程序的功能是计算字符数组中共有多少个字符，采用了 while 循环。在读程序时重点理解：

（1）*p != '\0'这个关系表达式的含义；

（2）p–s 的含义。

```
#include <iostream>
using namespace std;

int main()
{
    char *p;                    //定义指向字符类型的指针变量 p
    char s[] = "abcdefgh" ;     //定义字符数组，并赋值
    p = s;                      //数组名是一个常量指针，它指向该数组首地址
    while (*p != '\0')          //当 p 所指向的数组元素不为'\0'时
    {
        p++;                    //让指针加 1
```

```
    }
    cout << "字串长度为" << p - s << endl;  //输出字串长
    return 0;
}
```

如图 6.6 所示，图中数组的首地址是 s[0]的地址，即&s[0]。s 可看作是指向 s[0]的指针。s 是不会动的，是常量指针。数组名是一个常量指针，指向该数组的首地址。

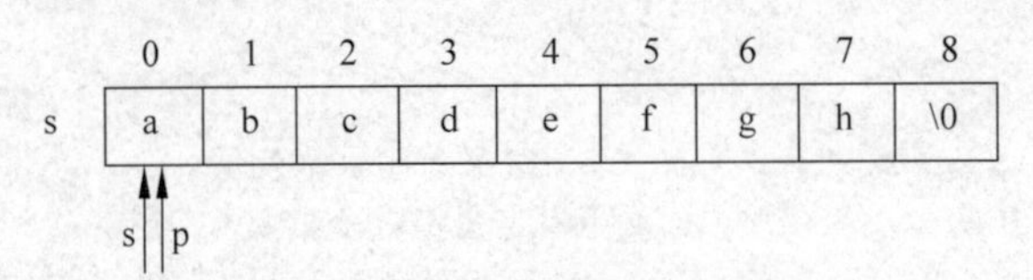

图 6.6　程序 6_10 说明

除了可以将数组第一个元素的地址通过数组名赋给指针变量，还可以通过取地址操作获得数组中任意元素的地址，并赋给指针变量。请看程序 6_8.cpp。

```
#include <iostream>
using namespace std;

int main()
{
    int a[5] = {0, 1, 2, 3, 4}; //定义数组，赋初值
    int *p1 = NULL, *p2 = NULL; //定义指针变量 p1、p2 并赋初值 NULL
    p1 = &a[1];                 //赋值给指针变量，让 p1 指向 a[1]
    p2 = &a[2];                 //赋值给指针变量，让 p2 指向 a[2]
    //输出 a[1]和 a[2]的值
    cout << "a[1]=" << *p1 << ", a[2]=" << *p2 << endl;
    cout << a << ' ' << *a << endl;
    return 0;
}
```

上述程序所实现的功能可以用图 6.7 来加以描述。图中 a 数组定义了 5 个单元，经初始化这 5 个单元的数值分别为 0，1，…，4。每个单元的地址分别为&a[0]，&a[1]，…，&a[4]。程序接着定义了两个指针变量 p1 和 p2，这两个指针变量的地址为&p1 和&p2，然后给指针 p1 赋值&a[1]，即让 p1 指向数组单元 a[1]，给指针 p2 赋值&a[2]，即让 p2 指向数组单元 a[2]。在输出语句中有*p1 和*p2，这里的符号“*”是指针运算符，又称为间接访问运算符。*p1 的含义是间接访问 p1 所指向的内存单元。p1 指向 a[1]，*p1 就代表 a[1]。同理*p2 就代表 a[2]。

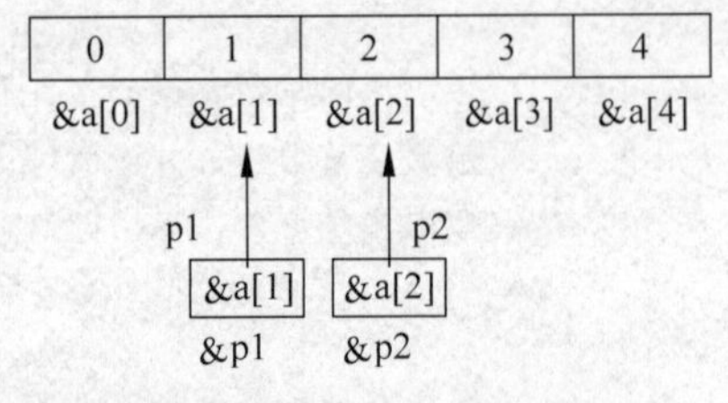

图 6.7　程序 6_8.cpp 说明

下面再看一看指针变量加 1 的概念。看程序 6_7 中倒数第 4 行 p++，如果指针 p 指向 a[0]，则执行命令 p++后，p 就指向了 a[1]。前面曾经说过，数组单元是按下标大小有序地放在连续的内存单元中，相邻单元地址的差值当作 1（1 个单位），例如 a[1]的地址比 a[0]的地址大 1。具体这个 1 占存储器的多少个字节，要看定义数组的数据类型。指针加 1 意味着存储在指针变量中的地址改变了 1(1 个单位)，当然所指向的地方改变了 1(1 个单位)，见图 6.8。

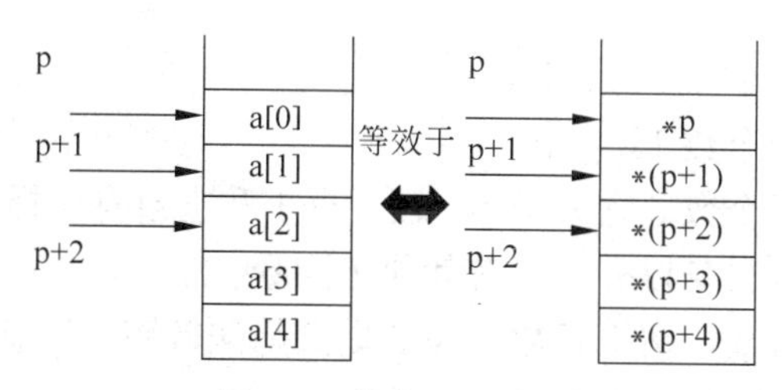

图 6.8　程序 6_7 说明

为了加深对指针与数组的关系的认识，请运行下述程序，体会：

（1）指针如何指向数组；

（2）指针加 1 的概念和具体应用；

（3）指针的间接访问运算；

（4）在循环结构中应用指针。

```
#include <iostream>
using namespace std;

int main()
{
   int a[] = {1, 3, 5, 7, 9};          //定义数组，赋初值

   int i = 0;
   for (int *p = a; p < a + 5; p++)//赋值给指针变量，让p指向a数组中的元素
   {
      cout << "a[" << i << "]=" << *p << endl;//输出a数组元素的值
      i++;    //让i加1
   }
   return 0;
}
```

6.2　筛　　法

【任务 6.2】 使用筛法求 100 以内的所有素数。

【解题思路】

想象将 100 个数看作沙子和小石头子，让小石头子充当素数，让沙子当作非素数。弄一个筛子，只要将沙子筛走，剩下的就是素数了。非素数一定是 2、3、4 等的倍数。使用

数组，让下标就是 100 以内的数，让数组元素的值作为筛去与否的标志，例如筛去以后让元素值为 1，见图 6.9。

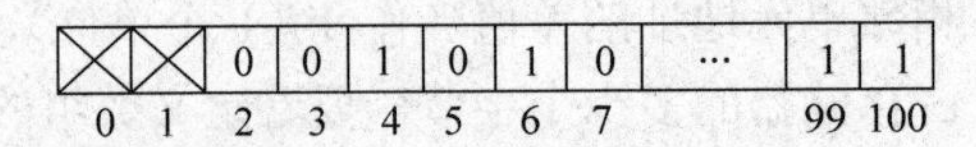

图 6.9　筛法思路：让数组元素值作为筛去的标志

方法的依据

1 至 100 这些自然数可以分为 3 类。

（1）单位数：仅有一个数 1。

（2）素数：是这样一个数，它大于 1，且只有 1 和它自身这样两个正因数。

（3）合数：除了 1 和自身以外，还有其他正因数。

筛法实际上是筛去合数，留下素数。为了提高筛法效率，注意到：如 n 为合数（这里是 100），c 为 n 的最小正因数，则有

$$1 \leqslant c \leqslant \sqrt{n}$$

据初等数论，只要找到 c 就可以确认 n 为合数，将其筛去。

图 6.10 很清晰地描述了筛法的思路：

（1）第一块是一个计数型的循环语句，功能是将 prime 数组置零。prime[c]=0；c=2，3，…，100。

（2）第二块是让正因数 d 初始化为 d=2。

（3）第三块是循环筛数。

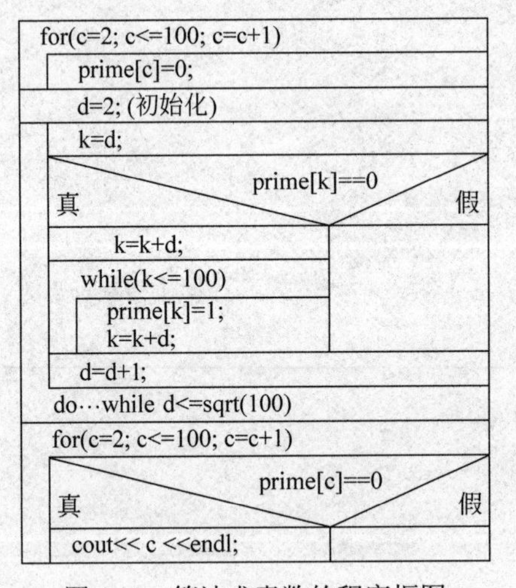

图 6.10　筛法求素数的程序框图

6.3　线性查找与折半查找

在上一节中，我们从数组中通过筛法，找出了一批满足要求的数据。有时，我们需要从数组中查找某一个特定的数据，这时就需使用查找算法。其中最简单的是以枚举思想用线性方法查找数组中哪个元素满足要求。先看下面的一个示例。

```
#include <iostream>
using namespace std;

int LinearSearch(const int AA[], int key, int SizeofAA)
{
    for (int i = 0; i < SizeofAA; i++)
        if (AA[i] == key)
            return i;
  return -1;
}

int main()
{
    int aSize = 10;
    int b = 0;
    int searchKey;
    const int a[] = {1, 3, 5, 7, 9, 11, 13, 15, 17, 19};
    cout << "输入一个待查正整数" << endl;
    cin << searchKey;
    b = LinearSearch(a, searchKey, aSize);

    if (b != -1)
        cout << "查到该数在数组中为a[" << b << "]\n" ;
    else
        cout << "数组中无此数\n" ;
    return 0;
}
```

显然，上面程序中使用的线性查找算法，其运行时间与数组的大小和目标数据的位置有关。是否可以改进算法的效率呢？比如：数组中的元素若是已经按大小关系排好序存放的，查找方法是否可以改进呢？请阅读下面的代码，思考它是否能提高查找效率。

```
#include <iostream>
using namespace std;

int BinarySearch(int AA[], int Key, int low, int high)
{
    int middle = 0;
    while (low <= high)
    {
        middle = (low + high) / 2;
    if (Key == AA[middle])
        return middle;
    else if (Key < AA[middle])
        high = middle - 1;
    else
        low = middle + 1;
```

```
    }
    return -1; //not found!
}

int main()
{
    const int aSize = 100;
     int a[aSize];

     for (int i=0; i<aSize; i++)
     {
         a[i] = i*i + 1;
         cout << a[i] << ((i+1) % 10 == 0 ? "\n" : "  ");
     }

     int searchKey;
     cout << "请输入一个待查正整数：";
     cin >> searchKey;

     int b = 0;
     b = BinarySearch(a, searchKey, 0, aSize-1);

     if (b != -1)
         cout << "查到该数在数组中为：a[" << b << "]\n";
     else
         cout << "数组中无此数!\n";

    return 0;
}
```

6.4 冒泡排序法

排序是一个基本功，这里先介绍一种最简单和实用的方法：冒泡排序法。假设有 6 个数依次放在 6 个数组元素中，希望处理之后，a[1]，a[2]，…，a[6]中的数能从大到小排列好。

图 6.11 画出了 6 个数的排序过程。画圈的数字表示排序结果。

从图 6.11 中可以看出，最小的一个数第一遍扫描就交换到 a[6]中。如果将 a[1]视为水底，a[6]视为水面，则

（1）最轻的（最小的）一个数 1 最先浮到水面，交换到 a[6]；

（2）次轻的 2 第二遍扫描交换到 a[5]；

（3）再轻的 3 第三遍扫描交换到 a[4]。

依此类推，有 6 个数，前 5 个数到位需 5 遍扫描，第 6 个最大的数自然落在 a[1]中。因此，6 个数只需 5 遍扫描，即 j=n−1，n=6。

	i=1	i=2	i=3	i=4	i=5	i=6	
	a[1]	a[2]	a[3]	a[4]	a[5]	a[6]	
初始值	1	8	3	2	4	9	
1<8;1,8互换	1⟺	8	3	2	4	9	j=1
1<3;1,3互换	8	1⟺	3	2	4	9	
1<2;1,2互换	8	3	1⟺	2	4	9	
1<4;1,4互换	8	3	2	1⟺	4	9	
1<9;1,9互换	8	3	2	4	1⟺	9	
1到达位置	8	3	2	4	9	①	
8>3;顺序不动	8	3	2	4	9	1	j=2
3>2;顺序不动	8	3	2	4	9	1	
2<4;2,4互换	8	3	2⟺	4	9	1	
2<9;2,9互换	8	3	4	2⟺	9	1	
2到达位置	8	3	4	9	②	1	
8>3;顺序不动	8	3	4	9	2	1	j=3
3<4;3,4互换	8	3⟺	4	9	2	1	
3<9;3,9互换	8	4	3⟺	9	2	1	
3到达位置	8	4	9	③	2	1	
8>4;顺序不动	8	4	9	3	2	1	j=4
4<9;4,9互换	8	4⟺	9	3	2	1	
4到达位置	8	9	④	3	2	1	
8<9;8,9互换	8⟺	9	4	3	2	1	j=5
8到达位置	9	⑧	4	3	2	1	

图 6.11　冒泡排序法图示

再看在每遍扫描中相邻两数组元素的比较次数。当 j=1 时，i=1，2，…，n–j。n=6 时，比较 5 次之后 a[6]中有一个最小数到达，这时 a[6]不必再参与比较了。

因此在第二遍搜索时，j=2，i=1，2，…，n–j，即 i=1，2，3，4。比较 4 次之后次小的一个数到达了 a[5]。此后 a[5]不再参与比较。

因此，j=3 时，i=1，2，3；j=4 时，i=1，2；j=5 时，i=1。

理出上述规律后，程序就不难编写了。

冒泡排序算法设计

为了表述方便，定义以下 3 个变量：

（1）待排序的数的个数 n，这里 n=6；

（2）扫描遍数 j，j=1，2，…，n–1；

（3）第 j 遍扫描待比较元素的下标 i，i=1，2，…，n–j。

采用两重计数型循环，步骤如下：

（1）将待排序的数据放入数组中；

（2）置 j 为 1；

（3）让 i 从 1 到 n–j，比较 a[i]与 a[i+1]，如果 a[i]>=a[i+1]，位置不动；如果 a[i]< a[i+1]，位置交换，即

```
P = a[i]; a[i] = a[i+1]; a[i+1] = p;
```

步骤（3）结束后 a[n–j+1]中的数为最小的数。

（4）让 j=j+1；只要 j!=n 就返回步骤（3），将 a[n–j+1]的值排好。当 j==n 时执行步骤（5）；

（5）输出排序结果。

参考程序如下：

```
#include <iostream>
#include <memory>
using namespace std;

int main()
{
    int i = 0, j = 0, p = 0, a[7];
    memset(a, 0, sizeof(a));                  //整型数组初始化
    for (i = 1; i <= 6; i++)                  //输入 6 个数，放入 a 数组中
    {
        cout << "请输入待排序的数 a[" << i << "]=";
        cin >> a[i];
    }
    for (j= 1; j <= 5; j++)                   //冒泡排序，外层循环
    {
        for (i = 1; i <= 6 - j; i++)          //内层循环
        {
            if (a[i] < a[i+1])                //如果 a[i] < a[i+1]
            {
                p = a[i];                     //让 a[i]与 a[i+1]交换
                a[i] = a[i+1];
                a[i+1] = p;
            }
        }
    }
    for (i = 1; i <= 6; i++)                  //输出排序结果
    {
        cout << a[i] << endl;
    }
    return 0;
}
```

冒泡排序算法是典型排序算法，很有用，希望读者能掌握。为此，应将两重计数型循环的程序读明白，重点是将 i 与 j 的关系想明白。

6.5 递　推

递推是计算机数值计算中的一个重要算法。思路是通过数学推导，将复杂的运算化解为若干重复的简单运算，以充分发挥计算机长于重复处理的特点，现举例如下。

6.5.1 递推数列的定义

一个数列从某一项起，它的任何一项都可以用它前面的若干项来确定，这样的数列称

为递推数列，表示某项与其前面的若干项的关系就称为递推公式。例如自然数 1，2，…，n 的阶乘就可以形成如下数列：

$$1!,\ 2!,\ 3!,\ \cdots,\ (n-1)!,\ n!$$

令 fact(n)为 n 的阶乘，依据后项与前项的关系可写出递推公式

$$\text{fact}(n)=n\cdot\text{fact}(n-1)\qquad(\text{通项公式})$$

$$\text{fact}(1)=1\qquad(\text{边界条件})$$

在有了通项公式和边界条件后，采用循环结构，从边界条件出发，利用通项公式通过若干步递推过程就可以求出解来。

6.5.2　递推算法的程序实现

【任务 6.3】 A、B、C、D、E 合伙夜间捕鱼，凌晨时都疲惫不堪，各自在河边的树丛中找地方睡着了。日上三竿，A 第一个醒来，他将鱼平分作 5 份，把多余的一条扔回湖中，拿自己的一份回家去了；B 第二个醒来，也将鱼平分为 5 份，扔掉多余的一条，只拿走自己的一份；接着 C、D、E 依次醒来，也都按同样的办法分鱼。问 5 人至少合伙捕到多少条鱼？每个人醒来后看到的鱼数是多少条？

【解题思路】

假定 A、B、C、D、E 的编号分别为 1、2、3、4、5，整数数组 fish[k]表示第 k 个人所看到的鱼数。Fish[1]表示 A 所看到的鱼数，fish[2]表示 B 所看到的鱼数，……。

显然

```
fish[1] = 5人合伙捕鱼的总鱼数
fish[2] = (fish[1] - 1) * 4 / 5
fish[3] = (fish[2] - 1) * 4 / 5
fish[4] = (fish[3] - 1) * 4 / 5
fish[5] = (fish[4] - 1) * 4 / 5
```

写成一般式为

```
fish[i] = (fish[i - 1] - 1) * 4 / 5     //i = 2, 3, …, 5
```

这个公式可用于从已知 A 看到的鱼数去推算 B 看到的，再推算 C 看到的，……。现在要求的是 A 看到的，能否倒过来，先知 E 看到的再反推 D 看到的，……，直到 A 看到的。为此将上式改写为

```
fish[i - 1] = fish[i] * 5 / 4 + 1        //i = 5, 4, …, 2
```

分析上式如下：

（1）当 i=5 时，fish[5]表示 E 醒来所看到的鱼数，该数应满足被 5 整除后余 1，即

```
fish[5] % 5 == 1
```

（2）当 i=5 时，fish[i−1]表示 D 醒来所看到的鱼数，这个数既要满足

```
fish[4] = fish[5] * 5 / 4+ 1
```

又要满足

```
fish[4] % 5 == 1
```

显然，fish[4]不能不是整数，这个结论同样可以用于 fish[3]，fish[2]和 fish[1]。

（3）按题意要求 5 人合伙捕到的最少鱼数，可以从小往大枚举，可以先让 E 所看到的鱼数最少为 6 条，即 fish[5]初始化为 6 来试，之后每次增加 5 再试，直至递推到 fish[1]且所得整数除以 5 之后的余数为 1。根据上述思路，可以构思如图 6.12 所示的程序框图。

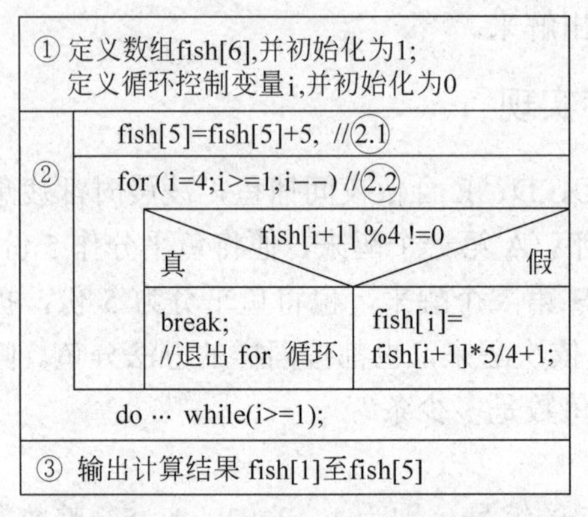

图 6.12　5 人合伙捕鱼程序框图

图 6.12 可分为 3 部分：

① 说明部分：包含定义数组 fish[6]并初始化为 1 和定义循环控制变量 i 并初始化为 0。

② do…while 直到型循环，其循环体又包含两块：

2.1 是枚举过程中的 fish[5]的初值设置，一开始 fish[5]=1+5；以后每次增 5。

2.2 是一个 for 循环，i 的初值为 4，终值为 1，步长为–1，该循环的循环体是一个分支语句，如果 fish[i+1]不能被 4 整除，则跳出 for 循环（使用 break 语句）；否则，从 fish[i+1]算出 fish[i]。当由 break 语句让程序退出循环时，意味着某人看到的鱼数不是整数，当然不是所求，必须令 fish[5]加 5 后再试，即重新进入直到型循环 do…while 的循环体。当正常退出 for 循环时，一定是控制变量 i 从初值 4 一步一步执行到终值 1，每一步的鱼数均为整数；最后 i=0，表示计算完毕，且也达到了退出直到型循环的条件。

③ 输出计算结果。

参考程序如下：

```
#include <iostream>
using namespace std;

int main()
{
    int fish[6] = {1, 1, 1, 1, 1, 1}; //整型数组，记录每人醒来后看到的鱼数
    int i = 0;
    do
    {
        fish[5] = fish[5] + 5;         //让 E 看到的鱼数增 5
```

```
        for (i = 4; i >= 1; i--)
        {
            if (fish[i+1] % 4 != 0)
                break;                          //跳出 for 循环
            else                                //计算第 i 人看到的鱼数
                fish[i] = fish[i+1] * 5 / 4 + 1;
        }
    }while (i >= 1);                            //当 i>=1 继续做 do 循环

    //输出计算结果
    for (i = 1; i <= 5; i++)
        cout << fish[i] << endl;
    return 0;
}
```

程序运行结果

```
3121
2496
1996
1596
1276
```

【任务 6.4】 王小二自夸刀工不错，有人放一张大的煎饼在砧板上，问他："饼不许离开砧板，切 100 刀最多能分成多少块？"

这道题在编程之前要先找到规律，见图 6.13。

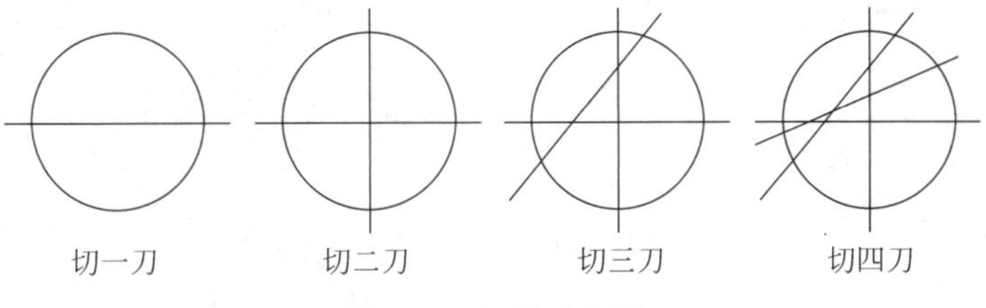

图 6.13　切饼示意图

令 q(n)为切 n 刀能分成的块数，从图 6.13 可见：

q(1)=1+1=2

q(2)=1+1+2=4

q(3)=1+1+2+3=7

q(4)=1+1+2+3+4=11

在切法上是让每两条线都有交点。用归纳法不难得出

q(n)=q(n−1)+n

q(0)=1　　　(边界条件，一刀都不切当然只有一块)

参考程序如下：

```
#include <iostream>
using namespace std;
```

```
int n = 100;
int i = 0;
int q[101];
int main()
{
   q[0] = 0;                    //递推边界条件
   for (i = 1; i <= n; i = i + 1)
   {
      q[i] = q[i-1] + i;    //递推公式
   }
   cout << "切 100 刀后最多可得" << q[n] << "块" << endl;
   return 0;
}
```

6.6 字符数组应用

【实例 1】 读懂下述程序并上机实验。重点理解：

（1）程序进入 do 循环前指针 p 指向哪里；

（2）p >= shuzi 这个关系表达式的作用。

```
#include <iostream>
using namespace std;

int main()
{
   char shuzi[] = "987654321";  //定义数组并赋初值为数字字符串
   char *p = &shuzi[8];         //让指针 p 指向 shuzi[8]元素，该处是字符'1'
   do
   {
      cout << *p;               //输出一个由 p 指向的字符
      p--;                      //让 p 减 1
   }while (p >= shuzi);         //当 p>=shuzi 时，继续循环
   cout << endl;
   return 0;
}
```

说明

（1）字符串是数字字符串，见图 6.14。

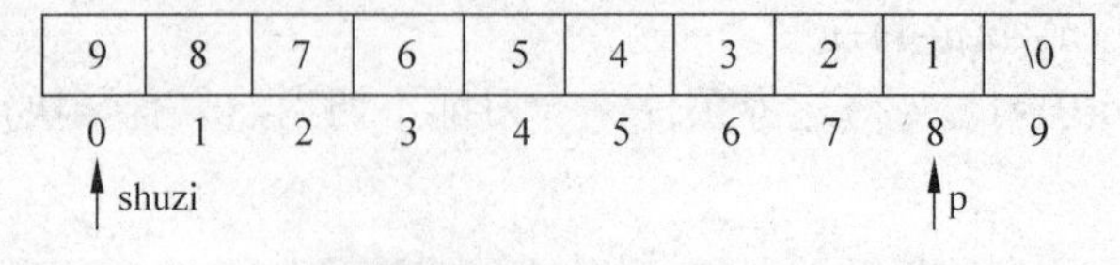

图 6.14　程序 6_11 说明

（2）p 指向 shuzi[8]，即指向串中的字符'1'。

（3）采用直到型循环，用 cout 将 shuzi[8]输出到屏幕；之后让 p 减 1 并赋给 p。

（4）在 while 的表达式中，当 p >= shuzi 则继续执行循环体。一旦 p < shuzi 则退出循环。这种做法使输出结果为 123456789。

（5）在本例中数组名 shuzi 是一个常量指针，永远指向 shuzi[0]的内存地址。

【思考】

如何通过 p 和 shuzi 求该数字字符串的长度？

【实例 2】 读懂下列程序，并上机实验。重点理解：

（1）字符指针赋值方法；

（2）p[i]的含义；

（3）在 while (*p)循环中*p 的含义与作用；

（4）程序中有 3 种不同的输出方式，请分析一下各有什么特点。

程序如下：

```
#include <iostream>
using namespace std;

int main()
{
    char *p = NULL;
    p = "computer";         //指针赋值，指向字符串
    cout << p << endl;      //输出字符串
    for (int i = 0; i < 8; i++)
    {
        cout << p[i];       //输出第 i 个字符
    }
    cout << endl;
    while (*p)
    {
        cout << *p;         //输出 p 所指向的字符
        p++;                //指针变量值加 1
    }
    cout << endl;
    return 0;
}
```

【实例 3】 寻找肇事者。

一辆肇事汽车的号码是 4 位十进制数。目击者向交警描述这个车号：这是一个完全平方数；这 4 个数字从左至右一个比一个大。请帮助交警寻找肇事者，先将车号算出来。

【解题思路】

（1）令 n 为待求的车号，n 为 4 位数，n = i * i。则 i 的范围是 i = 32，33，…，99。

（2）枚举 i，得 n = i * i，查看 n 的数从高位到低位是否一个比一个大。如是则找到答案。

（3）将 n 这个 4 位十进制数按位分解为 4 个数字字符，这可以用现成的数值转化为数字字符的函数（见附录 B.3 字符串相关函数）。该函数的原型为

```
char* itoa(int value, char *string, int radix)
```

其中，itoa 为函数名，其前的“*”号表示该函数返回值是指针，“*”号前的 char 是说函数返回的指针是指向字符串的。第一个参数 value 是待转换的整数，第二个参数 string 是字符串的指针，第三个参数 radix 是限定在二进制至三十六进制范围内的整数。

为了使用 itoa 函数，事先定义一个字符数组 buf：

```
char buf[5];
itoa(n, buf, 10);
```

如果 n = 1089，则按十进制将 n 转换成字符串并存入 buf 中，buf 的内容如图 6.15 所示。

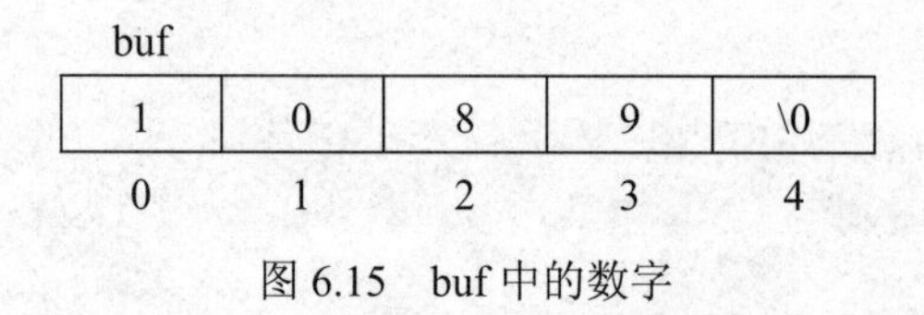

图 6.15　buf 中的数字

但必须说明 buf 中的 1089 是数字组成的字符串，而不是数值 1089。请思考是不是这样，并做下面的实验。

```
#include <iostream>
#include <cstdlib>
using namespace std;

int main()
{
    int n = 1089;
    char buf[5];
    itoa(n, buf, 10);
    cout << "看 buf 中的数字串为" << buf << endl;
    cout << "看 buf 中的数值(即 ASCII 码)为"
         << (int)buf[0] << ", "
         << (int)buf[1] << ", "
         << (int)buf[2] << ", "
         << (int)buf[3] << endl
    return 0;
}
```

程序运行结果

```
看 buf 中的数字串为 1089
看 buf 中的数值(即 ASCII 码)为 49, 48, 56, 57
```

为什么会是这样呢？原因在于，我们定义 buf 为字符数组，如果执行 cout << buf[0]，输出的是字符'1'，而实际上在内存单元中存储的是数字 1 的 ASCII 码 49。要想将 49 这个

数值输出来，就必须将数据从字符类型强制转换为整数类型，其办法是在 buf[0]前加上(int)，即用语句 cout << (int)buf[0]输出。

在使用 itoa 函数将 n 按位分解为数字字符并存储在 buf 数组中之后，就可构思一个条件表达式：

```
(buf[0] < buf[1]) && (buf[1] < buf[2]) && ( buf[2] < buf[3])
```

如果条件满足了，则被枚举的这个 4 位数 n 即为所求。

参考程序如下：

```
#include <iostream>
#include <cstdlib>
using namespace std;

int main()
{
    char buf[5];
    int n = 0;
    for (int i = 32; i < 100; i++)  //枚举 i
    {
        n = i * i;          //n 是完全平方数
        itoa(n, buf, 10);//按位分解四位数 n
        //判断数字字符串 buf 是否从左到右一个比一个大
        //如果是，则输出 n
        if ((buf[0] < buf[1]) && (buf[1] < buf[2]) && (buf[2] < buf[3]))
            cout << "肇事汽车号码为" << n << endl;
    }
    return 0;
}
```

【实例 4】 字符串匹配。

问题描述如下：读入两个字符串 a 和 b，判断 a 是否是 b 的子串。如果是，计算 a 在 b 中出现了几次。a 是 b 的子串就是说存在一个整数 i，使得 $a_0=b_i$，$a_1=b_{i+1}$，$a_2=b_{i+2}$，…，$a_{la-1}=b_{i+la-1}$（$0 \leqslant i \leqslant (lb-la)$），其中 la 表示字符串 a 的长度，lb 表示字符串 b 的长度。

例如，如果 a = "aba"，b = "ababab"，则 a 在 b 中出现了两次。如果 a = "abc"，b = "ababab"，则 a 不是 b 的子串。

分析

（1）用两个字符数组 a 和 b 表示两个字符串 char a[100]，b[100]。

（2）用 cin 读入两个字符串的内容。

（3）用循环变量 i 表示 a 在 b 中出现的起始位置，让它从 0 一直循环到(lb – la)。

（4）判断是否满足 $a_0=b_i$，$a_1=b_{i+1}$，$a_2=b_{i+2}$，…，$a_{la-1}=b_{i+la-1}$。用一个循环变量 j 表示待匹配的位置，j 从 0 一直循环到(la–1)，如果所有的 $a_j=b_{i+j}$，则说明 a 出现在了从 b_i 到 b_{i+la-1} 的位置上。

（5）设置一个计数器 count，一旦发现 a 在 b 中出现了一次，就让 count 加 1。

（6）如果最终 count=0，则 a 不是 b 的子串，否则输出 count。

参考程序如下：

```
#include <iostream>
#include <cstring>
using namespace std;

char a[50], b[50];                          //定义两个字符串
int la, lb, count;                          //定义两个字符串的长度和计数器

void input_data()                           //输入数据的过程
{
   cin >> a;                                //读入字符串 a
   cin >> b;                                //读入字符串 b
}

void solve()                                //解决问题的过程
{
   bool match;                              //表示从某一位置开始能否匹配
   la = strlen(a);                          //计算 a 和 b 的长度
   lb = strlen(b);
   count = 0;                               //计数器清零
   for (int i = 0; i <= lb - la; i++)       //循环变量 i 表示起始位置
   {
      match = true;                         //先假设能够匹配
      for (int j = 0; j < la; j++)          //循环变量 j 表示待匹配的位置
         if (a[j] != b[i+j])                //如果在某一位置上无法匹配
         {
            match = false;                  //则 a 无法从 b[i]开始匹配
            break;                          //跳出循环
         }
      if (match)
         count++;                           //如果可以匹配，则计数器加 1
   }
}

void output_data()                          //输出结果
{
   if (count == 0)                          //a 不是 b 的子串
      cout << "a 不是 b 的子串" << endl;
   else                                     //a 在 b 中出现了多少次
      cout << "a 在 b 中出现了" << count << "次" << endl;
}

int main()
{
   input_data();                            //输入数据
   solve();                                 //解决问题
```

```
    output_data();                              //输出结果
    return 0;
}
```

6.7　函数跳转表

函数是由指令序列构成的，其代码存储在连成一片的内存单元中，这些代码中的第一个代码所在的内存地址称为首地址。首地址是函数的入口地址。主函数在调用子函数时，就是让程序转移到函数的入口地址去执行。所谓指针指向函数，就是指针的值为函数的入口地址。

【例 6.1】 王小二帮学生食堂编了一个买菜计价的程序，该程序可以显示菜单，让学生输入菜号来选择买什么菜，之后程序会报出你买了多少个菜，用了多少钱。程序如下：

```
#include <iostream>
using namespace std;

int m = 0;                          //定义全局变量，记选菜个数
int sum=0;                          //记总钱数

typedef void (*MenuFood)(); //定义一个指向函数的指针类型，名为 MenuFood

//以下为 4 个子函数
void food1()
{
    cout << " 鱼香肉丝：4 元\n";
    sum = sum + 4;
    m = m + 1;
}

void food2()
{
    cout << "白菜豆腐：1 元\n";
    sum = sum + 1;
    m = m + 1;
}

void food3()
{
    cout << "红烧鱼块：2 元\n";
    sum = sum + 2;
    m = m + 1;
}

void food4()
```

```
{
    cout << "黄瓜鸡蛋汤：1 元\n";
    sum = sum + 1;
    m = m + 1;
}

//定义指向函数的指针数组
MenuFood p[] = {food1, food2, food3, food4};

int main()
{
    int choice;
    cout << "=====菜单=====\n"    //显示一个菜单
         << "序号    名称    单价\n"
         << "1    鱼香肉丝  4 元\n"
         << "2    白菜豆腐  1 元\n"
         << "3    红烧鱼块  2 元\n"
         << "4   黄瓜鸡蛋汤 1 元\n"
         << "0   选毕退出\n"
         << "==============\n"
         << "请你选菜（只敲入菜号 1、2、3、4，如不再选了请敲入 0）\n\n";
    do
    {
        cin >> choice;
        switch (choice)
        {
        case 1:
        case 2:
        case 3:
        case 4: p[choise-1](); break;
        case 0: break;
        default: cout << "你敲错键了。\n";
        }
    }while (choice != 0);

    //输出结果
    cout << "\n 你买了" << m << "个菜，共用了：" << sum << "元\n";
    return 0;
}
```

程序说明

（1）先来看主程序。主程序有 4 条语句：

① 定义了一个 choice 变量，为选菜用的，初始化为 0。

② 用 cout 语句显示一个菜单，菜单中包括菜的序号、菜的名称和单价，以及说明选菜方法和选毕退出按什么键。

③ do…while 循环，在其循环体中有两条语句：一是从键盘输入一个整数（1、2、

3、4 或 0）给 choice 变量；一是多分支选择语句 switch，它的一般格式为

```
switch (表达式)
{
    case 常量表达式 1: 语句组 1;
    case 常量表达式 2: 语句组 2;
    …
    case 常量表达式 n: 语句组 n;
    default: 语句组 n+1;
}
```

表达式的值只能是整型、字符型和枚举型。表达式的类型要与 case 后面的常量表达式匹配（即类型一致）。当 switch 后面的表达式的值与某一个 case 后面的常量表达式相等时，就去执行 case 后面的语句组。如果所有 case 中的常量表达式值都与 switch 后的括号中的表达式值不相等，就会去执行 default 后面的语句。

现在以本例来看 switch(choice)，当 choice 不是 0～4 范围中的数，就会去执行 default 后面的语句，显示“你敲错键了”。当 choice 为 1～4 时，执行 p[choise–1]() 和 break 两条语句。只要 choice 不为 0，就一直做循环，直到 choice 为 0 才退出循环。

④ 输出最后结果，你买了多少个菜，共用了多少钱。

（2）再看子函数。void food1()是一个名为 food1()的函数，void food2()是一个名为 food2()的函数，void food3()是一个名为 food3()的函数，void food4()是一个名为 food4()的函数。

（3）用 typedef void (*MenuFood)()定义了一个名为 MenuFood 的指向函数的指针类型。之后又用 MenuFood p[]={food1, food2, food3, food4} 定义并初始化了一个指向函数的指针数组 p[]。用图 6.16 来加以描述。

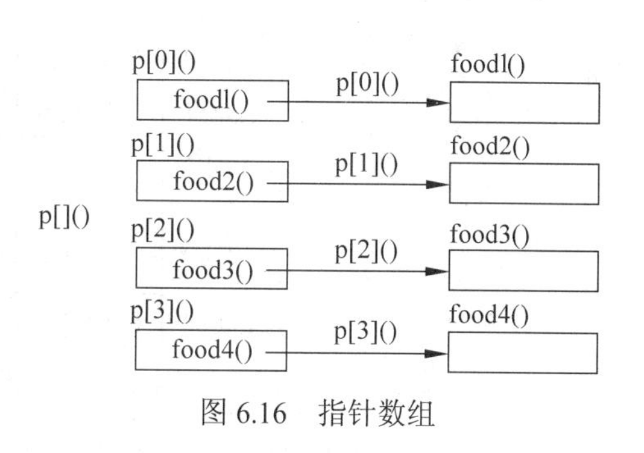

图 6.16 指针数组

现在请将程序运行一遍，学习这类程序的构思，重点理解指向函数的指针如何定义，如何使用。另外，请试验一下：如果在 switch 语句中将某一个 break 去掉，会出现什么情况？希望读者自己总结一下 switch 语句的用法。

6.8 二 维 数 组

我们先看一个例子。

【任务 6.5】 测量湖泊的水深，湖中各处的水深是不一样的。如图 6.17 所示，可以给湖面打上格子，测量每个格子处水的深度，就可以从整体上描述湖的情况。图中的“0”表示地面，数字 1、2、3、4、5 表示水深，单位为 m。每一格的大小为 5m×5m。

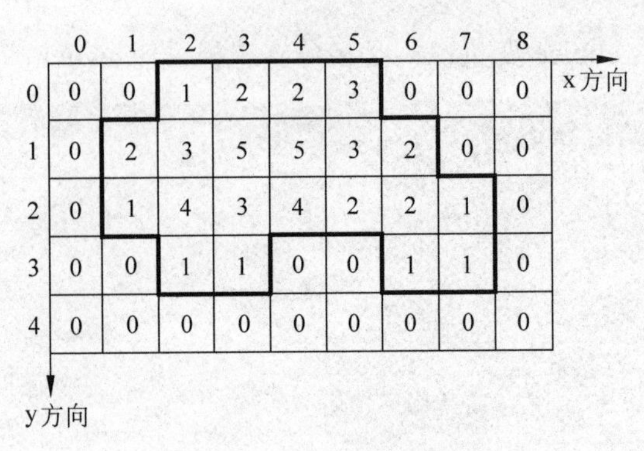

图 6.17　湖泊各处水深描述

这时可用二维数组。图 6.17 有 5 行 9 列。对于第 0 行，让数组名为 Lake0，该数组包含 9 个元素，因此按照前面讲的一维数组的定义，这一行应定义成 Lake0[9]，见图 6.18。

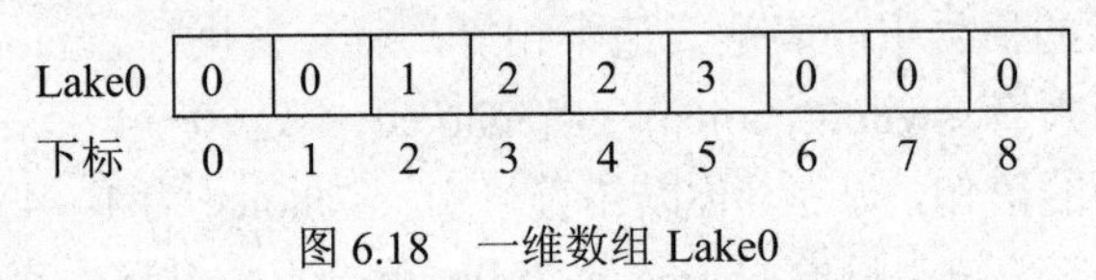

图 6.18　一维数组 Lake0

对于第 1 行，同样可让数组名为 Lake1，也包含 9 个元素，定义成 Lake1[9]。

同理，第 4 行定义成 Lake4[9]。

如果按照前面讲的一维数组的引用方式，Lake0[0]指的是 0 行 0 列的元素，Lake1[8]指的是 1 行 8 列的元素。

可以将图 6.17 描述成图 6.19。

Lake0	Lake0[0]	Lake0[1]	…	Lake0[8]
Lake1	Lake1[0]	Lake1[1]	…	Lake1[8]
⋮	⋮	⋮	⋮	⋮
Lake4	Lake4[0]	Lake4[1]	…	Lake4[8]

图 6.19　多个一维数组描述湖泊水深

这 5 个一维数组是有序的，Lake0 在前，Lake4 在后。这 5 个一维数组能否整体定义呢？

可以仿照定义一维数组那样，将这 5 个一维数组的每一个当作一个元素，又组成一个更大一些的数组，这个数组称为二维数组。C/C++语言就是以一维数组作元素构成二维数组的。

6.8.1　二维数组的定义

定义格式如下：

```
类型标识符 数组名[一维数组个数][一维数组中元素的个数]
```

按照这个格式，对描述湖泊水深问题定义二维数组：

```
int Lake[5][9];
```

数组名为 Lake，含 5 个一维数组，每个一维数组中含 9 个元素，这些元素都是整数（由 int 标识）。

前面讲述一维数组是带下标的变量，下标只有一个；而二维数组是带有两个下标的变量，第一个下标规定了一维数组的序号，第二个下标规定了一维数组中元素的序号。为了便于理解，可将二维数组视为行列式或矩阵，第一个下标为行号，第二个下标为列号，行号与列号都从 0 开始。

6.8.2　二维数组的初始化

仍以湖泊水深问题为例，在定义时就将二维数组所描述的水深数据赋给带两个下标的变量。

```
int Lake[5][9] = {{0, 0, 1, 2, 2, 3, 0, 0, 0},
                  {0, 2, 3, 5, 5, 3, 2, 0, 0},
                  {0, 1, 4, 3, 4, 2, 2, 1, 0},
                  {0, 0, 1, 1, 0, 0, 1, 1, 0},
                  {0, 0, 0, 0, 0, 0, 0, 0, 0}};
```

从上述式子可以看出，在赋初值时是按 5 个一维数组的顺序一个一个进行的。最先给 Lake[0]中的 9 个元素按序号依次赋值，这 9 个数据用一个大括号括起，接着给 Lake[1]的 9 个元素赋值，依此类推。

赋过初值的二维数组中的元素可以用图 6.20 表示。

	[0]	[1]	[2]	[3]	[4]	[5]	[6]	[7]	[8]
Lake[0]	0	0	1	2	2	3	0	0	0
Lake[1]	0	2	3	5	5	3	2	0	0
Lake[2]	0	1	4	3	4	2	2	1	0
Lake[3]	0	0	1	1	0	0	1	1	0
Lake[4]	0	0	0	0	0	0	0	0	0

图 6.20　赋过初值的二维数组

6.8.3　二维数组中的元素存放顺序

在内存中二维数组中的元素是按行存放的，如图 6.21 中的例子，先存 Lake[0]这一行的 9 个数据，再存 Lake[1]中的 9 个数据，……。存放顺序与 6.8.2 节中的初始化顺序是完全相同的，见图 6.21。

二维数组一经定义，系统就为其分配了连成一片的存储区域，保证要装得下以行数和列数限定的元素个数。连成一片的存储区域有一个首地址，这个首地址是存放第 0 号一维数组的第 0 号元素的地方，示例中的首地址即 Lake[0][0]的所在地址。C/C++语言规定数组名就是这个首地址的符号地址。因此本例中 Lake 就标识了这个二维数组的首地址。

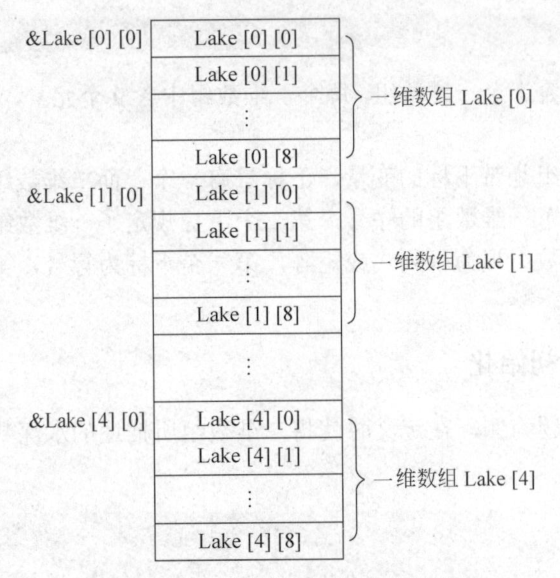

图 6.21　二维数组元素的存放顺序

下面先计算湖泊的水面面积。思路是对二维数组中的每个元素进行判断，元素值为 0 者是岸，不是湖面，计算数组中元素值非 0 的元素数（即非 0 值的格子数），再乘以每格的面积，即为湖面的面积。为此，可以用两重计数型循环。参考程序如下：

```
#include <iostream>
using namespace std;

int main()
{
    //定义二维数组，赋给水深数据
    int Lake[5][9] = {{0, 0, 1, 2, 2, 3, 0, 0, 0},
                      {0, 2, 3, 5, 5, 3, 2, 0, 0},
                      {0, 1, 4, 3, 4, 2, 2, 1, 0},
                      {0, 0, 1, 1, 0, 0, 1, 1, 0},
                      {0, 0, 0, 0, 0, 0, 0, 0, 0}};
    int sum = 0;                 //湖面的格子数，初始化为 0
    int area = 0;                //面积，初始化为 0
    for (int i = 0; i < 5; i++)
        for (int j = 0; j < 9; j++)  //用二重循环计算湖面格子数
        {
            if (Lake[i][j] != 0)     //岸上为 0
                sum = sum + 1;       //计算湖面格子数
        }
    area = sum * 25;                 //湖面面积，单位为平方米
    cout << "湖面为" << area << "平方米" << endl;  //输出湖面面积
    return 0;
}
```

接着再计算平均水深。这时定义一个实型变量 avgLake。其思路是在两重循环体中将

两维数组中所有元素累加到一起，再除以湖面格子数 sum。参考程序如下：

```
#include <iostream>
using namespace std;

int main()
{
    float avgLake = 0.0;                    //定义平均水深，初始化为 0.0
    //定义二维数组，赋给水深数据
    int Lake[5][9] ={{0, 0, 1, 2, 2, 3, 0, 0, 0},
                     {0, 2, 3, 5, 5, 3, 2, 0, 0},
                     {0, 1, 4, 3, 4, 2, 2, 1, 0},
                     {0, 0, 1, 1, 0, 0, 1, 1, 0},
                     {0, 0, 0, 0, 0, 0, 0, 0, 0}};
    int sum = 0;                            //湖面的格子数，初始化为 0
    int area = 0;                           //面积，初始化为 0
    for (int i = 0; i < 5; i++)
        for (int j = 0; j < 9; j++)  //用二重循环计算湖面格子数
        {
            avgLake = avgLake + Lake[i][j]; //累加各处水深
            if (Lake[i][j] != 0)        //岸上为 0
                sum = sum + 1;          //计算湖面格子数
        }
    area = sum * 25;                        //湖面面积，单位为平方米
    avgLake = avgLake / sum;                //平均水深
    cout << "湖面为"  << area << "平方米" << endl; //输出湖面面积
    cout << "平均水深为" << avgLake << endl;       //输出平均水深
    return 0;
}
```

请上机运行上述程序，重点体会使用下标来引用二维数组（取出二维数组的元素值）。在例子中，对二维数组元素的赋值是在定义初始化时整体完成的，如果不这样做，可否一个元素一个元素地赋值，请思考。

6.9 小　　结

（1）数组可以描述同一种类型的数据的集合，属于构造型的数据结构，其特点是利用下标来区分同一类型的不同数据。

（2）数组的所有元素按顺序（由下标决定）存放在一个连续的存储空间中。

（3）数组名可视为常量指针，它指向数组中的第一个元素。将数组名赋给指针，则该指针就指向了该数组的首地址（即数组中的第一个元素所在地址）。

（4）字符数组就是字符串。字符数组只有在定义时才允许整体赋值。字符数组应用广泛，C++库函数中有字符判断函数和字符串相关函数，在编程时可以选用。

（5）由于数组采用顺序存储方式，改变下标就可以按顺序访问每一个元素，因而操作

简便快捷，在程序设计中大量使用。

（6）由于数组需要确定的空间，因此在定义时要用常量表达式来定义数组元素的个数。个数一旦确定，在程序中就不得再更改，使用中下标不能越界，否则会出错。

（7）筛法是编程的一种思路，典型的例子是求素数。这里要用到数组。

（8）排序在程序设计中占很重要的地位，本章所讲的排序是很简单但应用较广的一种排序方法，称为冒泡排序法，掌握该方法的实质十分重要。

（9）以一维数组作为元素的数组称为二维数组，比如一维数组有 9 个元素，下标从 0 到 8；以这样的 5 个一维数组作为元素的、名为 Lake 的整型数组定义为

```
int Lake[5][9]
```

这样的二维数组第一个下标为 0，1，…，4，第二个下标为 0，1，…，8。

（10）二维数组可视作矩阵，第一个下标为行号，第二个下标为列号。依行号列号对二维数组中的元素进行操作，是必须掌握的技巧。

课后阅读材料

字符串的 3 种操作

在字符串处理中，常常需要实现取子串、插入、删除这 3 种操作。问题描述如下：

（1）取子串操作：输入字符串、起始位置、子串长度，输出子串的内容。

（2）插入操作：输入源字符串、目标字符串、指定位置，把源字符串插入到目标字符串的指定位置前，并输出插入后的目标字符串。

（3）删除操作：输入字符串、待删除子串的起始位置和长度，从字符串中删除待删除子串，并输出删除后的字符串。

程序 6_15.cpp 说明了怎样编程实现这 3 种操作。程序运行时应先给出一个菜单，由使用者输入想要进行的操作及实现该项操作所需的参数。输入完毕后，由程序给出操作后的结果。

分析

先来解决第一个任务——取子串。这里我们使用最原始的方法，即逐个字符复制。

（1）读入该任务所需的参数：原字符串 a，子串的起始位置 start，子串的长度 len。

（2）用字符串 ans 表示所求的子串。

（3）设置一个循环变量 i，表示当前要复制原字符串中的哪个字符。

（4）让 i 从 start 循环到 start+len−1，把 a[i]复制到 ans[i−start]的位置上。这样，a[start]被复制到了 ans[0]的位置，a[start+1]被复制到了 ans[1]的位置，……，a[start+len−1]被复制到了 ans[len−1]的位置。

（5）因为 ans 的长度为 len，所以最后让 ans[len]= '\0'，用空字符结尾。

再来分析第 2 个任务——插入操作。C++的标准库没有提供这样的函数。不过可以利用取子串函数使插入操作简单一些。

现在要把字符串 a 插入到字符串 b 的 pos 位置前。这相当于把 b 分成 b[0～pos−1]和

b[pos～strlen(b) –1]两个子串，把 a 接在 b[0～pos–1]后面，再把 b[pos～strlen(b) –1]接在 a 后面，如图 6.22 所示。字符串拼接的操作可以用 C++里面的 strcat 语句实现，strcat(a, b)表示把字符串 b 复制到 a 后面。具体操作如下：

（1）定义一个字符串 ans。

（2）ans = Substr(b, 0, pos)，这里直接调用了取子串的函数。

（3）strcat(ans, a)，把 a 复制到 ans 后面。

（4）strcat(ans, Substr(b, pos, strlen(b) –pos))，把 b 的后半部分复制到 ans 后面。

（5）字符串 ans 就是插入后的结果。

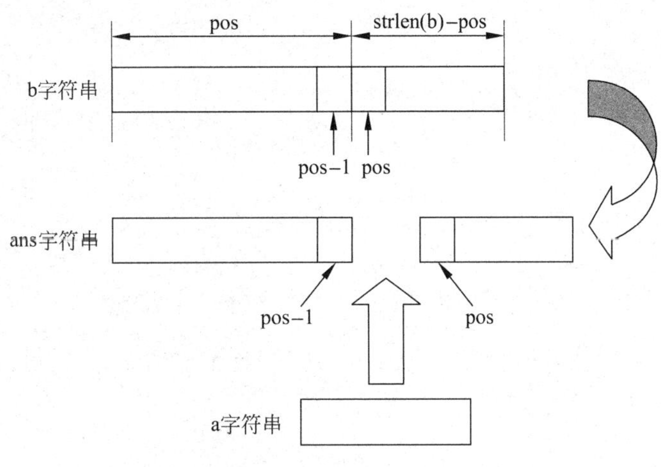

图 6.22　字符串插入操作

第 3 个任务——删除操作与插入操作类似，也可以调用取子串的函数，如图 6.23 所示。

现在要把字符串 a 当中从 start 开始，长度为 len 的一段删去。这相当于把 a 分成 3 个子串：a[0～start–1]、a[start～start+len–1]和 a[start+len～strlen(a) –1]，并且只保留第 1 段和第 3 段，也就是把 a[start+len～strlen(a) –1]接在 a[0～start–1]后面。具体操作如下：

（1）定义一个字符串 ans。

（2）ans = Substr(a, 0, start)，ans 赋值为第 1 段。

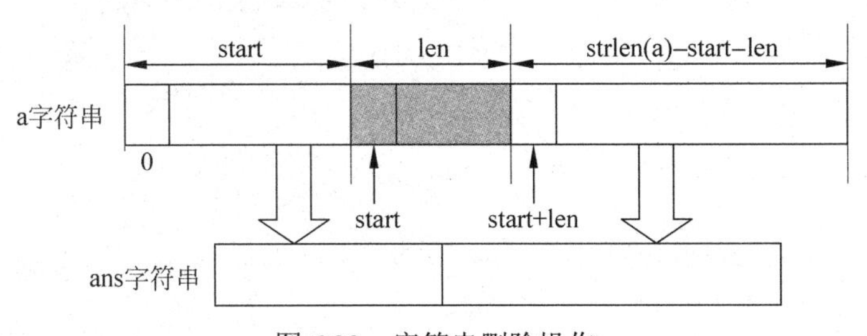

图 6.23　字符串删除操作

（3）strcat(ans, Substr(start+len, strlen(a) –start–len))，把第 3 段复制到 ans 后面。

（4）字符串 ans 就是删除后的结果。

参考程序如下：

```
#include <iostream>
```

```
#include <cstring>
using namespace std;

const int maxlen = 200;                          //定义字符串最大长度
int task;                                        //定义任务序号

void Input_Task_No()                             //选择任务的函数
{
   cout << "Task 1-to get a substring of the original string" << endl;
   cout << "Task 2-to insert the source string to another one" << endl;
   cout << "Task 3-to remove a substring from the original string" << endl;
   //输出每个任务的要求
   cout << "Please input Task No. (1, 2 or 3): ";
   cin >> task;                                  //由使用者输入任务序号
}

char* Substr(char *a, int start, int len)   //取子串的函数
{
   char* ans = new char[maxlen];            //定义一个长度为maxlen的空字符串
   for (int i = start; i < start + len; i++)
      //把a中从start开始长度为len的这一段数组元素赋值到字符串ans中
      ans[i - start] = a[i];
   ans[len] = '\0';                         //添加ans结尾处的空字符
   return ans;                              //返回字符串ans
}

void Insert(char *a, char *b, int pos)  //插入函数
{
   char* ans = Substr(b, 0, pos);//把字符串b中处在插入位置前的部分复制到ans后
   strcat(ans, a);              //把要插入的字符串复制到ans后
   //把字符串b中处在插入位置后的部分复制到ans后
   strcat(ans, Substr(b, pos, strlen(b) - pos));
   strcpy(b, ans);              //用ans代替插入后的字符串
   delete ans;
}

void Delete(char *a, int start, int len)    //删除函数
{
   //把字符串a中处在删除起始位置前的部分复制到ans后
   char* ans = Substr(a, 0, start);
   //把字符串a中处在删除结束位置后的部分复制到ans后
   strcat(ans, Substr(a, start + len, strlen(a) - start - len));
   strcpy(a, ans);              //用ans代替删除后的字符串
   delete ans;
}

void Task1()                    //取子串任务
```

```
{
   char a[maxlen];                    //定义一个长度为 maxlen 的字符串
   int start, len;                    //定义起始位置和子串长度
   cout << "Input the original string: ";
   cin >> a;                          //输入原字符串
   cout << "Input the starting position: ";
   cin >> start;                      //输入起始位置
   cout << "Input the length of the substring: ";
   cin >> len;                        //输入子串长度
   cout << "The result is: " << endl;
   cout << Substr(a, start, len) << endl;  //输出子串
}

void Task2()                          //插入任务
{
   char a[maxlen], b[maxlen];         //定义两个长度为 maxlen 的字符串
   int pos;                           //定义插入位置
   cout << "Input the source string: ";
   cin >> a;                          //输入待插入字符串
   cout << "Input the destination string: ";
   cin >> b;                          //输入被插入的字符串
   cout << "Input the inserting position: ";
   cin >> pos;                        //输入插入位置
   cout << "The result is: " << endl;
   Insert(a, b, pos);                 //插入
   cout << b << endl;                 //输出插入后的字符串
}

void Task3()                          //删除任务
{
   char a[maxlen];                    //定义一个长度为 maxlen 的字符串
   int start, len;                    //定义被删除子串的起始位置和长度
   cout << "Input the original string: ";
   cin >> a;                          //输入原字符串
   cout << "Input the starting position: ";
   cin >> start;                      //输入被删除子串的起始位置
   cout << "Input the length of the substring: ";
   cin >> len;                        //输入被删除子串的长度
   cout << "The result is: " << endl;
   Delete(a, start, len);             //删除
   cout << a << endl;                 //输出删除后的字符串
}

int main()
{
   Input_Task_No();                   //输入任务序号
   if (task == 1)                     //如果是任务 1
```

```
    Task1();                      //执行任务 1
  else if (task == 2)             //如果是任务 2
    Task2();                      //执行任务 2
  else                            //否则
    Task3();                      //执行任务 3
  return 0;
}
```

在上面的参考程序中，Insert()函数和 Delete()函数的具体实现是存在问题的。它们都调用了 Substr()函数，但都没有以正确的方式来使用 Substr()函数。把 Substr()返回值作为 strcat 的参数没有变量来指向它们，这些内存会丢失。

另外，上述代码可以通过使用函数指针数组进行优化。请读者根据正文章节中的示例进行上机尝试。

习　题

1．有一个糊涂人，写了 n 封信和 n 个信封，到了邮寄的时候，把所有的信都装错了信封。设 D_n 为 n 封信装错信封可能的种类数，可以用下面的递推公式：

$$\begin{cases} D_n = (n-1)(D_{n-1} + D_{n-2}) \\ D_2 = 1 \\ D_1 = 0 \end{cases}$$

编程求 Dn，其中 n 由键盘输入。

2．可用下列公式计算以 2 为底的对数：

$$\begin{cases} \log_2(x) = -\log_2(1/x), & 0 < x < 1 \\ \log_2(x) = n + \log_2(x/2^n), & x > 2^n \\ \log_2(x) = S_n, & 1 \leqslant x < 2 \end{cases}$$

其中

$$S_i = \begin{cases} S_{i-1}, & a_{i-1}^2 < 2 \\ S_{i-1} + b_i, & a_{i-1}^2 \geqslant 2 \end{cases}$$

$$a_i = \begin{cases} a_{i-1}^2, & a_{i-1}^2 < 2 \\ \dfrac{1}{2}a_{i-1}^2, & a_{i-1}^2 \geqslant 2 \end{cases}$$

$$b_i = \frac{1}{2} b_{i-1}$$

$$a_0=x$$

$$b_0=1$$

$$S_0=0$$

n 的取值应满足 $b_n \leqslant \varepsilon$，其中 ε 为给定精度。

编程时要求键盘输入 x。

3．选择排序。下面举例说明对数组 a 进行选择排序的思路，如图 6.24 所示。

下标	0	1	2	3	4
第一步	5	3	6	①	4
第二步	1	③	6	5	4
第三步	1	3	6	5	④
第四步	1	3	4	⑤	6

图 6.24　选择排序

第一步：从 a[0]到 a[4]，找到其中的最小元素 a[3]，让 a[3]与 a[0]交换。

第二步：从 a[1]到 a[4]，找到其中的最小元素 a[1]，这时不需交换。

第三步：从 a[2]到 a[4]，找到其中的最小元素 a[4]，让 a[4]与 a[2]交换。

第四步：从 a[3]到 a[4]，找到其中的最小元素 a[3]，这时不需交换。

第五步：只有 a[4]，成功退出。

按照上述描述，已可以用两重循环来编写这个排序程序了。

4．五户共井问题。有 A、B、C、D、E 五家人共用一口井，已知井深不超过 10 米。A、B、C、D、E 家的绳长各不相同，从井口放下绳索正好到达水面时，

（a）需要 A 家的绳 2 条接上 B 家的绳 1 条；

（b）需要 B 家的绳 3 条接上 C 家的绳 1 条；

（c）需要 C 家的绳 4 条接上 D 家的绳 1 条；

（d）需要 D 家的绳 5 条接上 E 家的绳 1 条；

（e）需要 E 家的绳 6 条接上 A 家的绳 1 条。

问井深和各家绳长。

5．N 盏灯排成一排，从 1 到 N 按顺序依次编号。有 N 个人也从 1 到 N 依次编号。第一个人（1 号）将灯全部关闭。第二个人（2 号）将凡是 2 和 2 的倍数的灯打开。第三个人（3 号）将凡是 3 和 3 的倍数的灯做相反处理（该灯如为打开的，将它关闭；如为关闭的，将它打开）。以后的人都和 3 号一样，将凡是与自己相同的灯和是自己编号倍数的灯做相反处理。请问：当第 N 个人操作之后，哪几盏灯是点亮的？

6．排球占位问题。

排球场的平面图如图 6.25 所示，其中一、二、三、四、五、六为位置编号，二、三、四位置在前排，一、六、五位置在后排。某女排队在开赛时于一、四位置放主攻手；二、五位置放二传手；三、六位置放副攻手。队员所穿球衣号分别为 1、2、3、4、5、6 号。可是每个队员的球衣号都与她们的位置号不同。已知 1 号、6 号队员不在后排；2 号、3 号队员不是二传手；3 号、4 号队员不在同一排；5 号、6 号队员不是副攻手。请编一个程序，推算出每个队员的占位情况。

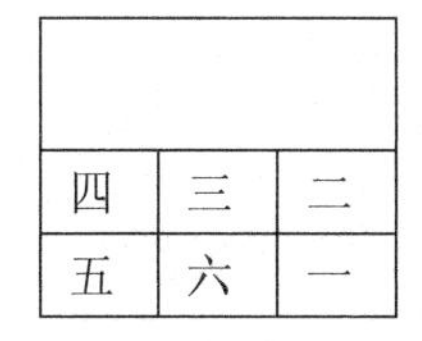

图 6.25　排球场位置编号

7．请编一个矩阵乘法的程序。

n×p 阶矩阵 A 与 p×m 阶矩阵 B 的乘积 C 是一个 n×m 阶矩阵。C 的任何一个元素 C_{ij} 的值为 A 矩阵的第 i 行和 B 矩阵的第 j 列的 p 个对应元素乘积的和，即

$$C_{ij}=\sum_{k=1}^{p} A_{ik}B_{kj}$$

其中 p 为 A 矩阵的列数，也是 B 矩阵的行数，又称为两个相乘矩阵的内阶数。两矩阵相乘的必要条件是内阶数相等，限定 2≤i，j，p≤5。

建议使用二维数组，数据可在定义数组时经初始化赋给，也可由键盘输入。

8．A 是一个 4 位数，且是一个完全平方数；B 是一个 4 位数，且每一位的数字都相同；C 也是一个 4 位的完全平方数。已知 C=A–B，请编程求出所有这样的 4 位数 A。

9．将 1，2，…，9 分成 3 个一组，共 3 组，组内的数字不会重复，组间的数字也不会重复。每组中的 3 个数字可任意排列，组成一个三位数。已知这 3 个数都是完全平方数，求这 3 个数。

10．一个数如果从左往右读和从右往左读数字是相同的，则称这个数为回文数，比如 898、1221、15651 都是回文数。求：既是回文数又是质数的 5 位十进制数有多少个？

11．请把从午夜 0 点起到中午 12 点（计为从 00:00:00 到 12:00:00）时钟的时针、分针和秒针 3 针重合于同一位置的时刻计算出来。为实际编程方便，当 3 针中两两之间的夹角小于 1°时即认为重合了。

12．求数字的乘积根。

定义：正整数中的各位非零数字的乘积称为该数的数字乘积。如 1620 的数字乘积为 1×6×2=12，12 的数字乘积为 1×2=2。

定义：正整数的数字乘积根为反复取该整数的数字乘积，直到最后的数字乘积为一位数字，这个一位数字就称为该正整数的数字乘积根。

例如，1620 的数字乘积为 1×6×2=12，12 的数字乘积为 1×2=2，因此 2 为 1620 的数字乘积根。

编程要求：从键盘输入一个不超过 6 位数字的正整数，求该数的数字乘积根。

13．请编一个程序，可以将英语规则名词由单数变成复数。已知规则如下：

（a）以辅音字母 y 结尾，则将 y 改成 i，再加 es；

（b）以 s、x、ch、sh 结尾，则加 es；

（c）以元音 o 结尾，则加 es；

（d）其他情况直接加 s。

要求用键盘输入英语规则名词，屏幕输出该名词的复数形式。

第 7 章　数据的组织与处理（2）—— 结构

教学目标

- 结构体的概念
- 结构数组
- 链表

内容要点

- 结构体类型的定义
- 结构体变量的定义和引用
- 结构体变量的初始化
- 结构数组
- 指针和结构
- 链表
- 链表的建立、插入和删除
- 循环链表

7.1　结构与结构数组

前一章介绍了数组，数组中的每一个元素都必须是相同类型的数据。在实际应用中常常需要将不同类型的数据放在一起，使数据处理起来更为直观方便。比如一个学生的信息，包括姓名、性别、出生年月日、身高和体重，如果能汇总在一起，对于统计个人信息会十分方便。为此，引入结构体的概念。

7.1.1　结构体类型的定义

结构体可以用来表示一组不同类型的数据。尽管这些数据的类型不同，但却有内在的联系，比如学生的个人信息有如下 5 项：

（1）姓名：汉语拼音，最多 20 个字符；

（2）性别：M/F；

（3）生日：19841107（年月日）；

（4）身高：1.74 (m)；

（5）体重：51.5 (kg)。

可以定义一个名为 student 的结构体，将 5 项信息包容在一起，构成学生的个人信息：

```
struct student
{
    char name[20];              //姓名
    char sex;                   //性别
```

```
    unsigned long birthday; //生日
    float height;           //身高
    float weight;           //体重
};
```

struct 是结构体类型的标志。结构体名 student 是编程者自己选定的。大括号所括起来的 5 条语句是结构体中 5 个成员的定义。注意：结构体定义之后一定要跟一个“;”号。结构体类型定义的格式为：

```
struct 结构体名
{
    类型名 1  成员名 1;
    类型名 2  成员名 2;
    …
    类型名 n  成员名 n;
};
```

7.1.2 结构体变量的定义和引用

请先看下面程序，结合这个程序介绍怎样使用已定义好的结构体，如何访问结构体中的成员，以及怎样给结构体成员赋值等问题。

```
#include <iostream>
using namespace std;

struct student                //定义结构 student
{
    char name[20];
    char sex;
    unsigned long birthday;
    float height;
    float weight;
};

int main()
{
    student my;               //定义 my 为 student 类型的变量
    cout << "输入自己的数据" << endl;
    cout << "姓名(汉语拼音)\n"//显示提示
         << "性别(M/F)\n"
         << "生日(年月日)\n"
         << "身高(m)\n"
         << "体重(kg)\n"
         << endl;

    cin >> my.name            //依次输入个人信息
        >> my.sex
```

```
        >> my.birthday
        >> my.height
        >> my.weight;

    cout << my.name << endl;  //依次输出个人信息
    cout << my.sex << endl;
    cout << my.birthday << endl;
    cout << my.height << endl;
    cout << my.weight << endl;

    return 0;
}
```

程序中 student my;是定义一个名为 my 的结构体变量。这时可以将 student 理解为是一种数据类型，就像 int 是整数的数据类型，在定义整型变量 a 时，程序语句为 int a;所不同的是：int 是系统定义好的类型名，而 student 是编程者自己起的类型名。在这里 student 是含有 5 个成员的特定的描述个人信息的结构体类型，而 my 是这种结构体类型的变量。

定义结构体类型，只是说明了该种类型的组成情况，系统不会为它分配内存空间，就像系统不为 int、float 等类型本身分配内存空间一样。只有在定义结构体变量时，系统才会给这个变量分配内存空间。也就是说系统不会给 student 分配内存空间，而是给变量 my 分配内存空间。

变量 my 属于 student 结构体类型，有 5 个成员。用点操作可以访问 my 的成员，分别为 my.name、my.sex、my.birthday、my.height 和 my.weight。图 7.1 中画出了 my 及其成员。

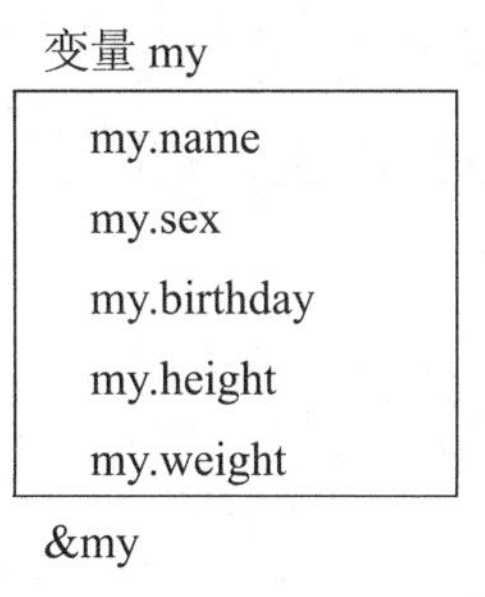

图 7.1　my 结构体变量

&my 是变量 my 的地址（连成一片的内存单元的首地址）。变量 my 的每一个成员都需要与其数据类型相对应的内存空间，5 个成员的内存空间总和就是变量 my 所占的空间。

student my;之后的代码为指示信息，提醒按顺序输入个人信息。接下来依次输入 my 变量的 5 个成员，再依次输出 my 变量的 5 个成员。在这些语句中，重要的是对点操作符的理解。对结构体变量的引用要用到点操作符。为便于记忆，不妨将“.”读作“的”。这样，cout << my.name 读作输出 my 的 name 成员。

7.1.3　结构体变量的初始化

与普通变量一样，结构体类型的变量也可以在定义时进行初始化。比如：

```
struct person
{
   char name[10];
   unsigned long birthday;
   char placeofbirth[20];
} per = {"Li Ming", 19821209, "Beijing"};
```

person 是结构体类型名，per 是 person 类型结构体的变量，赋值号后的大括号中的 3 项内容对应结构体变量中的 3 个成员。可以理解为：

```
per.name <= "Li Ming";
per.birthday <= 19821209;
per.placeofbirth <= "Beijing";
```

上述定义和初始化同时完成了 3 件事：

（1）定义了名为 person 的结构体类型。

（2）定义了名为 per 的 person 结构体类型的变量。

（3）给 per 变量中的 3 个成员赋值。

可谓“一步到位”。还可以分两步做，先定义结构体类型，再定义该类型的变量并将变量初始化，参见下面的程序：

```
struct person
{
   char name[10];
   unsigned long birthday;
   char placeofbirth[20];
};
person per = {"Li Ming", 19821209, "Beijing"};
```

7.1.4 结构数组

结构也可以构成数组，即数组元素是结构，当然要求这一类数组的全部元素都应该是同一类结构。

先看下例，例中有同宿舍的 4 名同学的数据，构成一个含有 4 个元素的结构数组。

```
#include <iostream>
#include <cstring>
using namespace std;

struct student  //定义结构 student
{
   char name[20];
   char sex;
   unsigned long birthday;
   float height;
   float weight;
};
```

```
student room[4] = { //定义 student 结构数组，并初始化
    {"Lixin", 'M', 19840318, 1.82, 65.0},
    {"Zhangmen", 'M', 19840918, 1.75, 58.0},
    {"Helei", 'M', 19841209, 1.83, 67.1},
    {"Geyujian", 'M', 19840101, 1.70, 59.0}};

int main()
{
    student q;          //定义 q 为 student 结构的变量

    //按年龄大小对 4 位同学进行排序
    int i = 0;
    int j = 0;
    for (j = 0; j < 3; j++)
    {
        for (i = 0; i < 3 - j; i++)
        {
            if (room[i].birthday > room[i+1].birthday)
            {
                q = room[i];
                room[i] = Room[i+1];
                room[i+1] = q;
            }
        }
    }

    for (i = 0; i < 4; i++)
    {
        cout << room[i].name << "\n"
             << room[i].sex << "\n"
             << room[i].birthday << "\n"
             << room[i].height << "\n"
             << room[i].weight << "\n";
    }

    return 0;
}
```

程序中定义了一个包含 5 个成员的名为 student 的结构类型，定义了名为 room 的 student 类型的结构数组，并以 4 个人的姓名、性别、生日、身高、体重的数据对数组 room 进行初始化。初始化后 room[0]至 room[3]中的内容如图 7.2 所示。这里结构数组元素值不是单一的数值（或字符），而是由不同类型数据组合而成的结构。数组中的元素都是相同的结构。不同下标的数组元素对应不同人的个人信息。

程序中按年龄大小对 4 个人进行排序，使用的排序方法仍是冒泡排序法。这里要重点理解 room[i].birthday 的含义：下标为 i 的结构数组 room[i]的 birthday 成员，如 i 为 0，则这

room[0]	"Lixin", ' M ', 19840318, 1.82f, 65.0f
room[1]	"Zhangmen", ' M ', 19840918, 1.75f, 58.0f
room[2]	"Helei", ' M ', 19841209, 1.83f, 67.1f
room[3]	"Geyujian", ' M ', 19840101, 1.70f, 59.0f

图 7.2　名为 room 的结构数组

个成员是个长整数 19840318。if 语句是比较下标为 i 与下标为 i+1 的两个 room 数组元素的 birthday 成员值，根据前者大于后者的条件，让 room[i]与 room[i+1]进行交换。这种交换是整体交换，即 5 个成员一起交换。

程序最后是输出排序后的结果。

练习

（1）上机运行上述程序。

（2）若要求按身高排序，请改写程序，并上机运行。

7.2　指针和结构

前面已经了解了结构的定义、赋值与应用的有关知识。再深入一步，结构这种数据也是存储到内存单元中的，因此它也有地址。怎样得到这个地址呢？可以用取地址操作符&来得到结构变量的地址。有地址的变量就可以使用指针来访问它，参见以下程序。

```
#include <iostream>
#include <cstring>
using namespace std;

struct student              //定义结构 student
{
   char name[20];           //姓名
   char sex;                //性别
   unsigned long birthday;  //生日
   float height;            //身高
   float weight;            //体重
};

int main()
{
   student my;              //定义 my 为 student 结构的变量
   student *point;          //定义 point 为指向 student 结构的指针
   point = &my;             //将指针 point 向结构 my

   //这是一个赋值函数，它可以将字符串复制到指针所指向的 name 成员中
   strcpy(point->name, "Wang Xiaorong");
   point->sex = 'F';                //输入学生数据
   point->birthday = 19840923;
```

```
    point->height = 1.62;
    point->weight = 51.5;

    cout << my.name << endl;       //输出该学生数据
    cout << my.sex << endl;
    cout << my.birthday << endl;
    cout << my.height << endl;
    cout << my.weight << endl;

    return 0;
}
```

程序说明

（1）语句 student *point 是定义一个指向结构 student 的指针 point。

（2）语句 point=&my 是将名为 my 的结构（这个结构也是 student 结构）的地址赋给指针 point。这时 point 指向 my 结构，如图 7.3 所示。

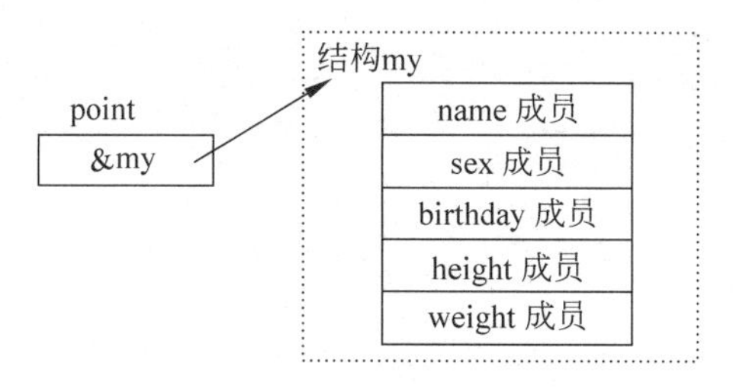

图 7.3　指针指向结构

（3）有了指向结构的指针，就可以通过箭头操作符“->”来访问结构的成员。例如：

```
point->birthday = 19840923;
point->sex = 'F';
point->height = 1.62;
point->weight = 51.5;
```

都是给结构成员赋值的语句。

（4）strcpy(point->name, "Wang Xiaorong")是利用库函数将名字复制到 my 结构的 name 成员中，当然也可以用其他语句。这里用这个函数是为了让大家知道有这个函数，以后可供使用。

顺便说明，点操作符和箭头操作符可以互换使用。以下 3 种访问结构成员的写法是等价的：point->name、(*point).name 和 my.name。

7.3 链　　表

链表属于动态数据结构，可以类比成一“环”接一“环”的链条，这里每一“环”视作一个结点，结点串在一起形成链表。这种数据结构非常灵活，结点数目无须事先指定，可以临时生成。每个结点有自己的存储空间，结点间的存储空间也无须连续，结点之间的串连由指针来完成，指针的操作又极为灵活方便，习惯上称这种数据结构为动态数据结构。这种结构的最大优点是插入和删除结点时方便，无须移动大批数据，只需修改指针的指向。这是编程中十分重要的一种数据类型。

【任务 7.1】 某电视台希望王小二同学为之编一个程序。该程序可以将节目串在一起，形成一份有序的节目预告。节目列表有如下 3 项要求：

（1）节目名称，包括新闻联播（CCTV News）、祖国各地（Motherland）、体育之窗（Sports）、学校见闻（College）和电影展播（Movie）；

（2）节目主持人；

（3）播放时间长度。

可以将每一个节目单独放在一个结构里，每一个结构称为一个结点，用一个指针把两个结构连在一起，一天的节目形成一条链表。用一个所谓的头指针 head 指向链表的第一个结点，如图 7.4 所示。

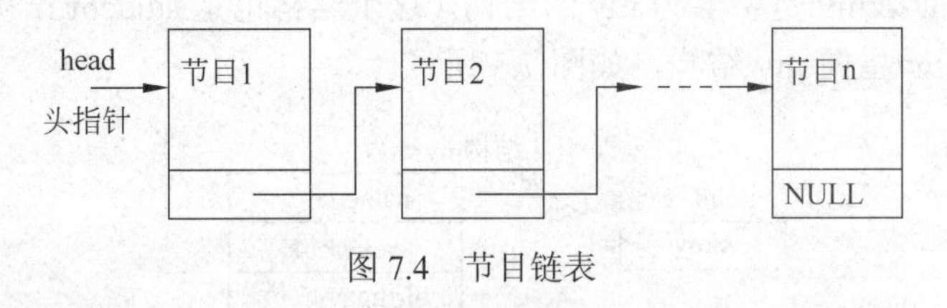

图 7.4　节目链表

7.3.1　建立链表的过程

以下程序是建立链表的过程。

```
#include <iostream>
using namespace std;

struct ActList            //定义一个名为 ActList 的结构类型
{
   char ActName[20];     //节目名为字符数组
   char director[20];    //主持人为字符数组
   int Mtime;            //节目长度为分钟
   ActList *next;        //指向 ActList 结构的指针
};
ActList *head;            //链表头指针

ActList *Create()         //定义一个指向 ActList 结构的指针函数，名为 Create
{
   ActList *p = NULL;    //指针，指向一个待插入的结点
   ActList *q = NULL;    //指针，用于在其后插入结点
   head = NULL;          //一开始链表为空
   int time;             //节目时长，如为 0 则退出
   //以下是给新结点输入节目信息
   cout << "输入节目时长：";
   cin >> time;
   while (time != 0)     //当该节目的时长不为 0 时，将其纳入链表中
```

```
    {
        p = new ActList; //分配内存空间给 p 结点
        p->Mtime = time; //让 time 赋给 p 结点的结构成员 Mtime
        cout << "输入节目名称：";
        cin >> p->ActName;
        cout << "输入主持人：";
        cin >> p->director;

        if (head == NULL) //head 为空，说明要插入第一个结点
            head = p;       //让头指针指向结点 p
        else                //否则不是头结点
            q->next = p;    //应将 p 结点插入到 q 结点的后面
        q = p;              //q 指向当前最后一个结点

        cout << "输入节目时长：";
        cin >> time;        //输入下一个节目时长
    }  //一旦跳出 while 循环，说明有一个节目时长为 0

    if (head != NULL)    //头指针不空，链表至少有一个结点
        q->next = NULL;  //让 q 所指的最后一个结点的指针域为空，说明这已是链尾了
    return head;         //返回头指针
}

//定义显示节目列表的函数，参数是头指针 head
void displayList(ActList *head)
{
    cout << "显示节目列表\n";
    while (head != NULL) //当指针 head 不空，则输出
    {
        cout << head->Mtime << endl
             << head->ActName << endl
             << head->director << endl
             << endl;
        head = head->next;
    }
}

int main()
{
    //调用子函数 displayList()
    //调用时的实参为 Create() 函数的返回值
    displayList(Create());
    return 0;
}
```

程序说明

（1）先从主函数说起。主函数只有一条语句 displayList(Create())，它调用子函数

displayList，该子函数的形参为 ActList *head，是一个指向 ActList 结构的名为 head 的指针变量。在主函数调用 displayList 时所用的实际参数是来自 Create()函数的返回值。从 Create()的定义 ActList *Create()看出，Create()函数的返回值应该是一个指向 ActList 的指针。

主函数在调用子函数时，又遇到该函数的实参，它是调用另一个函数之后的返回值。看起来很复杂，但是耐心分析之后，会感到并不难。

（2）程序开头为结构定义。在这里称这样的一个结构为一个结点。这个结点包含两个域，即数据域和指针域。

```
char ActName[20];     //数据域
char director[20];
int Mtime;
ActList *next;        //指针域
```

数据域中存储有节目的信息，而指针域装的是指向另一个结点的地址。显然这是为形成链表而专门设置的。

（3）在定义 Create 函数之前，先定义了一个指向结构的头指针 head，即 ActList*head。

（4）定义 Create 函数，该函数可返回指向 ActList 结构的指针，即 ActList*Create()，这个函数的功能可分如下 3 块。

① 定义：

```
ActList *p = NULL;
ActList *q = NULL;
Head = NULL;
int time;
```

定义了两个指向结构 ActList 的指针 p 和 q，并初始化为空，即未指向任何地址。同时让头指针 head 也为空。再定义一个临时变量 time 为一个整型数。

② 提示“输入节目时长”之后，由键盘输入，用了下面两条语句：

```
cout << "输入节目时长:";
cin >> time;
```

这部分程序语句是为下面的 while 循环做准备的。如果 Time 不为 0，才执行下面的这些语句。

③ while (time != 0)循环，在当循环的循环体内完成建立链表的过程。首先给 p 结点分配内存空间。这个内存空间的大小要根据 p 结点的定义（p 结点是 ActList 结构）来确定。p 结点有了内存空间，就可以给它的各个成员赋值了。接着就是几个赋值语句：

```
p->Mtime = time; //让 time 赋给 p 结点的结构成员 Mtime
cout << "输入节目名称：";
cin >> p->ActName;
cout << "输入主持人：";
cin >> p->director;
```

接着是一个分支语句：

```
if (head == NULL) head = p;
```

如果头指针为空，表示链表还是空的，这时 p 结点就是第一个结点。让 head 赋值为 p，即让 head 指向 p 结点。之后让 q = p，这是让 q 指向刚进入链表的结点，让 p 再去指向待加入的结点。如果 p 结点已不是第一个结点了，head 必不为 NULL，因此要转至 else 分支，即 g->next = p;。

将此时的 p 结点放到 q 所指向的结点后面。之后让 q = p，即让 q 指向刚进入链表的结点，腾出 p 去指向下一个待加入的结点。

接下来输入下一个节目时长：

```
cout << "输入节目时长：";
cin >> time;                  //输入下一个节目时长
```

至此，while 语句的循环体结束。当 time 值不为 0，就会有结点加入链表，继续执行循环体。一旦 time 为 0，则跳出 while 循环。

④ 执行两条语句：

```
if (head != NULL)             //头指针不空，链表至少有一个结点
    q->next = NULL;           //让 q 所指的最后一个结点的指针域为空，说明这已是链尾了
return head;                  //返回头指针
```

第一条是说，如果 head 不空，说明链表已建成，这时 q 一定是最后一个结点，将该结点的指针域置成空，以表明它是链尾。

第二条 return head 将这条链表的头指针 head 返回。这件事意味着执行完 Create 函数后得到 head 指针所指向的地址，这个地址就是链表中的第一个结点的地址。这时对主函数而言，displayList(Create())就是 displayList(head)，调用 displayList(head) 就会将整个链表从头至尾输出。

建立链表的过程可归纳为如下步骤：

（1）定义 ActList 结构，结构中包含数据域和指针域。将一个结构看作一个结点。

（2）定义一个指向结构的指针 head，准备用来指向链表的第一个结点。

（3）定义一个指向 ActList 结构的指针函数，命名为 Create 函数，该函数返回的是创建好的链表的头指针 head。

Create 函数定义指向 ActList 结构的两个指针 p 和 q，定义后立即初始化为 NULL，即不指向任何地址。再让头指针 head 为 NULL，也是不指向任何地址，表示该链表尚未建立，一个结点也没有。然后定义一个中间变量节目时长 time，当 time 为 0 时，建立链表的过程应该结束。

程序的构思是，只要 time 不为 0，就要构建链表。构建的思路是将一个一个的结点依次加至链表里来。首先给 p 找一个能够指向的内存空间，这是给 p 结点分配一片内存空间，如图 7.5 所示。

然后通过键盘输入，往这个空间中装入与节目有关的信息。装完之后判断一下 head 是否为空，如为空，则 p 结点为第一个结点，让 head 指向 p 结点就完成了有一个结点的链表。之后让 q 赋值为 p，即让 q 指针指向刚加入链表的结点，将 p 指针腾出来去做加入下一个

结点的工作，如图 7.6 所示。

当 time 不为 0，p 又被分配了内存空间，形成了第二个结点，装入节目信息后，判断 head 不再为空，说明前面已有结点在链表中。这时要将第二个结点放到 q 所指向的结点的后面，即执行 q->next = p，如图 7.7 所示。

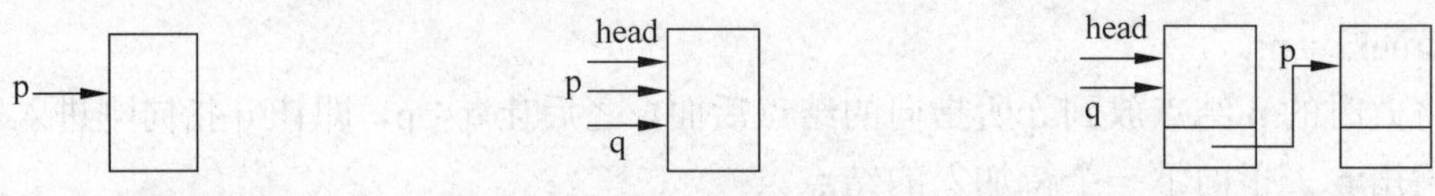

图 7.5　给 p 分配内存空间　　图 7.6　链表第一个结点的建立　　图 7.7　链表第二个结点的建立

再将 q 指针移到第二个结点上，将 p 指针腾出来去做下一个结点的工作，如图 7.8 所示。

第三个结点加入链表的过程如图 7.9 所示。

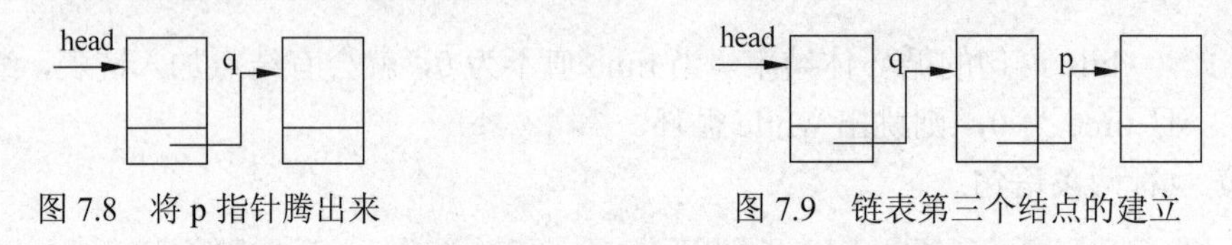

图 7.8　将 p 指针腾出来　　图 7.9　链表第三个结点的建立

最末一个结点连至链表的尾部之后，要在 q 指针所指向的最后一个结点的指针域加上 NULL，表示这里是链尾了，后面再也无连结点了，如图 7.10 所示。

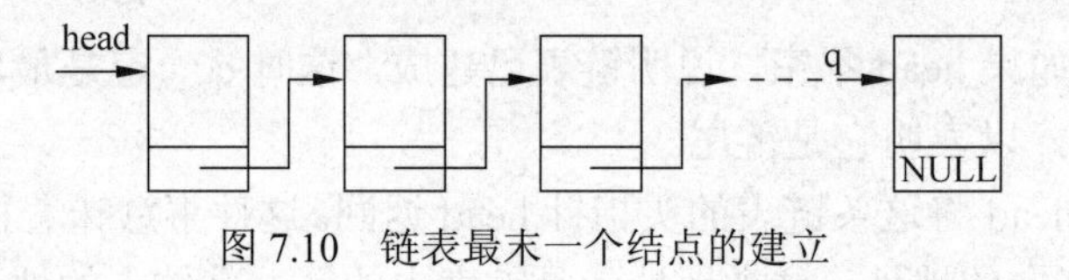

图 7.10　链表最末一个结点的建立

7.3.2　链表结点的插入与删除

1．链表结点的插入

链表结点插入的原则是：

（1）插入操作不应破坏原链接关系；

（2）插入的结点应该在它该在的位置，即应该有一个插入位置的查找子过程。

先看下面一个简单的例子：已有一个如图 7.11 所示的链表。它是按结点中的整数域从小到大排序的。现在要插入一个结点，该结点中的数为 10。这时只要先让 10 中的指针指向 12，之后再将从 8 指向 12 的指针改为指向 10，如图 7.11 所示，插入过程就完成了。

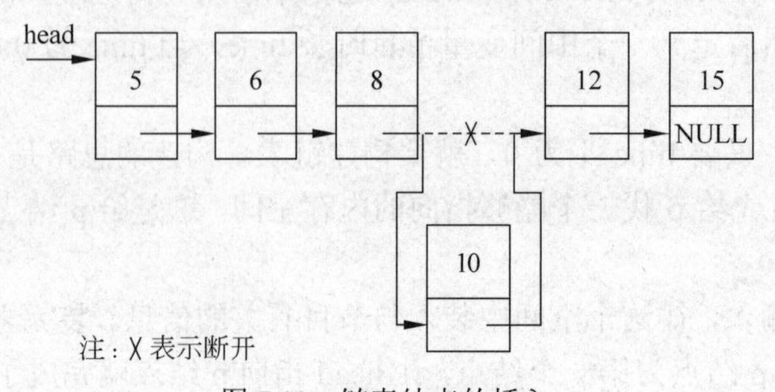

图 7.11　链表结点的插入

参考程序如下：

```
#include <iostream>
using namespace std;

struct numST                        //结构声明
{
    int num;                        //整型数
    numST *next;                    //numST 结构指针
};

//被调用函数 insert()，两个形参分别表示链表和待插入的结点
void insert (numST *&pHead, numST *pNode)
{
    struct numST *q, *r;            //定义结构指针 q, r
    //第一种情况，链表为空
    if (pHead == NULL)
    {
        pHead = pNode;              //链表头指向 pNode
        return;                     //完成插入操作，返回
    }

    //链表不为空
    //第二种情况，pNode 结点 num 值小于等于链表头结点的 num 值
    //则将 pNode 结点插到链表头部
    if (pNode->num <= pHead->num)
    {
        pNode->next = pHead; //将 pNode 的 next 指针指向链表头 pHead
        pHead = pNode;              //将链表头赋值为 pNode
        return;
    }
    //第三种情况，循环查找正确位置
    r = pHead;                      //r 赋值为链表头
    q = pHead->next;                //q 赋值为链表的下一个结点
    while (q != NULL)               //利用循环查找正确位置
    {
        //判断 pNode 结点的 num 是否大于当前结点 num
        if (pNode->num > q->num)
        {
            r = q;                  //r 赋值为 q，即指向 q 所指的结点
            q = q->next;            //q 指向链表中相邻的下一个结点
        }
        else                        //找到了正确的位置
            break;                  //退出循环
    }

    //将 pNode 结点插入正确的位置
```

```
    r->next = pNode;
    pNode->next = q;
}

//被调用函数，形参为 numST 结构指针，用于输出链表内容
void print(numST *pHead)
{
    int k = 0;              //整型变量，用于计数
    numST *r = pHead;       //定义 r 为 numST 结构指针，并赋值为 pHead，即指向链表头
    while (r != NULL)       //链表指针不为空则继续
    {
        cout.width(2);      //设置输出的序号 k 所占的宽度
        k = k + 1;
        cout << k << " : " << r->num << endl;
        r = r->next;        //取链表中相邻的下一个结点
    }
}

int main()
{
    numST *pMHead = NULL;    //numST 型结构指针，链表头
    numST *pMNode = NULL;    //numST 型结构指针，要插入的结点
    //两个指针均初始化为空
    //分配 3 个 numST 结构的内存空间，用于构造链表
    pMHead = new numST;
    pMHead->next = new numST;
    pMHead->next->next = new numST;

    //为链表中的 3 个结点中的 num 赋值为 5,10 和 15
    pMHead->num = 5;
    pMHead->next->num = 10;
    pMHead->next->next->num = 15;
    pMHead->next->next->next = NULL;  //链表尾赋值为空

    //构造一个结点 p，用于插入链表
    pMNode = new numST;
    pMNode->num = 12;
    pMNode->next = NULL;
    insert(pMHead, pMNode);         //调用 insert 函数将结点 pMNode 插入链表
    print(pMHead);                  //调用 print 函数，输出链表内容
    //与 new 对应，用 delete 释放空间…
    return 0;
}
```

先看主函数：

（1）定义两个 numST 型结构指针*pMHead 和*pMNode，并初始化 pMHead 和 pMNode 为 NULL。

（2）分配 3 个 numST 结构的内存空间，用于构造链表：

```
pMHead = new numST;
pMHead->next = new numST;
pMHead->next->next = new numST;
```

这 3 个 numST 结构的内存空间如图 7.12 所示。

下面用赋值语句往这 3 个空间中存放 num 数据。最后的一个结点为队尾，在其指针域存放 NULL。

```
pMHead->num  =5;
pMHead->next->num = 10;
pMHead->next->next->num = 15;
pMHead->next->next->next = NULL;
```

执行了这 4 条之后形成了一条链表如图 7.13 所示。

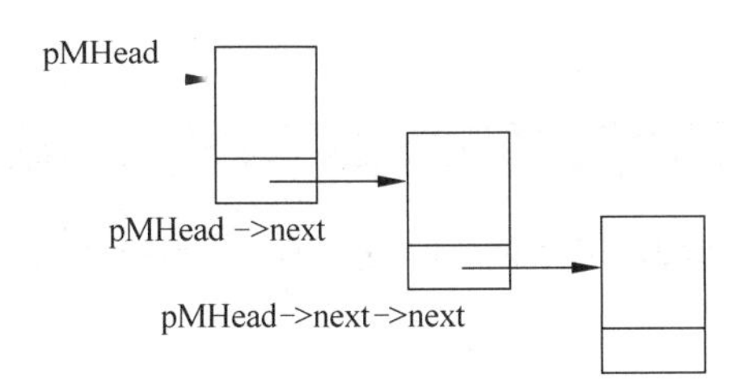

图 7.12　3 个 numST 结构的内存空间

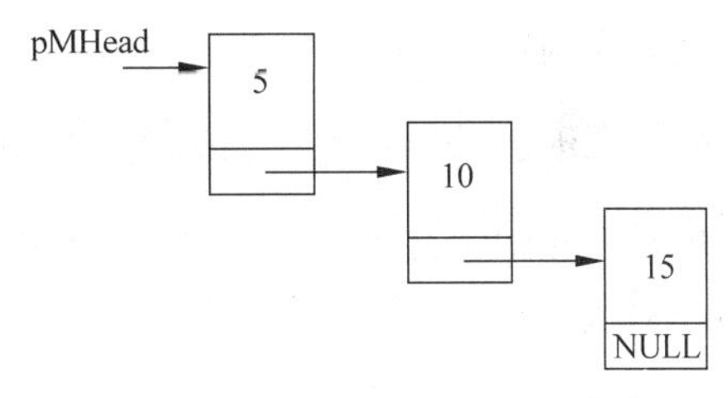

图 7.13　3 个 numST 结构形成的链表

该链表的头结点由 pMHead 所指向。

（3）构造一个结点 pMNode，在 pMNode 结点的数据域放 12，再插入链表：

```
pMNode  =new numST;
pMNode->num = 12;
pMNode->next = NULL
```

（4）调用 insert 函数来插入 pMNode 结点。语句为 insert(pMHead, pMNode);意思是将 pMNode 插入到以 pMHead 为队头的链表中。但这里在调用时，用 pMHead 作为实参，传递的是引用，而非传值，所以在函数体内对 pHead 的修改，就等价于对 pMHead 的操作。

下面介绍传值和传引用的区别。

① 如果是传值调用，如图 7.14 所示，主程序中的调用语句为：

```
insert(pMHead, pMNode);
```

被调用函数为：

```
void insert(numST *pHead, numST*pNode);
```

当实际参数 pMHead 赋给了形式参数 pHead 之后，pHead 就指向了已经存在的链表，如图 7.15 所示。

这时原来的主函数中的头指针 pMHead 就不再起作用了，而是子函数中的 pHead 起作用。假如现在 pNode 中的结点数据为 4，小于 5，应该将 pNode 插入到 pHead 所指向的结

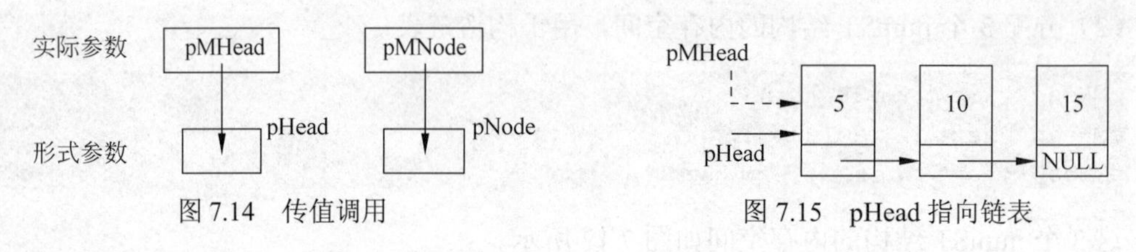

图 7.14　传值调用　　　　图 7.15　pHead 指向链表

点前，如图 7.16 所示。

被调用函数无法改变主函数的 pMHead。虽然在子函数内 pHead 被修改，指向了含有 4 个结点的链表头，但当函数返回后，主函数中的 pMHead 仍然指向链表后面的 3 个结点，新插入的结点并没有包含进去，所以要想将新插入到最前面的结点包含进去，就必须用传址或传引用。

② 如果是传引用调用，主程序中的调用语句为：

```
insert(pMHead, pMNode);
```

被调用函数为

```
void insert(numST *&pHead, numST *pNode);
```

先看 numST *&pHead，它是声明 pHead 为 numST 结构指针的引用，即 pHead 是“指向 numST 结构的指针”的引用，如图 7.17 所示。

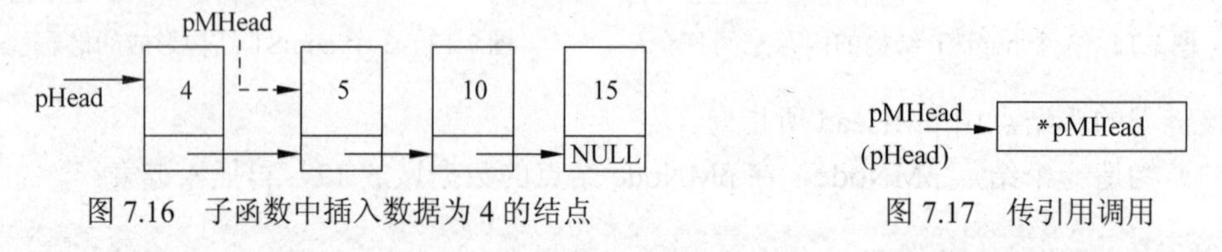

图 7.16　子函数中插入数据为 4 的结点　　　　图 7.17　传引用调用

主程序中的实参为链表头指针 pMHead 的引用，传给被调用函数的 pHead，在子函数中对 pHead 的操作就等价于对 pMHead 的操作。在主函数中 pMHead 为头指针，在被调用的子函数中 pHead 为头指针。pHead 和 pMHead 指向的是同一个单元，只不过分别称为不同的名罢了。当然在子函数中无论插入什么结点都会让 pHead 指向链表的头。自然返回到主函数后，pMHead 也会是指向同一链表的头。

从这个例子中可以领会传引用调用与传值调用的区别。

（5）这样在子函数做插入结点的过程中，头指针的改变也能反映到主函数中来。调用 print 函数，从 pMHead 开始输出整个链表的内容。

下面来研究 insert 函数。

前提是主程序已将两个实参传给了 insert 函数的两个形参，这时 pHead 是 pMHead 的引用，指向链表头，pNode 所指向的就是待插入的一个结点。事先定义两个结构指针 q 和 r。

第一种情况：pHead == NULL 说明主程序传过来的头指针为空，即链表为空，一个结点都不存在。这时待插入的 pNode 结点就是链表中的第一个结点。只要执行如下两条语句即可：

```
pHead = pNode;              //链表头指向 pNode
return;                     //完成插入操作，返回
```

在主程序中必然头指针 pMHead 指向 pMNode 结点。

第二种情况：pNode 结点的 num 值小于等于链表头结点的 num 值，即 pNode->num <= pHead->num，这时要将 pNode 结点插入到头结点的前面，执行如下 3 条语句：

```
pNode->next = pHead;        //将 pNode 的 next 指针指向链表头 pHead
pHead = pNode;              //将链表头赋值为 pNode
return;
```

这种情况如图 7.18 所示。

第三种情况：前两种情况，无论遇到哪一种，都会返回主程序，只要不返回就是第三种情况，即 pNode 结点的 num 大于等于头指针所指向的结点的 num 值。这时可以肯定地说 pNode 结点要插入到头结点之后，究竟要插到哪里则需要找到应该插入的位置。设指针 r 和指针 q，分别指向相邻的两个结点，r 在前，q 在后。

当满足 r->num < pNode->num <= q->num 时，pNode 就插在 r 与 q 之间，如图 7.19 所示。

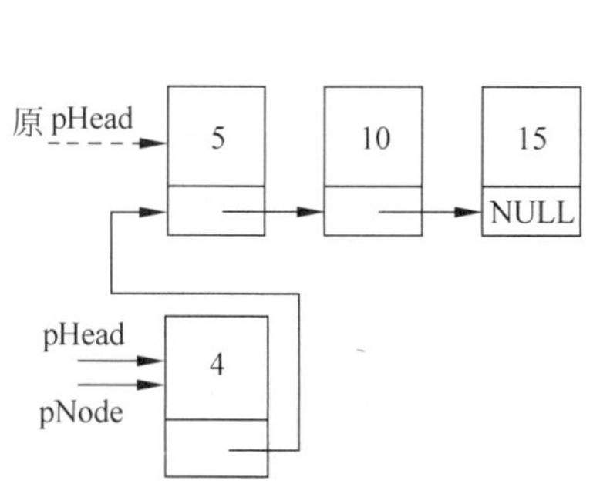

图 7.18　pNode 插入到头结点前

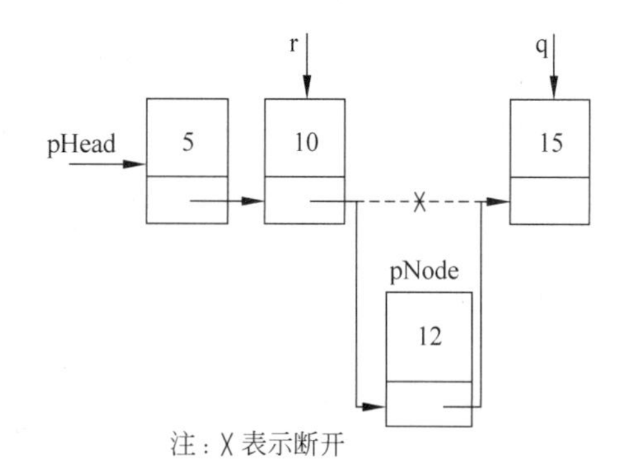

图 7.19　pNode 插在 r 与 q 之间

开始让 r = pHead，让 q = pHead->next。

① 当指针 q 为空指针时，说明原链表中只有一个结点，即 r 指向的结点，这时只要将 pNode 结点接在 r 之后即可。执行

```
r->next = pNode;
pNode->next = q;
```

② 如果 q != NULL，说明至少有两个结点在链表中。接着要判断 pNode 结点的 num 值是否大于 q 结点的 num 值。如果是，则说明 pNode 应插在 q 之后而不是之前，这时让 r 和 q 指针同时后移一个结点位置，即

```
r = q;
q = q->next;
```

在 q != NULL 的情况下，如果 pNode->num <= q->num，则说明找到了正确的插入位置，退出 while 循环，将 pNode 结点插入到 r 后，q 前即可。使用的语句为：

```
r->next = pNode;
pNode->next = q;
```

图 7.20 画出了该算法的结构框图。

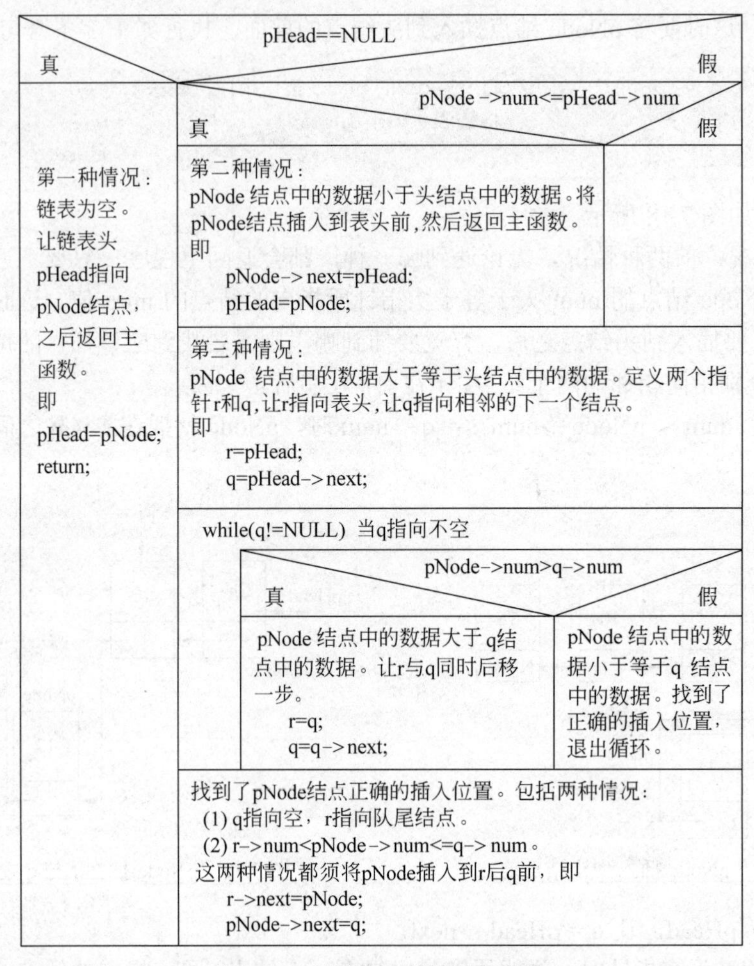

图 7.20 链表插入算法结构框图

2．链表结点的删除

同插入结点类似，删除链表的结点有如下原则：

（1）删除操作不应破坏原链接关系；

（2）删除结点前，应该有一个删除位置的查找子过程。

删除链表的结点也要考虑多种情况，请看下面的程序。

```
void del(numST *&pHead, int num)
{
   numST *p = NULL, *q = NULL;  //定义结构指针 p,q 并初始化
   if (pHead == NULL)           //链表为空，直接返回
      return;
   p = pHead;
```

```
    if (p->num == num)                //要删除的是链表头
    {
        pHead = p->next;              //链表头指向下一个结点
        delete p;                     //删除结点
        return;                       //返回
    }
    q = p->next;
    while (q != NULL)
    {
        if (q->num == num)            //q 结点就是要删除的结点
        {
            p->next  =q->next;        //将 q 结点从链表中去掉
            delete q;                 //删除结点
            return;
        }
        if (q->num > num)             //不存在要删除的结点
            return;
        p = q;                        //p 指向 q 所指的结点
        q = q->next;                  //q 指向下一个结点
    }
}
```

程序说明

（1）del 函数的作用是从 pHead 指向的链表中删除值为 num 的第一个结点。请分析该函数参数的传递情况。

（2）删除结点有 3 种情况：

① 链表为空，直接返回。

② 链表头就是要删除的结点。这时先用一个指针 p 暂存此结点，再让链表头指向相邻的下一个结点，最后将 p 结点删除，如图 7.21 所示。

③ 要删除的结点不在链表头。这时要查找该链表中是否有要删除的结点，如果没有则返回；如果有则删除。如果找到要删除的结点（指针为 q），为了不破坏原链表的链接关系，要将该结点的上一个结点链接到下一个结点上，因此先要暂存上一个结点的指针 p，然后让 p->next 指向 q->next 所指的结点，最后删除 q 指向的结点，如图 7.22 所示。暂存上一个结点的指针，可在查找要删除结点的同时进行，就像 del 函数中所做的那样。

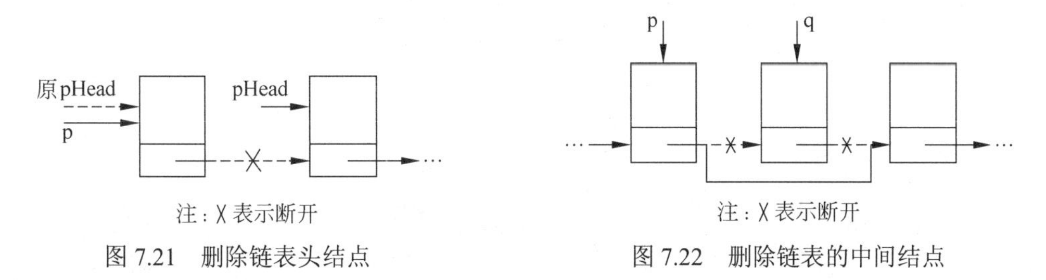

图 7.21　删除链表头结点　　　　图 7.22　删除链表的中间结点

建立链表时，动态申请的内存空间应该在程序结束前释放，即在程序结束之前将链表中的结点全部删除。请读懂下面的函数：

```
void release(numST *&pHead)      //删除 pHead 指向的链表
{
   numST *p = NULL, *q = NULL;  //定义指针 p，q 并初始化
   p = pHead;                   //p 指向链表头
   while (p != NULL)            //当链表非空
   {
      q = p->next;              //用 q 指针暂存下一个结点
      delete p;                 //删除 p 指向的结点
      p = q;                    //p 指向下一个结点
   }
   pHead = NULL;                //重要!!将链表置为空
}
```

思考

如果 while 循环改成下面一段程序行不行？

```
while (p != NULL)
{
   delete p;
   p = p->next;
}
```

7.3.3 循环链表

【任务 7.2】 猴子选大王。

n 只猴子围成一圈，顺时针方向从 1 到 n 编号。之后从 1 号开始沿顺时针方向让猴子从 1，2，…，m 依次报数，凡报到 m 的猴子，就让其出圈，取消候选资格。然后不停地按顺时针方向逐一让报出 m 者出圈，最后剩下一个就是猴王。

说明

如图 7.23 所示，有 8 只猴子围成一圈，m = 3。从 1#猴的位置开始，顺时针 1 至 3 报数，第一个出圈的是 3#；第 2 个出圈的是 6#，第 3 个出圈的是 1#；第 4 个出圈的是 5#；第 5 个出圈的是 2#，第 6 个出圈的是 8#；第 7 个出圈的是 4#。最后剩下一个是 7#，它就是猴王。

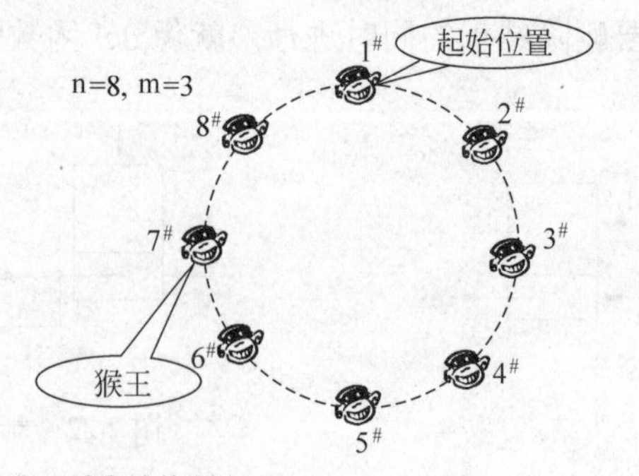

图 7.23 猴子选大王

可用循环链表来模拟这个选择过程。

（1）定义一个名为 mon 的结构：

```
struct monkey
{
    int num;            //用于记录猴子号
    monkey *next;       //monkey 结构指针
};
```

（2）将链表的头指针 head 和尾指针 tail 定义为全局变量：

```
monkey *head, *tail;
```

（3）主函数。用键盘输入猴子数 n，输入数 m，调用函数 create 建立一个循环链表，模拟众猴围成一圈的情况。该函数的实参为 n。调用函数 select，模拟 1～m 报数、让 n–1 只猴子逐一出列的过程，即在具有 n 个结点的循环链表按报数 m 删除结点的过程。该函数的实参为 m，最后输出猴王的编号。

（4）建立循环链表的函数 create(int nn)，其中 nn 为形式参数。要从编号 1 到编号 nn。思路是：

① 先做第一个结点，让其中的数据域 p->num 赋值为 1，让指针域赋值为 NULL。之后让链头指针 head 指向第一个结点。利用指针 q 记住这个结点，以便让指针 p 去生成下面的结点。

② 利用一个计数循环结构，做出第 2 个结点到第 nn 个结点，并将相邻结点一个接一个链接到一起。

③ 最后一个结点要和头结点用下一语句链接到一起，形成如图 7.24 所示的循环链表：

```
tail = q;
tail->next = head;
```

（5）建立删结点的函数 select(int mm)，mm 为形式参数。从 1 至 mm 报数，凡报到 mm 者删除其所在的结点。设计两个指针 p 和 q。一开始让 q 指向链表的尾部 q=tail。让 p 指向 q 的下一个结点。

开始时让 p 指向 1#猴所在的结点。用一个累加器 x，初始时 x = 0，从 1# 猴所在结点开始让 x = x + 1，如果 mm 是 1 的话，1#猴所在的 p 结点就要被删除，如图 7.25 所示。

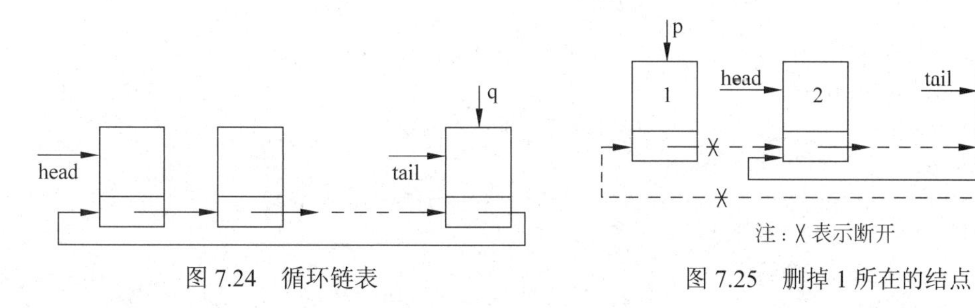

图 7.24　循环链表　　　图 7.25　删掉 1 所在的结点

有 4 条语句：

```
cout << "被删掉的猴子号为" << p->num << "号\n";
q->next = p->next;
delete p;
p = NULL;
```

这里 delete p 是释放 p 结点所占用的内存空间的语句。如果 mm 不是 1 而是 3，程序会在 do…while 循环中，让 x 加两次 1，q 和 p 一起移动两次，p 指向 3#所在结点，q 指向 2#所在结点，之后仍然用上述 3 条语句删去 3# 所在的结点，如图 7.26 所示。

这个 do…while 循环的退出条件是 q == q->next，即当只剩下一个结点时才退出循环，当然猴王非其莫属了。这时，让头指针 head 指向 q，head 是全局变量，在主程序最后输出猴王时要用 head->num，如图 7.27 所示。

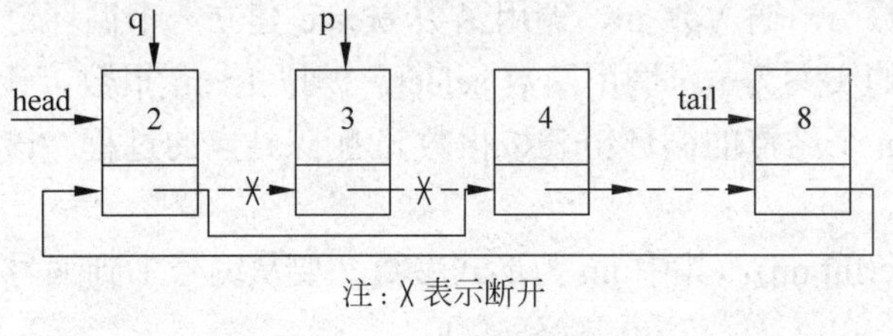

图 7.26　删掉 3 所在的结点

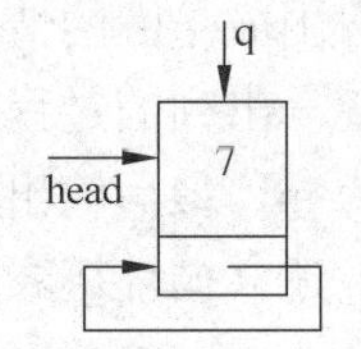

图 7.27　最后剩下猴王为 7#

参考程序如下：

```
#include <iostream>
using namespace std;

struct monkey
{
    int num;                    //用于记录猴子号
    monkey *next;               //monkey 结构指针
};
monkey *head, *tail;            //monkey 结构指针，全局变量

void create(int nn)
{
    int i;                      //用于计数
    monkey *p, *q;
    p = new monkey;
    p->num = 1;
    p->next = NULL;
    head = p;                   //链表头指针 head 赋值为 p
    q = p;
    for (i = 2; i <= nn; i = i + 1) //利用循环结构构造链表
    {
        p = new monkey;
        p->num = i;             //初始化 p 结点 num 域为 i，表示猴子号
        q->next = p;            //将 p 结点加到链表尾部
        q = p;                  //让 q 指向链表尾部结点
```

```
        p->next = NULL;         //链表尾部指向空
    }
    tail = q;                   //链表尾
    tail->next = head;          //链表尾部指向链表头，形成循环链表
}

//函数 select，mm 表示结点删除间隔
void select(int mm)
{
    int x = 0;
    monkey *p, *q;
    q = tail;                   //q 赋值为 tail，指向循环链表尾部
    do                          //直到型循环，用于循环删除指定间隔的结点
    {
        p = q->next;            //p 赋值为 q 相邻的下一个结点
        x = x + 1;
        if (x % mm == 0)        //x 是否整除 mm 表示是否跳过指定间隔
        {
            //输出被删掉的猴子号
            cout << "被删掉的猴子号为" << p->num << "号\n";
            q->next = p->next;//删除此结点
            delete p;           //释放空间
            p = NULL;           //p 赋值为空
        }
        else
            q = p;              //q 指向相邻的下一个结点 p
    }while (q != q->next);      //剩余结点数不为 1，则继续循环
    head = q;                   //head 指向结点 q，q 为链表中剩余的一个结点
}

int main()
{
    int n, m;
    head = NULL;

    cout << "请输入猴子数\n";
    cin >> n;

    cout << "请输入间隔 m\n";
    cin << m;

    create(n);                  //调用函数 create 建立循环链表
    select(m);                  //调用函数 select，找出剩下的猴子
    cout << "猴王是" << head->num << "号\n";     //输出猴王
    delete head;                //删除循环链表中最后一个结点
    return 0;
}
```

7.4 小　　结

（1）链表属于动态数据结构。要学会链表，需要弄明白指针是怎样将一个一个结点串连到一起的。

（2）学习链表建立过程，关键是掌握 3 个指针的作用。头指针 head 永远指向链表的第一个结点；对 q 指针，永远让它指向链表的最末一个结点；指针 p 每次都指向一个待插入的结点，且这个结点要插到 q 结点的后面。先使用语句 q->next = p，接着让 q 指针指向刚加入的 p 结点，使用 q = p 让 q 永远指向链表的最末一个结点，使用 q->next = NULL，这样就把 p 释放出来，又可去指向待插入的下一个结点。

（3）学习链表的插入过程与学习链表的建立过程有些类似，但要用 4 个指针：pHead、r、q 和 pNode。让 pHead 永远指向链表中的第一个结点，让 pNode 指向待插入的结点，让 r 和 q 为一前一后两个同步移动的指针，用来查找 pNode 结点的正确插入位置。一开始让 r 指向链表头，让 q 指向相邻的下一个结点，即 r = pHead，q = pHead->next，之后就比较 pNode 结点与 q 结点的 num 值。如果 pNode->num ＞ q->num，说明尚未找到正确的插入点，让 r 和 q 同步后移一个结点，即 r = q，q = q->next；如果 pNode->num ≤ q->num，则将 pNode 结点插入到 r 结点后，q 结点前，即 r->next = pNode，pNode->next = q。学习链表的插入过程，重点要掌握插入位置的查找过程。

（4）链表结点的删除，重点是在链表中查找到要删除的结点。如果 q 结点是要删除的结点，p 是前一个结点，q->next 所指向的结点是 q 后面的一个结点。用下面两句就可以将 q 结点删去：

```
p->next = q->next;
delete q;
```

（5）在使用链表时要养成一个好习惯，即在建立链表时所申请的内存空间应该在程序结束之前用一个子程序加以释放，即删除链表中的全部结点，且将链表头指针置为空。

（6）循环链表是在普通链表的基础上构建的。将链尾指针从指向空（NULL）改为指向链头（tail->next = head），就构成了循环链表。

习　　题

1. 按下表顺序输入某班的一个学习小组的成员表：

姓　名	赵达	钱亮	孙参	李思	周芜	武陆	郑琪
出生年月	1983	1983	1983	1982	1983	1983	1982
	1	3	2	9	5	4	6

将学习小组形成一个链表，每人一个结点。结点中有 4 个成员：姓名、出生年、出生月、指针。在链表中生日大者在前，小者在后。建成链表后输出该链表。

2．一年后钱亮同学调至其他学习小组，希望编程从原链表中删除钱亮所在结点，之后输出该链表。

3．定义一个名为 itm（多项式）的结构体：

```
struct itm
{
    int a;
    int m;
    struct itm *next;
};
```

声明 node 为结构体 itm 的变量，那么可以用 node 来表示多项式中的一项。比如 axm，当 a = 6，m = 5 时，可用结点表示为图 7.28。

6
5
next

图 7.28　多项式中的一项以链表结点表示

如果有多项式 $6x^5-4x^3+2x+7$，就可以构成一个链表，用于表示这个多项式，如图 7.29 所示。

如果还有另外一个多项式，比如 $7x^4+8x^3+3x$，又可以构成另一个链表，如图 7.30 所示。

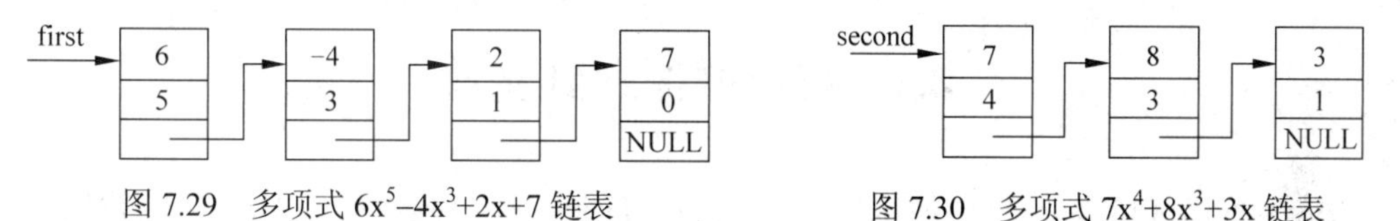

图 7.29　多项式 $6x^5-4x^3+2x+7$ 链表　　图 7.30　多项式 $7x^4+8x^3+3x$ 链表

要求编写一个程序将两个链表合并为一个，合并后的链表表示两个多项式相加的结果，且头指针为 first，即把 second 链表的内容“加”到 first 链表中去。

第 8 章　数据的组织与处理（3）—— 文件

教学目标

- 简单的文件流操作

内容要点

- 简单文件流操作
- 用输出文件流将数据写入文件

程序中各种常量和变量的值只在程序运行时有效，程序结束后就消失了。要把这些数据永久地保存下来，可以用文件的形式。文件可以被传输，也可以在随后被其他程序读取。我们所写的程序，可以在编程环境的支持下以文件的形式保存在磁盘上，也可以从磁盘上读入到编程环境中。

不管是读文件还是写文件，先要建立或打开这个文件。C++语言把文件看成有序的字节流，建立或打开一个文件，就建立了一个与该文件相关联的流。

在程序中进行文件处理，要包含头文件 fstream。该头文件中定义了文件处理相关的流，使用时与 cin 和 cout 非常相似。

8.1　将数据保存到文件

把数据输出到屏幕可以用标准输出流 cout，把数据输出到文件要用输出文件流。建立与某文件相关联的输出文件流，可以用下面的语句：

```
ofstream 变量名("文件名");
```

ofstream 是数据类型，表示输出文件流，用来声明该类型的变量。括号中的数据是对这个输出文件流进行初始化。文件名是一个字符串，告诉计算机这个输出文件流对应磁盘上哪一个文件。例如：

```
ofstream fout("a.dat");
```

定义了一个输出文件流 fout，同时将该输出文件流与文件 a.dat 相关联。

也可以先建立输出文件流，再与具体文件相关联，看下面的例子：

```
ofstream fout;
fout.open("a.dat");
```

fout 定义时没有与任何文件相关联，用 open()这个函数将它与文件 a.dat 关联起来。open()函数称为 ofstream 的成员函数，调用的时候前面要加“点”操作符，就像使用结构的成员一样。

对于操作系统来说，每打开一个文件就要分配一定的内存空间来进行管理，可同时打开的文件数目总是有限的。如果不同的程序试图打开同一个文件，可能会引起文件读写数据的冲突，操作系统会禁止这样的文件访问冲突。所以用上面两种方法将流与文件关联之后，还要测试文件是否已被正确打开。在进行具体的文件操作之前，应该保证文件已正确打开。

测试文件是否被正确打开的方法如下：

```
if (!fout)
{
…            //文件打开失败
}
```

如果因为某种原因，文件打开失败了，则应在上面代码中的省略号处有相应的语句予以处理。比如： 退出整个程序，停止运行；或者告诉用户打开文件出错（通过 cout 向屏幕输出文字信息），然后返回或退出。

文件正确打开后，就可以进行写文件的操作。例如，下面的语句就向 fout 所关联的文件中写入了三个整数和三个空格字符：

```
fout << 34 << ' ' << 48 << ' ' << 59 << ' ';
```

通过输出文件流，就把数据写入到文件里并保存起来。

完成文件操作之后，应该将文件关闭。关闭文件方法如下：

```
fout.close();
```

即调用文件流的成员函数 close()。

以下程序将某宿舍 4 名同学的数据写入到文件 Student.txt 中。请看程序：

```
#include <fstream>
#include <iostream>
using namespace std;

struct student
{
   char name[20];              //姓名
   char sex;                   //性别
   unsigned long birthday;     //生日
   float height;               //身高
   float weight;               //体重
};

int main()
{
   student room[4] = {         //定义 student 结构数组，并初始化
       {"Lixin", 'M', 19840318, 1.82, 65.0},
       {"Zhangmen", 'M', 19840918, 1.75, 58.0},
       {"Helei", 'M', 19841209, 1.83, 67.1},
```

```
        {"Geyujian", 'M', 19840101, 1.70, 59.0}};
    //将数据输出到 Student.txt 文件中
    ofstream fout("Student.txt");     //定义输出文件流
    if (!fout)                        //判断文件是否已打开
    {
        cout << "文件打开失败\n";
        return 0;
    }

    for (int i = 0; i < 4; i++)       //将学生数据写入文件
        fout << room[i].name
             << room[i].sex
             << room[i].birthday
             << room[i].height
             << room[i].weight << endl;

    fout.close();                     //关闭文件
    return 0;
}
```

程序定义了输出文件流 fout 并与文件 Student.txt 关联起来。使用 fout 输出数据是不是与使用 cout 一样？请运行程序，然后在工程目录下找到生成的文件 Student.txt，打开它看看内容是什么。

注意：当用输出文件流打开某文件时，如果该文件不存在，则会先建立这个文件；如果文件已存在，则会将文件中原来的内容清空。

8.2 从文件中读取数据

从文件中读取数据可使用输入文件流。建立与某文件相关联的输入文件流，可以用下面的方法：

```
ifstream 变量名("文件名");
```

其中 ifstream 是数据类型，表示输入文件流，用来声明该类型的变量。括号中的数据是对这个输入文件流进行初始化。文件名是一个字符串，告诉计算机这个输入文件流对应磁盘上哪一个文件。例如：

```
ifstream fin("a.dat");
```

定义了一个输入文件流 fin，同时将该输入文件流与文件 a.dat 相关联。

与 ofstream 的用法类似，也可以用下面的方法建立与某文件相关联的输入文件流：

```
ifstream fin;
fin.open("a.dat");
```

在使用输入文件流之前，同样要测试文件是否已被正确打开：

```
if (!fin)
{
…            //文件打开失败
}
```

如果打开文件出错（这是非常可能的，在实际程序中经常会碰到这种情况发生），应该马上告诉用户出错信息，在上面的省略号注释的地方通过相关语句进行一些善后处理，然后退出程序。如果文件打开已经出错的情况，仍然强行执行后面的语句（操作或计算），会引发更严重的程序错误，甚至导致程序崩溃和异常。一旦自己的程序真的遇见打开文件读数据的情况，应该仔细检查自己是否提供了正确的文件名以及相应的正确路径信息，也许只是拼写错了文件名就会导致不存在该文件的错误发生。

文件正确打开后，就可以进行读文件的操作。正确读入文件中的数据，需要知道该文件的数据组织格式。使用输入文件流从文件中读取数据的方法与使用 cin 类似。

完成读文件的操作后，应该关闭文件，调用成员函数 close()。

下面的程序是读取 8.1 节中生成的文件 Student.txt，将文件内容显示在屏幕上。

```
#include <iostream>
#include <fstream>
using namespace std;

struct student
{
   char name[20];                         //姓名
   char sex;                              //性别
   unsigned long birthday;                //生日
   float height;                          //身高
   float weight;                          //体重
};

int main()
{
   ifstream fin("Student.txt");           //定义输入文件流
   if (!fin)                              //判断文件是否已打开
   {
      cout << "文件打开失败\n";
      return 1;
   }
   cout << "姓名\t 性别\t 生日\t 身高\t 体重" << endl;
   student S;
   while (fin >> S.name >> S.sex >> S.birthday
            >> S.height >> S.weight)    //将 Student.txt 中的数据读入到 S 中
   {
      cout << S.name << "\t"              //输出数据
          << S.sex << "\t"
          << S.birthday  << "\t"
```

```
            << S.height  << "\t"
            << S.weight << endl;
    }
    fin.close();           //关闭文件
    return 0;              //主函数结束
}
```

将 8.1 节生成的 Student.txt 文件复制到当前工程的目录下，然后运行程序。请在程序中再使用一个输出文件流，将 cout 都替换成该输出文件流，运行程序后看到的新文件内容是不是与刚才屏幕显示的一样。

【任务 8.1】 统计一个文件中某字符串出现的次数。

分析

要统计一个文件中某字符串出现的次数，可以依次读入文件中每一个字符串，查找其中是否含有目标字符串。所读入的一个字符串可能包含多个目标字符串，因此当找到读入字符串中含有目标字符串时，还要看除去目标字符串之后剩下的串中是否还含有目标字符串。

下面的程序统计文件“count.cpp”所含字符串“str”的个数。

```
#include <iostream>
#include <fstream>
#include <cstring>
using namespace std;

int main()
{
    char file[] = "count.cpp";
    ifstream fin(file);
    if (!fin)
    {
        cout << "文件打开失败\n";
        return 0;
    }

    char Str[] = "str";                         //要统计的目标字符串
    int lenStr = strlen(Str);                   //目标字符串长度
    int n = 0;                                  //计数，初始化为 0
    char Word[50];                              //存储读入的字符串
    while (fin >> Word)                         //读入每一个词
    {
        char *NewWord = Word;                   //指向读入的字符串
        char *p = strstr(NewWord, Str);         //查找字符串
        while (p != NULL)                       //找到
        {
            n++;                                //计数加 1
            NewWord = p + lenStr;               //指向余下的串
            p = strstr(NewWord, Str);           //继续查找
```

```
        }
    }
    fin.close();

    cout << "文件" << file << "中共出现"
        << n << "个" << Str << endl;
    return 0;
}
```

程序说明

（1）main 函数的第 1 行定义了待统计文件的文件名，这里就是程序文件自身。

（2）后面 6 行，打开文件。

（3）再下面 3 行定义了要统计的目标字符串，并计算该串长度，计数值初始化为 0。

（4）接着定义一个字符数组，用于存放读入的字符串。这里假设文件中最长字符串长度不超过 49。

（5）然后从文件读入字符串，并查找该串中含有目标字符串的个数。查找方法如下：

① 让 NewWord 指向待查找的字符串。

② 查找目标字符串，如果找到，则计数加 1，并且让 NewWord 指向字符串余下的部分继续查找。

③ 上面的查找一直进行到不存在目标字符串为止。

（6）最后关闭文件，输出结果。

8.3　利用输入输出文件解交互类型的题

下面的一道例题要用到输入文件流以获取信息，用输出文件流发出测试命令和相关信息。题目取自 1995 年国际信息学奥林匹克竞赛试题，编程确定电缆中的导线与开关是怎样连接的。

【任务 8.2】 导线与开关问题：电缆中有 3 根导线，每一根导线都连接到某个开关上，开关也有 3 个，其中每一个可以连多根导线，也可以一根不连。如图 8.1 所示，在 B 端导线 2 连开关 1；导线 1 和 3 连开关 3；开关 2 不连导线。

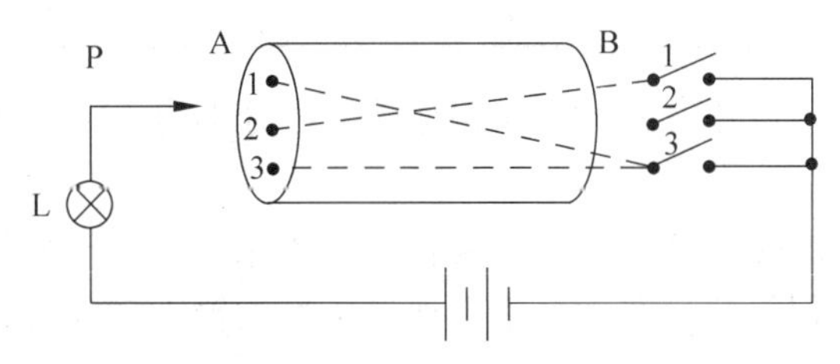

图 8.1　电缆测试示意图

请编写一个程序，功能是通过测试来确定导线与开关是怎样连接的。用一个探头 P（probe）在 A 端对导线进行测试，如果探头点到某根导线上，当且仅当该导线连在处于连通状态的开关时，灯 L（Lamp）才会亮。

程序从输入文件（input file）中读入一行，以得到数字 m（导线数）。之后可以通过向输出文件（output file）写入一行来发出命令。命令有如下 3 种，每种命令的开头是一个大写字母：

（1）测试导线命令 T，后面跟一个导线标号；

（2）改变开关命令 C，后面跟一个开关标号；

（3）完成命令 D，后面跟一个列表（List），该列表的第 i 个元素代表与导线 i 相连的开关号。

在命令 T 和 C 之后，程序应该从输入文件中读入一行。若开关状态能使灯亮，则命令 T 的回答应是 Y；反之应是 N。命令 C 的作用是改变开关的状态（若原来是接通，则变为断开；若原来是断开，则变为接通）。对 C 命令的回答被当作为一种反馈信号。

程序应可以给出一系列命令，将 T 命令与 C 命令的任意顺序混合使用。最后给出命令 D 并结束。

在程序中可以使用系统提供的两个函数：

（1）SetFileName (const char* szOutputFName, const char* szInputFName)：设定输入输出文件名，每次需要将要发出的命令写入输出文件。然后从输入文件中读取最后一行，以获得对当前命令的反馈。

（2）NotifyTester()：发出每一条命令后，调用此函数通知程序已经发出命令。

表 8.1 是对应图 8.1 的测试，具有 8 条命令的交互情况。

表 8.1　测试命令的交互情况

命令序号	输出文件	输入文件
—	—	3 (m=3)
1	C3（改变开关 3）	Y（开关 3 合上）
2	T1	Y（灯亮）
3	T2	N（灯不亮）
4	T3	Y（灯亮）
5	C3	N（开关 3 断开）
6	C2	Y（开关 2 合上）
7	T2	N（灯不亮）
8	D3 1 3	—

表 8.1 中 D3 1 3 表示与开关 3、1、3 相连的导线分别为 1、2、3。

【解题思路】

这道题目带有很强的交互性：程序需要根据输入来确定下一步的测试内容，而输入则是与测试命令（输出）相关的。在这里不再通过标准的输入（键盘）和输出（显示）进行交互，而是通过文件进行交互。

在做这道题目之前，首先要弄懂什么是输入文件，什么是输出文件？最好把题目上的例子先看懂。

就图 8.1 中导线与开关的连法而言，人在测试前是不知道的，但是要假定计算机应该知道。输入文件是计算机根据开关的状态及测试中导线和灯的情况给人提供的信息，而输出文件是人将自己的测试步骤告诉计算机。现在，就这个问题看一下测试图 8.1 所示电路用到的 8 条命令。

（1）程序一开始从输入文件中得到信息 m=3，说明有 3 个开关和 3 条导线。

（2）初始时将 3 个开关断开，有 C1=C2=C3=N，N 表示断开状态，Y 表示接通状态。

（3）第 1 条命令，人用输出文件通知计算机让开关 3 改变。计算机收到第 1 条命令 C3 后，判断这时应让开关 3 从断开变为闭合，因此作为提供给人的反馈信号，让程序从输入文件最后一行接收到一个 Y。

（4）第 2 条命令，人用输出文件通知计算机要测试导线 1，给出 T1，计算机根据它所知道的接线图，在 C3=Y 的情况下，探针 P 接导线 1，灯会亮，因此通过输入文件让程序接收 Y。

（5）第 3 条命令，人用输出文件通知计算机要测试导线 2，给出 T2，由于导线 2 不与开关 3 相连，计算机说灯不亮，输入文件给人的反馈信息为 N。

（6）第 4 条命令，输出为 T3（测导线 3），计算机回答 Y，灯亮。

（7）第 5 条命令，从输出 C3 通知计算机改变开关 3 的状态，计算机反馈回 N，表示开关 3 要从接通状态变为断开状态。

（8）第 6 条命令，输出 C2 通知计算机改变开关 2 的状态，计算机反馈回 Y，表示开关 2 要从断开状态变为现在的接通状态。

（9）第 7 条命令，输出 T2 通知计算机去测试导线 2。计算机在已知开关 2 接通的情况下，根据接线状况判断出灯不会亮，从输入文件告诉程序 N。程序会得出导线 2 不与开关 2 相连的结论。又从导线 2 必与某个开关相连的题意出发，判断出它一定与尚未试过的开关 1 相连。到此，3 根线都找到了与之相连的开关，可以做下面的结论了，这就是下一条的完成命令。

（10）第 8 条命令，向输出文件写入 D3 1 3 通知计算机，已经判断出导线 1 接开关 3，导线 2 接开关 1，导线 3 接开关 3。

在编写这道题的程序时，如果能想到计算机作为已经知道线路图的一方，如何根据给它的测试命令来和人对话，那么就不难编写出正确的程序了。从上面的分析中，不知是否已经想到：文件输出的是所编的程序根据 m 和测试策略发出的命令，是让“测试员”看的；“测试员”给出的反馈信息 Y 或 N 可以从文件中读入到程序中。这里所谓的“测试员”是自动测试程序，是专门用来评测的。

下面还就这个例子研究一下“测试员”是如何与程序对话的。

假定在自动测试程序中使用两个数组 W[m]与 S[m]。数组 W[m]记录 m 根导线与 m 个开关连接的情况，在本例中 W[1]=3，W[2]=1，W[3]=3；其中数组下标为导线号，相应的数组元素为与该导线连接的开关号。数组 S[m]为 m 个开关的状态。规定开关状态为 1 表示闭合，为 0 表示断开。初始时约定 m 个开关的状态均为 0。

程序运行之后，从输入文件中读入一行，得到 m=3，知道有 3 根导线和 3 个开关。

（1）程序向输出文件写入命令 C1，并调用 NotifyTester()函数，“评测员”接到 C1，将 S 数组从 S[1]=0，S[2]=0，S[3]=0 改变为 S[1]=1，S[2]=0，S[3]=0。为了表述方便，下面将 S 数组情况简化为 S_{123}=100。“评测员”对 C1 的改变给出反馈信息 Y，意思是 C1 已成闭合状态。程序再从输入文件中读入最后一行，接收到这个 Y。

（2）程序向输出文件写入命令 T1，并调用 NotifyTester()函数，“评测员”去查 W[1]，发现 W[1]=3≠1，给出灯不亮的信息 N。程序通过从输入文件读入最后一行，接收到这个 N，知道 1 号导线不接开关 1，以后还得测。

（3）程序向输出文件写入命令 T2，并调用 NotifyTester()函数，“评测员”去查 W[2]，发现 W[2]=1，给出灯亮的信息 Y。程序通过从输入文件读入最后一行，接收到这个 Y，知道 2 号导线连接开关 1，安排数组 D，令 D[2]=1，下标为导线号，元素 1 为开关号。这之后程序就不用再去测 2 号导线了。

（4）程序向输出文件写入命令 T1，并调用 NotifyTester()函数，“评测员”去查 W[3]，发现 W[3]=3≠1，给出反馈信息 N。程序通过从输入文件读入最后一行，接收到这个 N，知道 3 号导线不接开关 1，以后还得测。

（5）程序向输出文件写入命令 C1，并调用 NotifyTester()函数，“评测员”将开关 1 的状态改变为断开，这时 S_{123}=000。给出反馈信息 N，表示开关 1 已被断开。程序通过输入文件收到这个 N。

（6）程序向输出文件写入命令 C2，并调用 NotifyTester()函数，这时 S_{123}=010。给出反馈信息 Y，程序通过输入文件收到这个 Y。

（7）程序向输出文件写入命令 T1，并调用 NotifyTester()函数，“评测员”去查 W[1]，发现 W[1]≠2，给出灯不亮的反馈信息 N。程序通过从输入文件读入最后一行，接收到这个 N，知道 2 号导线又不连接开关 2，必定要连开关 3，这时会令 D[2]=3。

（8）程序向输出文件写入命令 T3，并调用 NotifyTester()函数，“评测员”去查 W[3]，发现 W[3]≠2，给出灯不亮的反馈信息 N。同理可判断出导线 3 必连开关 3，这时会令 D[3]=3。

（9）3 根导线都测完之后，程序向输出文件发出 D 命令，实际上可将 D 数组依下标顺序将表示所连的开关号的元素输出。命令为 D3 1 3。“评测员”收到这条命令后，去核对 W 数组中的情况：W[1]=3，W[2]=1，W[3]=3，完全一致。“评测员”可以做出程序完全正确的判断，肯定在这个测试数据下给满分。

以上就是“测试员”的程序是怎样来测试你的程序的基本思路。知道了“测试员”程序的思路，可以帮助你更好地解出这道题目。最简单直接的解题思路应该是这样的：每轮闭合一个开关（保持其他开关处于断开状态），然后依次测试所有未知连接关系的导线，只要灯亮即可确定该导线与当前闭合的开关相连，并且下一轮测试中可以跳过该导线不再测试。具体参考程序如下：

```
#include <fstream>
#include <iostream>
#include <memory.h>
#include "Tester.h"
using namespace std;

char *szOutputFName = "Output.txt"; //输出文件
char *szInputFName = "Input.txt";   //输入文件
void SendcommandC(int idx)          //写入 C 命令
{
```

```
    ofstream fout;
    fout.open(szOutputFName, ios::app);
    //打开输出文件，并使得输出文件的写指针定位到文件的最后
    fout << 'C' << idx << endl;        //在文件的最后写入命令
    fout.close();                      //关闭文件
    NotifyTester();                    //通知测试员发出了一条命令
}

void SendcommandT(int idx)             //写入 T 命令
{
    ofstream fout;
    fout.open(szOutputFName, ios::app);
    //打开输出文件，并使得输出文件的写指针定位到文件的最后
    fout << 'T' << idx << endl;        //在文件的最后写入命令
    fout.close();
    NotifyTester();                    //通知测试员发出了一条命令
}

void SendcommandD(int *Lead, int nSize) //写入 D 命令
{
    ofstream fout;
    int j;
    fout.open(szOutputFName, ios::app);
    //打开输出文件，并使得输出文件的写指针定位到文件的最后
    fout << 'D' << ' ';                //在文件的最后写入命令
    for (j = 1; j <= nSize; j++)
        fout << Lead[j] << ' ';
    fout << endl;
    fout.close();
    NotifyTester();                    //通知测试员发出了一条命令
}

char GetFeedBack()                     //得到测试员对上一条命令的反馈
{
    char cFeedback;
    ifstream fin;
    fin.open(szInputFName);
    while (!fin.eof())
    {
        fin >> cFeedback;
    }
    fin.close();
    return cFeedback;
}

int main()
{
```

```
const int nSize = 3;                  //导线的数目，也就是开关的数目
SetFileName(szOutputFName, szInputFName);   //指定输入输出文件

int *test = new int[nSize + 1]; //测试连接状态数组
memset(test, 0, (nSize + 1) * sizeof(int));
//初始化连接状态的数组，所有的数组元素赋值为 0 表示连接状态未知
char cFeedback;                       //用于保存测试员给出的反馈信息

ofstream fout;
fout.open(szOutputFName);             //打开输出文件，这时输出文件自动被清空
fout.close();                         //关闭输出文件
bool bHaveOutput = false;             //表示是否输出过命令 D
for (int i=1; i<nSize; i++)
{
    SendcommandC(i);                  //发出改变开关状态的命令，闭合开关 i
    for (int j = 1; j <= nSize; j++)
    {
        if (test[j] == 0)             //如果开关 j 的连接状态未知
        {
            SendcommandT(j);          //在开关 i 闭合的状态下，测试导线 j
            cFeedback = GetFeedBack();//得到测试员对前一条命令的反馈
            if (cFeedback == 'Y')  //如果灯亮，则说明导线 j 与开关 i 相连
            test[j] = i;
        }
    }
    SendcommandC(i);                  //发出改变开关状态的命令，断开开关 i
    //判断是否需要继续测试导线
    bool goOn=false;                  //表示是否要继续
    //测试导线
    for (int j = 1; j <= nSize; j++)
    {
        if (test[j] == 0)             //如果还有开关的连接状态未知，则还需继续测试
        {
            goOn = true;              //令 bool 型变量 goOn 为 true
            break;                    //跳出循环
        }
    }
    //如果已知所有导线的连接关系，则输出命令 D
    if (!goOn)
    {
        SendcommandD(test, nSize);
        bHaveOutput = true;
        break;
    }
}
//输入命令 D，如果已经输出过命令 D，则跳过这段代码
if (!bHaveOutput)
```

```
    {
        for (int j = 1; j <= nSize; j++)
        {
            if (test[j] == 0)
                test[j] = nSize;
        }
        SendcommandD(test, nSize);
    }
    return 0;
}
```

在参考程序编好后，并不能马上就运行它，因为还没有程序所需的头文件 Tester.h 及“测试员”的源程序，这些都是程序在与计算机进行交互时必不可少的。所以还需编出这两个程序，再把它们都加入到源程序所在的工程中，这样程序就可以运行了。

以下是参考程序 Tester.h：

```
void SetFileName(const char *szFileName, const char *szFeedBackFName);
bool NotifyTester();
```

以下是“测试员”的参考程序：

```
#include <fstream>
#include <iostream>
#include <cstring>
#include <memory>
#include <cstdlib>
using namespace std;

bool GetConnectFromFile(const char *szConnectFile);
void GetSize();
void ChangeSwitch(int idx);
void TestLead(int idx);
void TestResult();

const int m_nSize = 3;              //定义导线的数目
int m_aryConnect[90];               //定义表示导线连接情况的数组
int m_aryOnOff[90];                 //定义表示开关状态的数组
int m_nCommand = 0;                 //定义命令数目
char m_szFName[100];                //定义输出文件名
char m_szFeedBackFName[100];        //定义输入文件名

//设定输入输出文件名
void SetFileName(const char *szFileName, const char *szFeedBackFName)
{
    strcpy(m_szFName, szFileName);
    strcpy(m_szFeedBackFName, szFeedBackFName);
    GetConnectFromFile(".\\Connection.txt" );
}
```

```
bool GetConnectFromFile(const char *szConnectFile)
{
    ifstream fin(szConnectFile);
    int i = 1;
    if (!fin)
    {
        cout << "文件打开失败!\n";
        return false;
    }

    //数组初始化
    memset(m_aryConnect, 0, sizeof(m_aryConnect));
    memset(m_aryOnOff, 0, sizeof(m_aryOnOff));

    if (fin.eof())
        cout << "end" << endl;
    while (fin >> m_aryConnect[i])
    //如果文件未到结尾，则继续读取下一根导线的连接情况
    {
        i++;
        if (i > m_nSize + 1)
            break;
    }
    fin.close();

    if (i != m_nSize + 1)                   //如果读入的导线数目与已知数目不同
    {
        cout << "导线连接关系文件有错! \n";
        return false;
    }
    return true;
}

void ChangeSwitch(int idx)                  //改变第 idx 号开关的状态
{
    ofstream fout;
    fout.open(m_szFeedBackFName, ios::app);
    //打开输出文件，并使得输出文件的写指针定位到文件的最后
    m_aryOnOff[idx] = 1 - m_aryOnOff[idx];  //改变第 idx 号开关的状态
    switch (m_aryOnOff[idx])                //向输入文件写入反馈信息
    {
    case 0:
        fout << 'N' << endl;
        break;
    case 1:
        fout << 'Y' << endl;
```

```
        break;
    }
    fout.close();
}

void TestLead(int idx)
{
    ofstream fout;
    fout.open(m_szFeedBackFName, ios::app);
    //打开输出文件，并使得输出文件的写指针定位到文件的最后
    int nSwitch = m_aryConnect[idx];      //与导线 idx 相连的开关是 nSwitch
    switch (m_aryOnOff[idx])
    {//判断 nSwitch 是否闭合，如果闭合则灯亮，输出 Y，否则输出 N
    case 1:
        fout << 'Y' << endl;
        break;
    case 0:
        fout << 'N' << endl;
        break;
    }
    fout.close();
}

bool NotifyTester()
{
    m_nCommand++;                          //命令数加 1
    ifstream fin(m_szFName);               //打开输出文件
    char szLine[50];
    int idx = -1;

    //从输入文件中读取 m_nCommand 条命令
    for (int i = 0; i < m_nCommand; i++)
    {
        if (fin.eof())
        {//如果还未到最后一条命令时文件已读完
            cout << "你的命令有错！" << endl;
            return false;
        }
        fin >> szLine;                     //读入一行命令
        if (i < m_nCommand - 1)            //如果不是最后一行的命令
            continue;                      //继续循环
        //处理最后一行命令
        char *pChar;
        switch (szLine[0])
        {
        case 'C':                          //处理 C 命令
            pChar = szLine + 1;
```

```
        //将字符串 szLine 的第一个字符删除后放入 pChar 中
        idx = atoi(pChar);
        //将 pChar 转化为数字 idx，就得到了要改变状态的开关的编号
        if (idx <= 0 || idx > m_nSize)//如果编号 idx 不在指定范围内
        {
            cout << "命令有错！" << endl;
            return false;
        }
        ChangeSwitch(idx);              //改变第 idx 号开关的状态
        break;
    case 'T':                           //处理 T 命令
        pChar = szLine + 1;
        //将字符串 szLine 的第一个字符删除后放入 pChar 中
        idx = atoi(pChar);
        //将 pChar 转化为数字 idx，就得到了要测试的导线的编号
        if (idx <= 0 || idx > m_nSize)//如果编号 idx 不在指定范围内
        {
            cout << "命令有错！" << endl;
            return false;
        }
        TestLead(idx);                  //测试第 idx 号导线
        break;
    case 'D':                           //处理 D 命令
        int nConnectedSwitch, j;
        //依次处理每一根导线
        for (j = 1; j <= m_nSize; j++)
        {
            if (fin.eof())              //如果文件已读完
            {
                cout << "对不起，你的判断不对！" << endl;
                return false;
            }
            fin >> szLine;              //读入命令
            //将 szLine 转化为数字，就得到了第 j 根导线的连接情况
            nConnectedSwitch = atoi(szLine);
            //如果连接情况和标准答案不相符
            if (nConnectedSwitch != m_aryConnect[j])
                break;                  //跳出循环
        }
        if (j <= m_nSize)               //如果没有处理完所有导线就跳出了循环
            cout << "对不起，你的判断不对！" << endl;
        else
            cout << "恭喜你，判断正确！" << endl;
        break;
    }
}
fin.close();
```

```
    return true;
}
```

注意，这两个程序都不能够单独运行，文件 Tester.h 的作用是为如下两个函数：

```
void SetFileName(const char *szFileName, const char *szFeedBackFName);
bool NotifyTester();
```

提供函数声明，告诉主程序可以应用这两个函数。而文件 Tester.cpp 的作用就是实现这两个函数的具体功能。只有这两个文件与主程序联合起来，才是一个真正完整的程序。

在测试时，还要在当前目录下建立一个文件 Connection.txt，用来存放导线的连接情况，以便“测试员”程序读取，文件共 3 行，每行都是一个整数，第 i 行的数表示第 i 根导线连到了几号开关上。

8.4　小　　结

C++中的文件是有序的字节流。当建立一个文件或打开一个文件时，与该文件相关联的文件流也就建立了。通常用 ofstream fout;来定义输出文件流；用 ifstream fin;来定义输入文件流。

fout 的作用是将数据存入相关联的文件；fin 的作用是从相关联的文件中读取数据。

习　　题

1．编写程序从键盘输入得到指定的 C++源程序文件名，逐行读入源代码，以右对齐格式输出各行代码。提示：在右对齐格式下，除最长代码行外，其余各行均要在行首增加若干空格，使得该行连同行首新增空格在内与最长代码行一样长。

2．在前一题基础上，将输出到屏幕改为输出到指定文件中，输出文件名通过键盘输入得到。

第 9 章　递归思想与相应算法

教学目标

- 递归的基本概念
- 用与或结点图描述递归算法

内容要点

- 递归思想
- 与或结点图
- 递归算法举例与程序实现
- 汉诺塔问题
- 快速排序问题
- 数字旋转方阵
- 下楼问题
- 跳马问题
- 分书问题
- 八皇后问题
- 青蛙过河问题

9.1　递归及其实现

递归算法在可计算性理论中占有重要地位，它是算法设计的有力工具，对于拓展编程思路非常有用。递归算法并不涉及高深的数学知识，但初学者要建立起递归概念却并不容易。

先从一个最简单的例子入手。

【任务 9.1】 用递归算法求 n!。

定义函数

$$fact(n)=n!$$

$$fact(n-1)=(n-1)!$$

则有

$$fact(n)=n*fact(n-1)$$

已知

$$fact(1)=1$$

为了表述得直观清晰，定义两个结点：“或结点”和“与结点”。

（1）或结点如图 9.1 所示。图中 A 为“或结点”，A 依不同条件会有两种不同的取值，B 或 C。结点用“○”表示。如果有多于两种取值，可用图 9.2 表示。

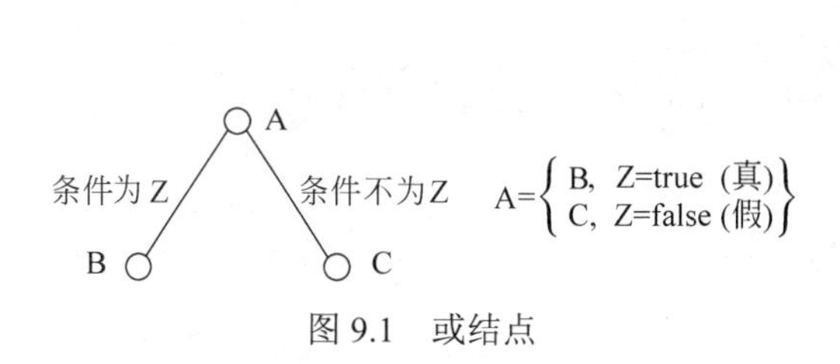

图 9.1　或结点

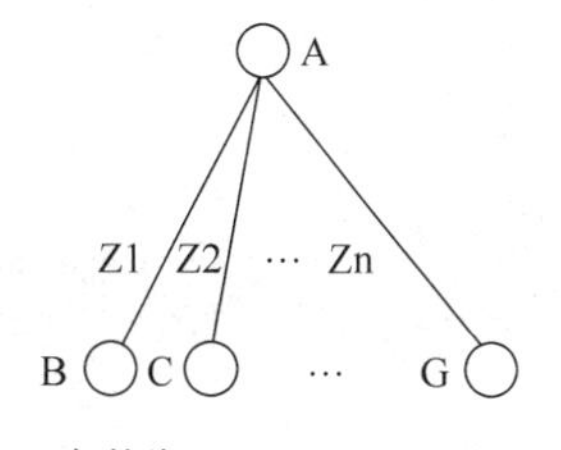

图 9.2　取值多于 2 的或结点

（2）与结点如图 9.3 所示。与结点要涂黑，相关联的 B 与 C 之间要用弧线连起来。A 为与结点，A 的最终取值为 C 结点的值，但为了求得 C 的值，得先求出 B 结点的值，C 是 B 的函数。仍以求 n!为例画出如图 9.4 所示的与或图。

图 9.4 中，A 为或结点；B 为直接可解结点，值为 1（直接可解结点用圆圈中加一个黑点表示）；C 为与结点，当 n>1 时，A 的取值即 C 的值，而 C 的值即 E 的值，为了求得 E 的值，需要先求出 D 的值。D 值 fact(n−1)乘以 n 即为 E 的值。

与结点可能有多个相关联的点，这时可描述为图 9.5。

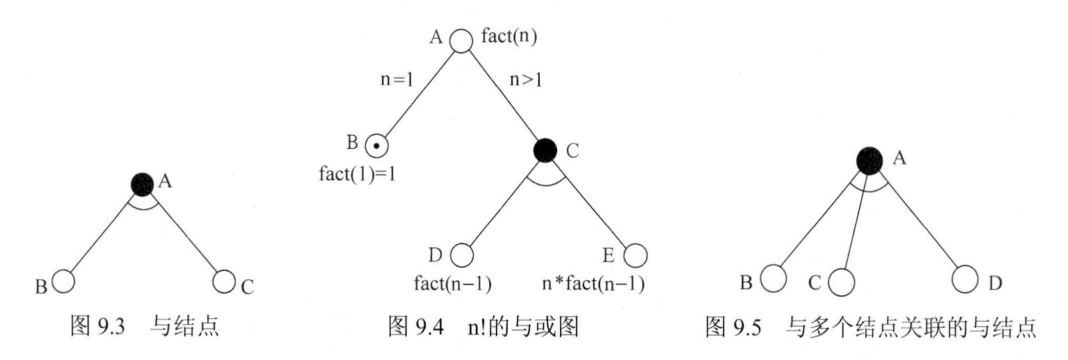

图 9.3　与结点　　图 9.4　n!的与或图　　图 9.5　与多个结点关联的与结点

图 9.5 中 A 结点的值最终为 D 的值，但为了求 D，需先求 B 和 C。从图上看，先求左边的点才能求最右边的点的值，我们约定最右边 D 点的值就是 A 结点的值。

下面以 3!为例来画与或结点图，目的是体会递归的含义，见图 9.6。

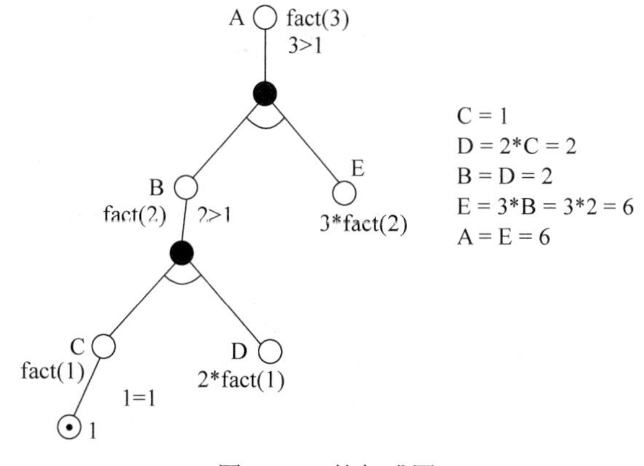

图 9.6　3!的与或图

图 9.7 画出了调用和返回的递归示意图。

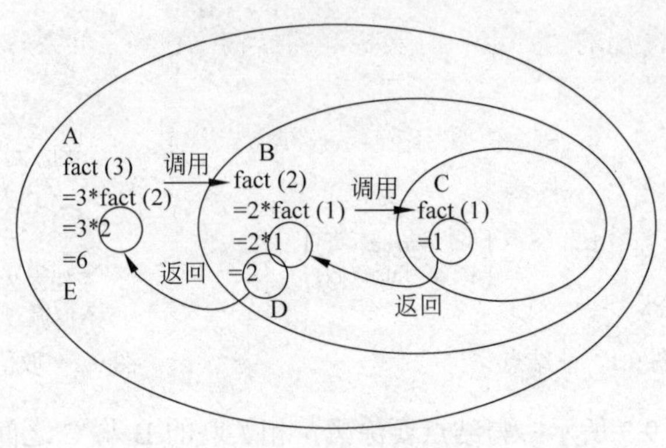

图 9.7　调用和返回

从图可以想象：欲求 fact(3)，先要求 fact(2)；欲求 fact(2)，先求 fact(1)。就像剥一颗圆白菜，从外向里，一层层剥下来，到了菜心，遇到 1 的阶乘，其值为 1，到达了递归的边界。然后再用 fact(n)=n*fact(n−1)这个普遍公式，从里向外倒推回去得到 fact(n)的值。为了把这个问题说得再透彻一点，画出了如图 9.8 所示的程序框图。

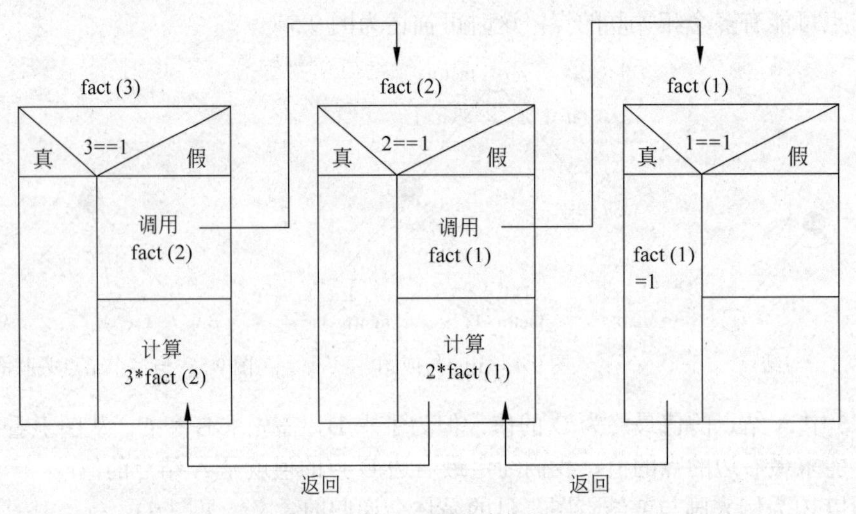

图 9.8　fact(3)的程序框图 1

为了形象地描述递归过程，将图 9.8 改成图 9.9。

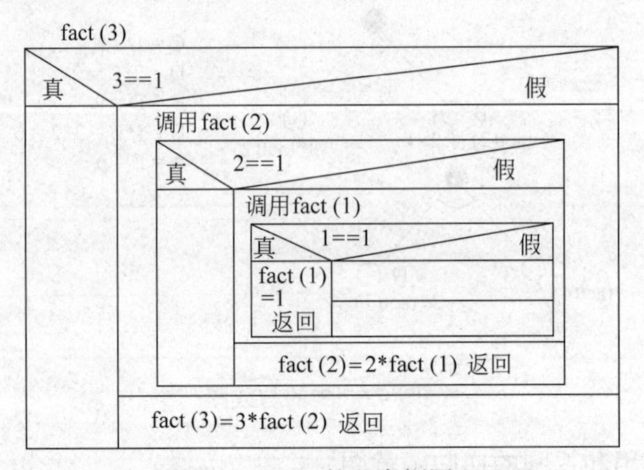

图 9.9　fact(3)的程序框图 2

在图 9.9 中“内层”与“外层”有着相同的结构。它们之间“你中有我，我中有你”，呈现相互依存的关系。

为了进一步讲清递归的概念，将递归与递推做一比较。仍以求阶乘为例。

递推是从已知的初始条件出发，逐次去求所需要的阶乘值。

如求 3!，初始条件 fact(1)=1，于是，

fact(2)=2*fact(1)=2

fact(3)=3*fact(2)=6

递推过程相当于从菜心“推到”外层，但递归算法的出发点不放在初始条件上，而放在求解的目标上，从所求的未知项出发逐次调用本身的求解过程，直到递归的边界（即初始条件）。就本例而言，读者会认为递归算法可能是多余的，费力不讨好。但许多实际问题不可能或不容易找到显而易见的递推关系，这时递归算法就表现出了明显的优越性。后面读者将会看到，递归算法比较符合人的思维方式，逻辑性强，可将问题描述得简单扼要，具有良好的可读性，易于理解。许多看来相当复杂，或难以下手的问题，如果能够使用递归算法，就会使问题变得易于处理。下面举一个尽人皆知的例子——汉诺（Hanoi）塔问题。

【汉诺塔问题】 相传在古代印度的 Bramah 庙中，有位僧人整天把 3 根柱子上的金盘倒来倒去，原来他是想把 64 只一只比一只小的金盘从一根柱子上移到另一根柱子上去。移动过程中恪守下述规则：每次只允许移动一只盘，且大盘不得摞在小盘上面，见图 9.10。

有人会觉得这很简单，真的动手移盘就会发现，如以每秒移动一只盘子计算，按照上述规则将 64 只盘子从一根柱子移至另一根柱子上，所需时间约为 5800 亿年。

怎样编写这种程序？还是先从最简单的情况分析起，试着搬一搬看，慢慢理出思路。

（1）在 A 柱上只有一只盘子，见图 9.11。假定盘号为 1，这时只需将该盘从 A 搬至 C，一次完成，记为 move 1 from A to C。

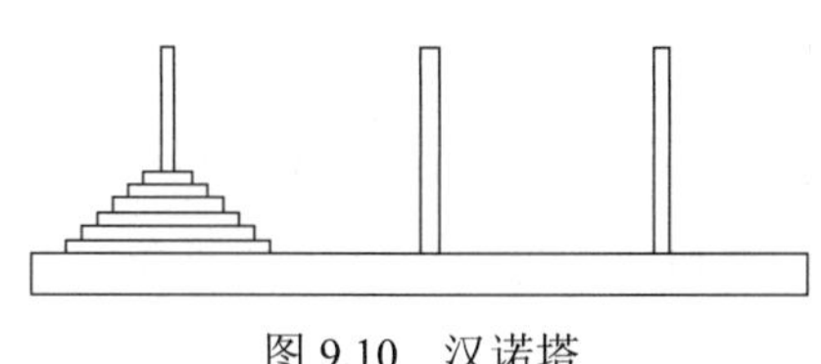

图 9.10　汉诺塔

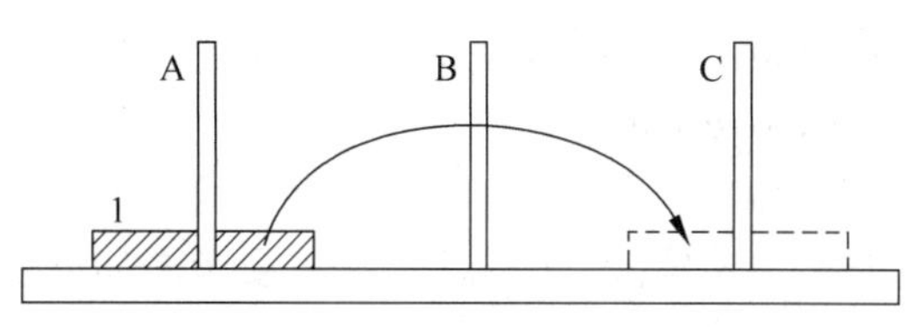

图 9.11　A 柱上只有一只盘子

（2）在 A 柱上有两只盘子，见图 9.12，1 为小盘，2 为大盘。

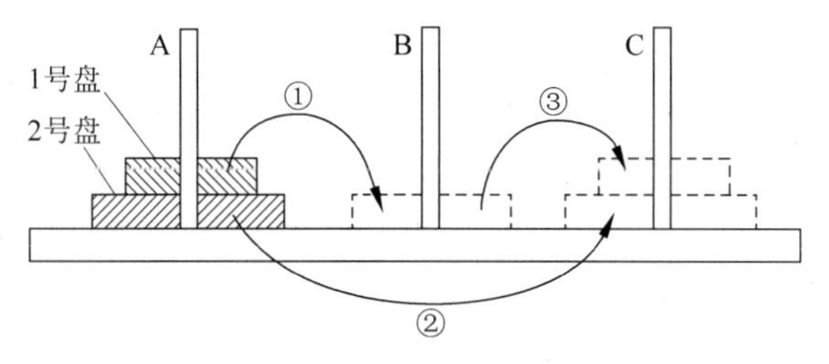

图 9.12　A 柱上有两只盘子

① 将 1 号盘从 A 移至 B，这是为了让 2 号盘能移动，记为 move 1 from A to B。

② 将 2 号盘从 A 移至 C，记为 move 2 from A to C。

③ 再将 1 号盘从 B 移至 C，记为 move 1 from B to C。

（3）在 A 柱上有 3 只盘子，见图 9.13，从小到大分别为 1 号、2 号和 3 号。

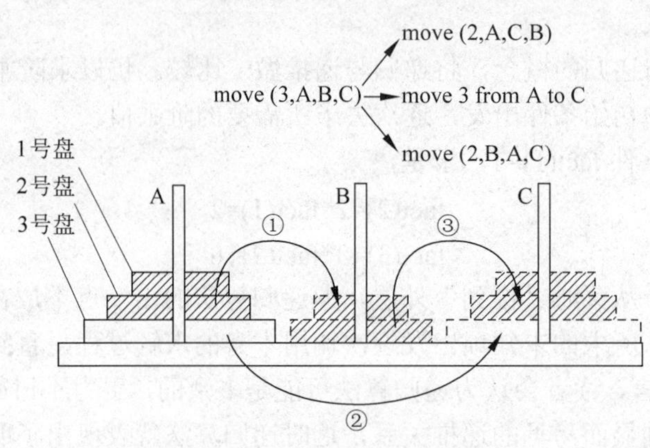

图 9.13　A 柱上有 3 只盘子

① 将 1 号盘和 2 号盘视为一个整体；先将二者作为整体从 A 移至 B，给 3 号盘创造能够一次移至 C 的机会。这一步记为 move(2, A, C, B)，意思是将上面的两只盘子作为整体从 A 借助 C 移至 B。

② 将 3 号盘从 A 移至 C，一次到位，记为 move 3 from A to C。

③ 处于 B 上的作为一个整体的两只盘子，再移至 C。这一步记为 move(2, B, A, C)，意思是将两只盘子作为整体从 B 借助 A 移至 C。所谓借助是什么意思，等这件事做完了不言自明。

（4）从题目的约束条件看，大盘上可以随便摞小盘，相反则不允许。在将 1 号和 2 号盘作为整体从 A 移至 B 的过程中，move(2, A, C, B)实际上是分解为以下 3 步：

① move 1 from A to C。

② move 2 from A to B。

③ move 1 from C to B。

经过以上步骤，将 1 号和 2 号盘作为整体从 A 移至 B，为 3 号盘从 A 移至 C 创造了条件。同样，3 号盘一旦到了 C，就要考虑如何实现将 1 号和 2 号盘当整体从 B 移至 C 的过程了。实际上 move(2, B, A, C)也要分解为 3 步：

① move 1 from B to A。

② move 2 from B to C。

③ move 1 from A to C。

（5）分析 move(2, A, C, B)，是说要将两只盘子从 A 搬至 B，但没有 C 是不行的，因为先要将 1 号盘从 A 移到 C，给 2 号盘创造条件从 A 移至 B，然后再把 1 号盘从 C 移至 B。看到这里就能明白借助 C 的含义了。因此，在构思搬移过程的参量时，要把 3 个柱子都用上。

（6）定义搬移函数 move(n, A, B, C)，物理意义是将 n 只盘子从 A 经 B 搬到 C。考虑上面的分析可以将搬移过程用图 9.14 表示。

图 9.14 中将 move(n, A, B, C)分解为 3 步。这 3 步是相关的，相互依存的，而且是有序的，从左至右执行。

① move(n−1, A, C, B)，理解为将上面的 n−1 只盘子作为一个整体从 A 经 C 移至 B。

② 输出 n: A to C，理解为将 n 号盘从 A 移至 C，是直接可解结点。

③ move(n−1, B, A,C)，理解为将上面的 n−1 只盘子作为一个整体从 B 经 A 移至 C。这里显然是一种递归定义，当在解 move(n−1, A, C, B)时又可想到，将其分解为 3 步：

- 将上面的 n−2 只盘子作为一个整体从 A 经 B 到 C，即 move(n−2, A, B, C)。
- 第 n−1 号盘子从 A 直接移至 B，即 n−1: A to B。
- 再将上面的 n−2 只盘子作为一个整体从 C 经 A 移至 B，即 move(n−2, C, A, B)。

下面，以 3 只盘子为例画出递归的与或图，见图 9.15。

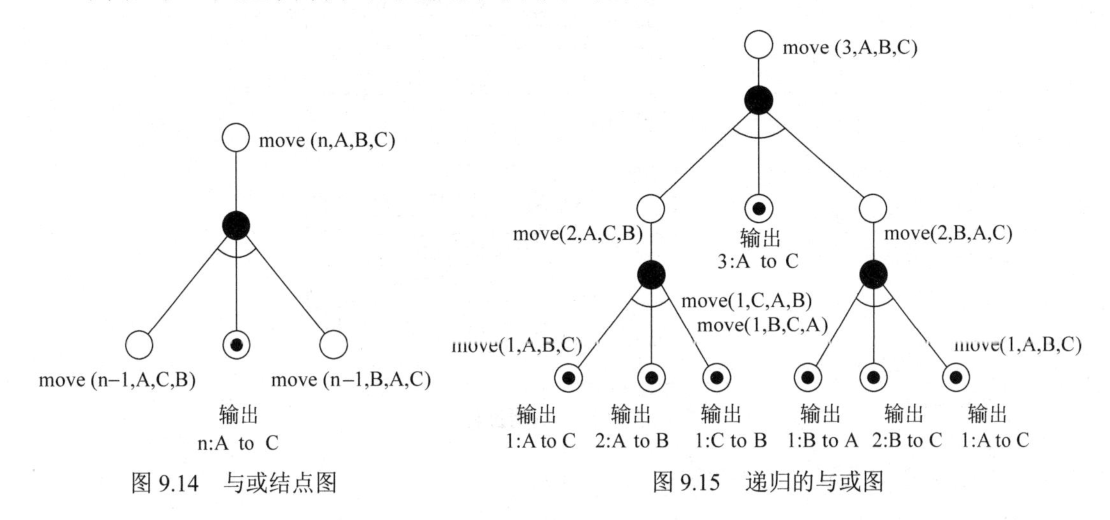

图 9.14 与或结点图　　图 9.15 递归的与或图

这个图很像一棵倒置着的树，结点 move(3, A, B, C)是树根，与结点是树的分枝，叶子都是直接可解结点。

图 9.16 和图 9.17 是为了让读者体会调用和返回的过程画出的，目的是让大家结合此例加深理解递归过程。

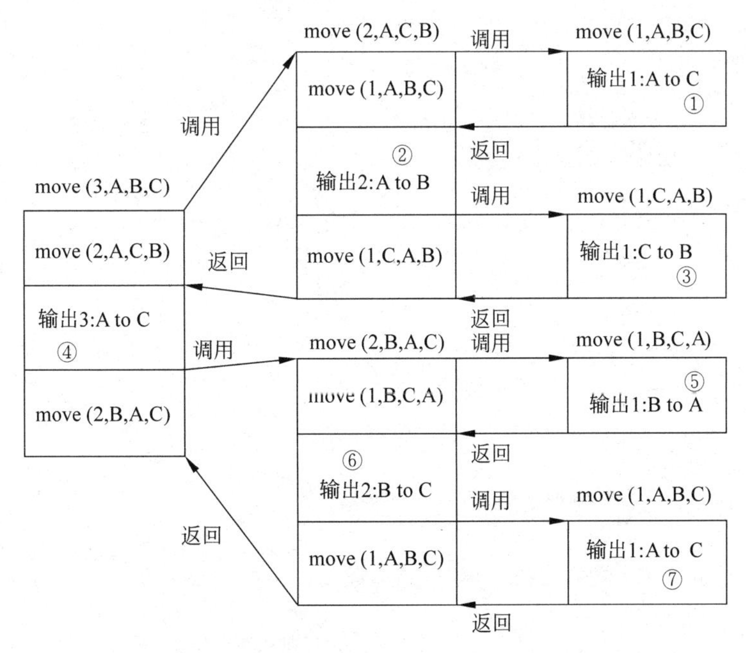

图 9.16 调用和返回过程

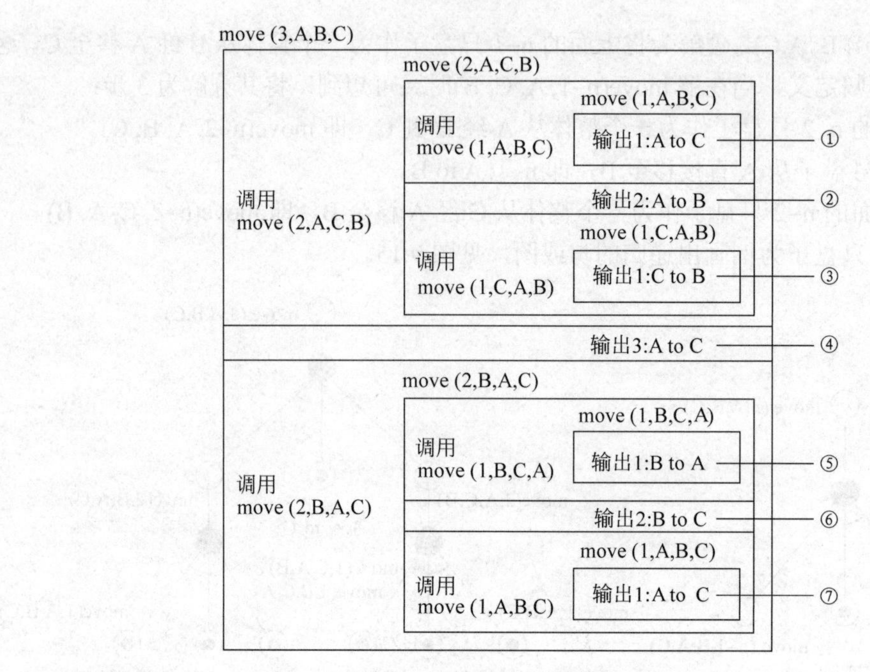

图 9.17　调用过程

下面给出递归求解汉诺塔问题的参考程序。

```
#include <iostream>
using namespace std;

int step = 1;   //步数
void move(int, char, char, char);

int main()
{
   int n;      //盘数
   cout << "请输入盘数 n = ";
   cin >> n;
   cout << "在 3 根柱子上移" << n << "只盘的步骤为:" << endl;
   move(n, 'A', 'B', 'C');
   return 0;
}

//以下函数是被主程序调用的函数
//函数名: move
//输入: m，整型变量，表示盘子数目
//      p, q, r 为字符型变量，表示柱子标号
//返回值: 无
void move(int m, char p, char q, char r)
{
   if (m == 1)                 //如果 m 为 1，则为直接可解结点
   {
```

```
        //直接可解结点,输出移盘信息
        cout << "[" << step << "] move 1 # from " << p
            << " to " << r << endl;
        step++;                 //步数加 1
    }
    else                        //如果不为 1，则要调用 move(m-1)
    {
        move(m-1, p, r, q);   //递归调用 move(m-1)
        //直接可解结点,输出移盘信息
        cout << "[" << step << "] move " << m
            << " # from " << p << " to " << r << endl;
        step++;                 //步数加 1
        move(m-1, q, p, r);   //递归调用 move(m-1)
    }
}
```

9.2　递归算法举例

9.2.1　计算组合数

这里只给出参考程序，要求读懂程序，在理解思路的基础上画出与或结点图，运行程序并观察结果。

```
#include <iostream>
using namespace std;

//计算 C(m,n)，即从 m 个数中取 n 个数的组合数
int Cmn(int m, int n)
{
    if (m < 0 || n < 0 || m < n)
        return 0;
    if (m == n)      //C(m, m) = 1
        return 1;
    if (n == 1)      //C(m, 1) = m
        return m;
    //C(m, n) = C(m-1, n) + C(m-1, n-1)
    return Cmn(m-1, n) + Cmn(m - 1, n - 1);
}

int main()
{
    //测试一些结果
    cout << "C(6, 0)=" << Cmn(6, 0) << endl;
    cout << "C(6, 1)=" << Cmn(6, 1) << endl;
    cout << "C(6, 2)=" << Cmn(6, 2) << endl;
    cout << "C(6, 6)=" << Cmn(6, 6) << endl;
```

```
    return 0;
}
```

9.2.2 快速排序

快速排序的思路为：

（1）将待排序的数据放入数组 a 中，数据为 a[z]，a[z+1]，⋯，a[y]。

（2）取 a[z]放变量 k 中，通过分区处理为 k 选择应该排定的位置。将比 k 大的数放右边，比 k 小的数放左边。当 k 到达最终位置后，由 k 划分了左右两个集合。然后再用同样的思路处理左集合与右集合。

（3）令 sort(z, y)为将数组中下标从 z 到 y 的 y−z+1 个元素从小到大排序的函数。

可画出与或图来阐述快速排序的思路，见图 9.18。

分区处理过程如下：

（1）让 k=a[z]。

（2）将 k 放在 a[m]中。

（3）使 a[z]，a[z+1]，⋯，a[m−1]<=a[m]。

（4）使 a[m]<a[m+1]，a[m+2]，⋯，a[y]。

A 结点表示将数组 a[z]，a[z+1]，⋯，a[y]中的元素按由小到大用快速排序的思路排序。

B 结点表示如果 z≥y，则什么也不做。这是直接可解结点。

C 结点是在 z<y 情况下 A 结点的解。C 是一个与结点，要对 C 求解需分解为 3 步，依次为：

（1）先解 D 结点，D 结点是一个直接可解结点，功能是进行所谓的分区处理，规定这一步要做的事情是：

① 将 a[z]中的元素放到它应该在的位置上，比如 m 位置，这时 a[m]←a[z]。

② 让下标从 z 到 m−1 的数组元素小于等于 a[m]。

③ 让下标从 m+1 到 y 的数组元素大于 a[m]。

比如 a 数组中 a[z]=5，经分组处理后，5 送至 a[4]。5 到位后，其左边 a[0]到 a[3]的值都小于 5；其右边 a[5]，a[6]大于 5，见图 9.19。

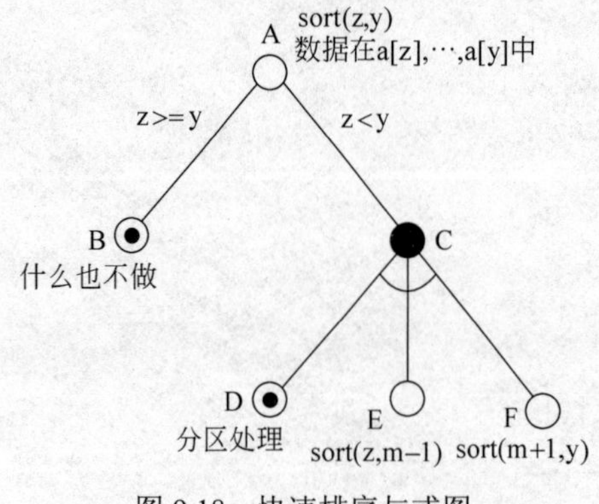

图 9.18 快速排序与或图

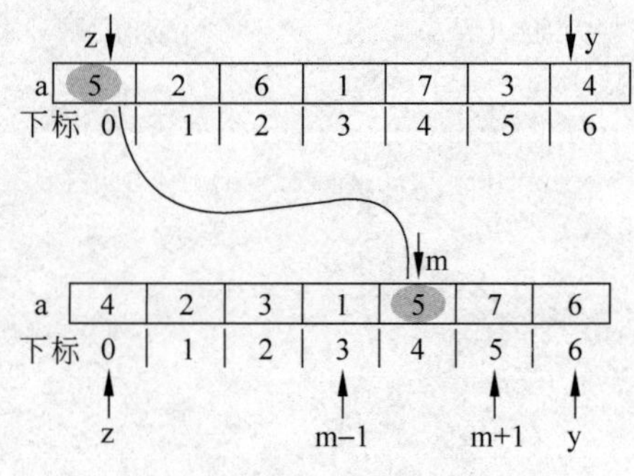

图 9.19 快速排序过程

（2）再解 E 结点，这时要处理的是 a[0]到 a[3]。

（3）再解 F 结点，处理 a[5]，a[6]。

下面按照这种思路构思一个快速排序的程序框图，见图 9.20。这个排序函数名为 sort，有 3 个参数：array 数组，左边界 zz 和右边界 yy。

```
void sort(int array[], int zz, int yy)
```

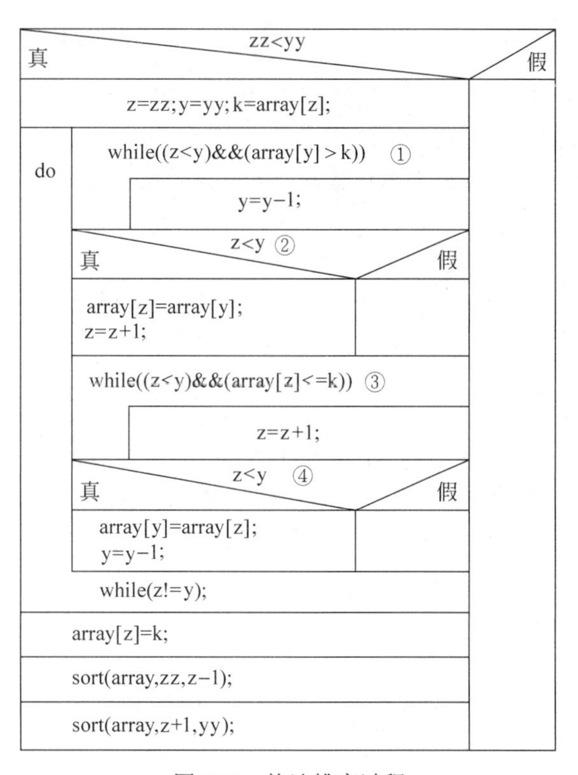

图 9.20　快速排序过程

下面举例说明排序过程。

a 数组中有 7 个元素待排序，如图 9.21 所示，过程如下：

（1）让 k=a[z]=a[0]=5。

（2）进入直到型循环。

执行①，a[y]=a[6]=4，不满足当循环条件，y 不动。

执行②，z<y，这时 z=0，做两件事：a[z]=a[y]，即 a[0]=a[6]=4，z=z+1=0+1=1，见图 9.22。

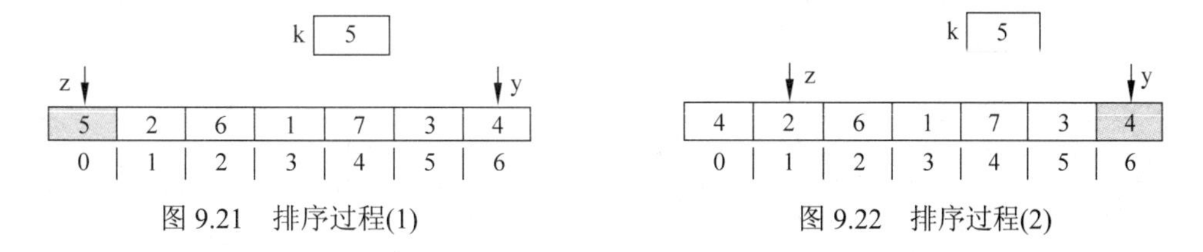

图 9.21　排序过程(1)　　　图 9.22　排序过程(2)

执行③，图 9.22 中的 a[z]<k，满足当循环条件，z=z+1=2，z 增 1 后的情况如图 9.23 所示。图 9.23 的情况不再满足当循环条件。

执行④，a[y]=a[z]，即 a[6]=a[2]=6，y=y−1=6−1=5，见图 9.24。这时 z!=y，还得执行

直到型循环的循环体。

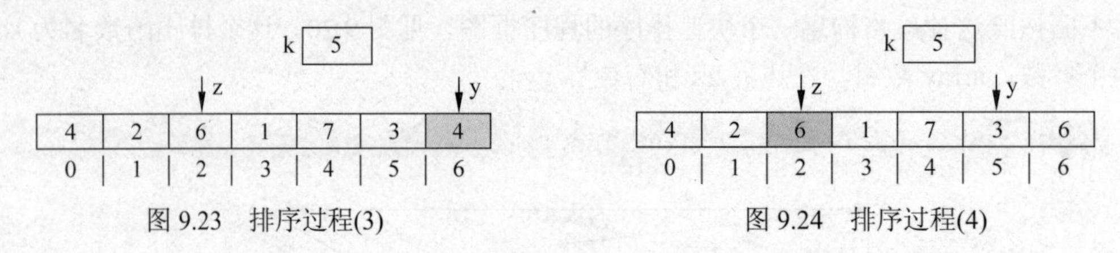

图 9.23　排序过程(3)　　　　图 9.24　排序过程(4)

执行①，a[y]=a[5]=3，3<k 不满足当循环的条件，退出循环。

执行②，a[z]=a[y]，并让 z=z+1=3，见图 9.25。

执行③，由于 a[3]=1<k，满足当循环条件，让 z=z+1=4。a[4]=7>k，退出循环，见图 9.26。

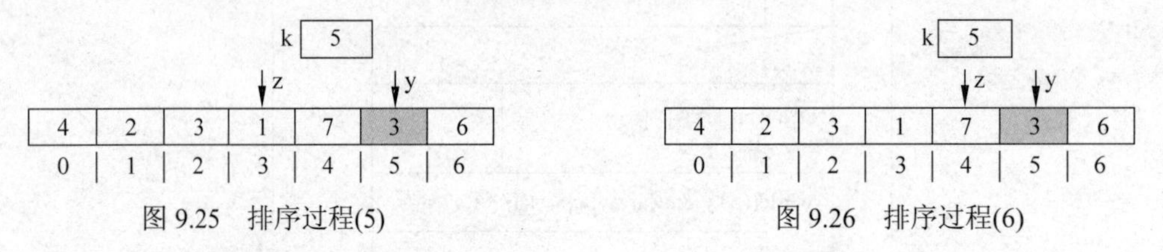

图 9.25　排序过程(5)　　　　图 9.26　排序过程(6)

执行④，a[y]=a[z]，即 a[5]=a[4]=7，y=y−1=5−1=4，见图 9.27。

这时，z=y，退出直到型循环，执行 a[z]=k，z=4，a[4]=5，这是 5 的最终位置，5 将整个数据分成左右两个集合，见图 9.28。

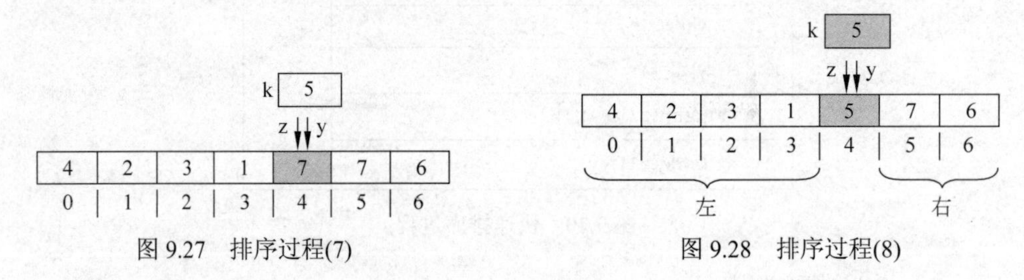

图 9.27　排序过程(7)　　　　图 9.28　排序过程(8)

（3）用上述思路去排左边的部分。

从 z=0 到 y=3，见图 9.29 左边，让 k=a[z]=a[0]=4，然后进到直到型循环。

执行①，a[y]=1<=k，不满足当循环的条件，y 不动。

执行②，a[z]=a[y]，z=z+1=1，见图 9.29 右边。

执行③，a[z]<k，z=z+1=2，a[2]<k，z=z+1=3，这时 z=y，不会执行④，同时退出直到型循环，见图 9.30 左边。然后做 a[z]=k，即 a[3]=4，见图 9.30 右边，左边也排好了。

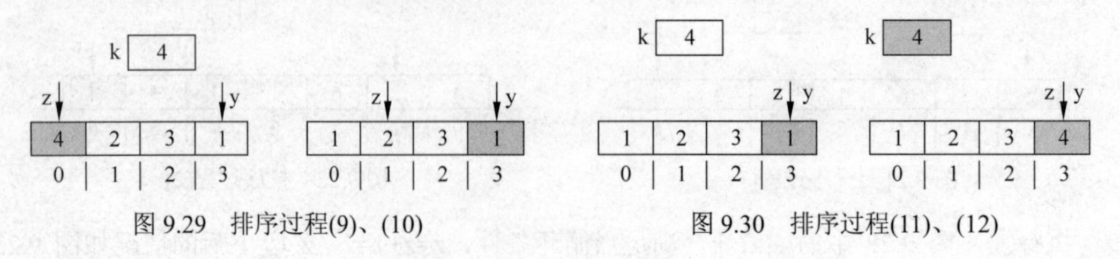

图 9.29　排序过程(9)、(10)　　　　图 9.30　排序过程(11)、(12)

（4）用上述思路去排右边的部分。见图 9.31 左边，让 k=a[z]=a[5]=7，进入直到型循环；执行①，a[y]=6<k，y 不动，执行②，a[z]=a[y]=6，z=z+1=5+1=6，见图 9.31 右边。

这时 z=y，不再执行③、④，退出直到型循环后，执行 a[z]=k，见图 9.32。

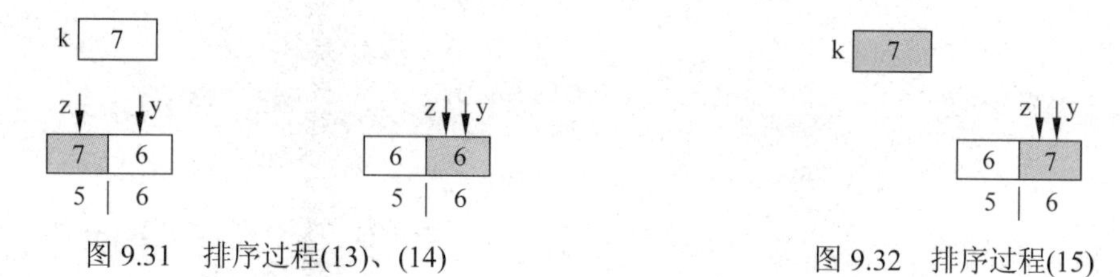

图 9.31　排序过程(13)、(14)

图 9.32　排序过程(15)

在有了递归调用函数之后，主程序很容易写，主程序中应包含以下内容：

（1）定义整型变量，数组 a[10]。

（2）用循环结构输入待排序的数，将其放入 a 数组。

（3）调用 sort 函数，使用 3 个实际参数：

　　① a：将数组 a 当实参；

　　② 0：数组下标下界；

　　③ 9：数组下标上界。

（4）输出排序结果。

下面给出参考程序。

```
#include <iostream>
using namespace std;

void sort(int array[], int zz, int yy)
{
   int z, y, k;
   if (zz < yy)                          //如果 zz<yy，则需要排序
   {
      z = zz; y = yy; k = array[z];
      do
      {
         //右边的元素>k，让 y 往中间移
         while ((z < y) && (array[y] > k))
            y = y - 1;
         if (z < y)                      //不满足右边的元素>k
         {
            array[z] = array[y];  //让 array[y]送给 array[z]
            z = z + 1;                   //同时让 z 往中间移
         }
         //左边的元素<=k，让 z 往中间移
         while((z < y) && (array[z] <= k))
            z = z + 1;
         if (z < y)                      //不满足左边的元素<=k
         {
            array[y] = array [z];
            y = y - 1;
         }
```

```
        }while (z != y);
        array[z] = k;                     //k已排到位
        sort(array, zz, z - 1);           //递归，排左边部分
        sort(array, z + 1, yy);           //递归，排右边部分
    }
}

int main()
{
    int a[10];
    cout << "请输入10个整数\n";
    for (int i = 0; i < 10; i++)
        cin >> a[i];
    sort(a, 0, 9);                        //调用sort函数
    cout << "排序结果为:";
    for (int i = 0; i < 10; i++)
        cout << a[i] << ";";              //输出排序结果
    cout << endl;
    return 0;
}
```

9.2.3 数字旋转方阵

编程输出如图9.33所示的数字旋转方阵。图上画出的是6×6的方阵。希望编出N×N的数字方阵，4≤N≤10。

【解题思路】

在编程解题的过程中养成良好的分析习惯十分重要。解此题的关键在于寻找图形中数字位置的规律。图9.33是6行6列方阵，可以用一个二维数组来描述它。第一个下标变量为行号，第二个下标变量为列号，用行列号就可以将图形中的数字定位。分析同列的数字和同行的数字，考虑逆时针数字增长的情况，可以把图9.33的方阵从外到里分解为3层，在对6×6的方格填数字时，先填最外层，逆时针从1，2，…，20填，再填第二层，从21，22，…，32填，接着再填第三层。在填数的过程中，每层的第一个数的位置最重要。

令：

（1）size表示方阵的尺寸，初始时size=N；

（2）h表示行；

（3）v表示列；

（4）begin表示每层的起始位置值；

（5）number表示当前要填的数字。

操作步骤如下：

（1）从上到下，先来填第一层（数字方阵的最外圈）。左上角第一个数字的行列号为h=begin，v=begin，P[h][v]=number。填好一个数后立刻让number+1，准备好下一个要填入的数。接下来可按填数的自然方向，先自上而下填A_1块中的5个元素，这5个元素的位置列号v仍为begin不变，而行号要每次加1（见图9.34）。程序段如下：

1	20	19	18	17	16
2	21	32	31	30	15
3	22	33	36	29	14
4	23	34	35	28	13
5	24	25	26	27	12
6	7	8	9	10	11

图 9.33　6×6 方阵

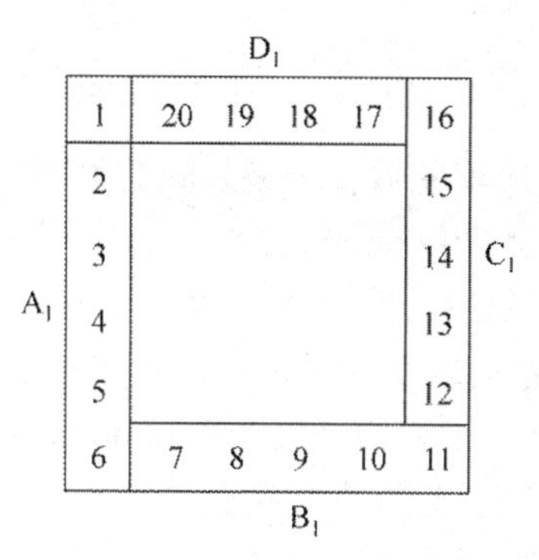

图 9.34　6×6 方阵第一层

```
for (i = 0; i < size - 1; i++)  //循环填入 size-1 个数
{
   h++;                          //行号 h 加 1
   P[h][v] = number;             //在 h 行 v 列填入数 number
   number++;                     //准备好下一次要填入的数
}
```

（2）从左至右，填 B_1 块。这一块的特点是列变行不变。行号仍取数字 6 所在的行号，列号在填数字前每次加 1。程序段如下：

```
for (i = 0; i < size - 1; i++)  //循环填入 size-1 个数
{
   v++;                          //列号 v 加 1
   P[h][v] = number;             //在 h 行 v 列填入数 number
   number++;                     //准备好下一次要填入的数
}
```

（3）自下而上，填 C_1 块。这一块的特点是行变列不变。列仍是数字 11 所在的列，行号在填数字前每次减 1。程序段如下：

```
for (i = 0; i < size - 1; i++)  //循环填入 size-1 个数
{
   h--;                          //行号 h 减 1
   P[h][v] = number;             //在 h 行 v 列填入数 number
   number++;                     //准备好下一次要填入的数
}
```

（4）自右而左，填 D_1 块。这一块的特点是列变行不变。行号仍是数字 16 所在的行号，列号在填数字前每次减 1。注意 D_1 块要填的数字个数比其他块少 1，反映在循环控制变量的终止值上。程序段如下：

```
for (i = 0; i < size - 2; i++)  //循环填入 size-2 个数
{
   v--;                          //列号 v 减 1
   P[h][v] = number;             //在 h 行 v 列填入数 number
```

```
    number++;                               //准备好下一次要填入的数
}
```

D_1 块填完后整个最外圈的数字就填完了，同时还准备好了下一圈（里圈）要填的左上角第一个数字 number。

可以这样想，本来是面对 size×size 的方阵来填数字的，现在将最外圈的填数任务解决了，就把问题变成了再去面对(size−2)×(size−2)的方阵去填数。因此，可以用递归思想来编程。设计一个递归函数 Fill(int number, int begin, int size)，其意义是对 size×size 的方阵填数，该方阵的左上角的位置信息为 begin，该位置上的数为 number。该填数函数的与或结点图如图 9.35 所示。

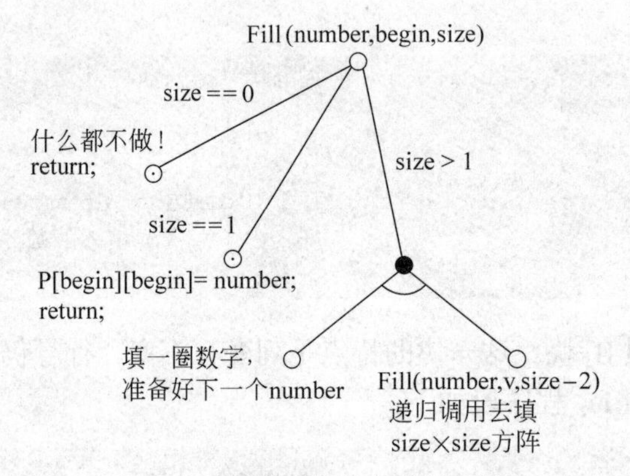

图 9.35 填数函数的与或结点图

这里要讨论与或图中 size==0 和 size==1 为递归的两个边界条件。如果 N 为偶数，最里圈的方阵为 2×2 方阵，当它填完数后，再调用 Fill(number, v, 2−2)就会遇到 size==0，退出递归函数，返回主函数。如果 N 为奇数，最里圈的方阵为 1×1 方阵，这时 size==1，将这个唯一的一个单元填上数即可返回主函数，见图 9.36。

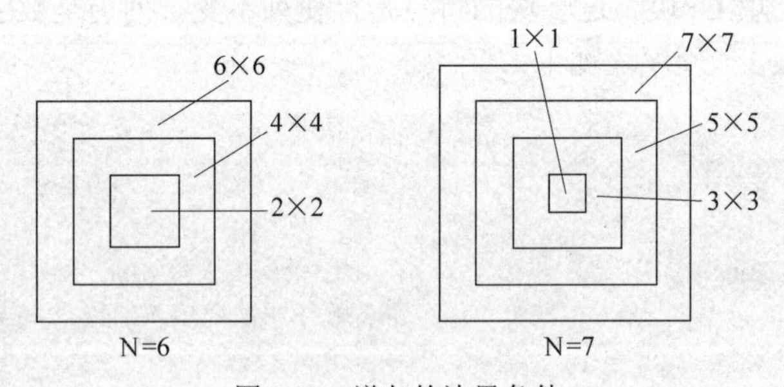

图 9.36 递归的边界条件

构思出与或结点图之后，程序就很容易编写了。参考程序如下。

```
#include <iostream>
using namespace std;

#define N 9
int P[N][N];                                //N×N 的区域
```

```
//顺序将数字填入 size×size 大小的区域
//int number：当前区域左上角要填的数字
//int begin：当前区域左上角坐标(begin, begin)
//int size：当前区域大小 size * size
void Fill(int number, int begin, int size)
{
    if (size == 0)                     //递归终止条件
        return;
    if (size == 1)
    {
        P[begin][begin] = number;
        return;
    }

    int i = 0;
    int h = begin, v = begin;    //初始坐标
    P[h][v] = number;               //将左上角填好
    number++;
    //填写一圈
    for (i = 0; i < size - 1; i++)
    {
        h++;                         //往下
        P[h][v] = number;            //填写
        number++;
    }
    for (i = 0; i < size - 1; i++)
    {
        v++;                         //往右
        P[h][v] = number;            //填写
        number++;
    }
    for (i = 0; i < size - 1; i++)
    {
        h--;                         //往上
        P[h][v] = number;            //填写
        number++;
    }
    for (i = 0; i < size - 2; i++)
    {
        v--;                         //往左
        P[h][v] = number;            //填写
        number++;
    }
    //递归填写中心区域
    Fill(number, v, size - 2);
}
```

```
int main()
{
    Fill(1, 0, N);

    //输出
    for (int h = 0; h < N; h++)
    {
        for (int v = 0; v < N; v++)
            cout << P[h][v] << '\t';
        cout << '\n';
    }
    return 0;
}
```

这个例子具有典型性，希望通过学习这个例子在如下 5 点上加深理解：

（1）对一个实际问题如何动手分析。

（2）对数字方阵问题如何选用二维数组这种数据结构。

（3）如何进行二维数组行列的计算。

（4）怎样借助递归思想使程序思路明晰易读。

（5）寻找规律是第一位重要的。

9.2.4 下楼问题

从楼上走到楼下共有 h 个台阶，每一步有 3 种走法：走 1 个台阶；走 2 个台阶；走 3 个台阶。问可走出多少种方案？希望用递归思想来编程。

首先定义：

（1）Try(i, s)为站在第 i 级台阶上往下试走第 s 步的过程；

（2）j 为在每一步可以试着走的台阶数，j=1，2，3；

（3）take[s]为存储第 s 步走过的台阶数。

① 如果 i<j，说明第 i 级台阶已比要走的 j 级台阶小，j 不可取。

② 如果 i>j，说明站在第 i 级台阶上可试走 j 个台阶为一步。

③ 如果 i==j，说明这一步走完后已到了楼下，这时一条下楼方案已试成，即可输出这一方案。

【解题思路】

（1）用枚举的方法，试着一步一步地走，从高到低。让 i 先取 h 值从楼上走到楼下，每走一步 i 的值会减去每一步所走的台阶数 j，即 i=h（初值），以后 i=i−j(j=1, 2, 3)，当 i=0 时，说明已走到楼下。

（2）枚举时，每一步都要试 j，或为 1，或为 2，或为 3。这时可用 for 循环结构。

（3）每一步走法都用相同的策略，故可以用递归算法。

在图 9.37 中，A 结点是被递归调用的结点，形式参数为 i 和 s。A 结点为一个与结点，进入 B 结点的参数为 i、s 和 j=3；进入 C 结点的参数为 i、s 和 j=2；进入 D 结点的参数为 i、s 和 j=1。Lp 是三个结点都可用的循环体。

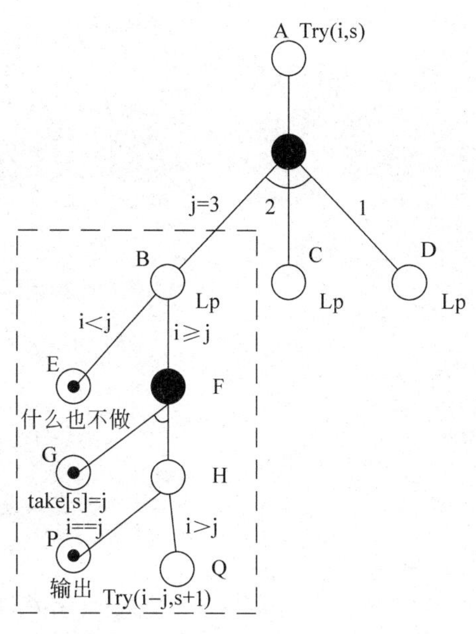

图 9.37　下楼问题的与或结点图

Lp 是一个分支结构的或结点。

① 当 i<j 时，说明第 i 级已经比一步该走的台阶数小了。这是一个直接可解结点 E，什么也不做。

② 当 i≥j 时，要做相关联的 G 和 H，G 是直接可解结点，将第 s 步走过的台阶数 j 记入 take 数组，即 take[s]=j；接着做 H，H 为或结点，有两个分支：

一是当 i==j 时，说明经过第 s 步已走到楼下，将方案号加 1，输出该下楼行走方案；

二是当 i>j 时，说明经过第 s 步尚未走到楼下，尚需再试第 s+1 步的走法，注意这时站在第 i–j 级台阶上，因此要调用 Try(i–j, s+1)。

图 9.38 画出了下楼问题的程序框图，图 9.39 是一个下楼的示意图。

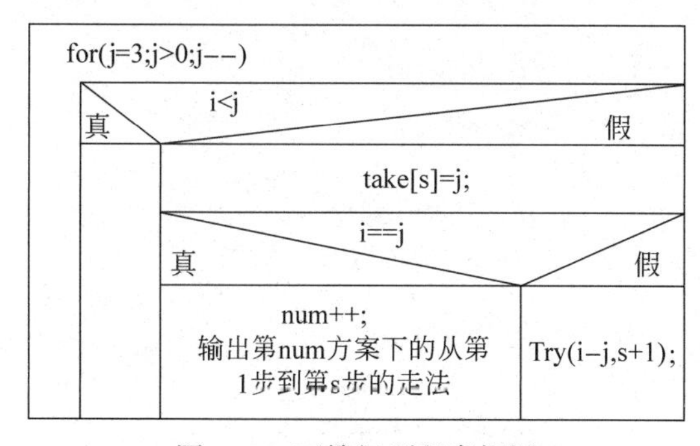

图 9.38　下楼问题程序框图

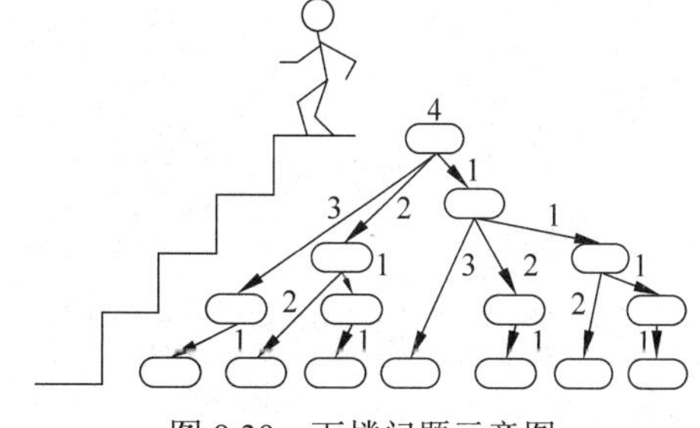

图 9.39　下楼问题示意图

下面列出下楼问题的参考程序。

```
#include <iostream>
using namespace std;

int take[99];
```

```
int num = 0;                                    //方案数

void Try(int i, int s)
{
    int j;                                      //表示每步允许走的台阶数
    for (j = 3; j > 0; j--)
    {
        if (i < j)                              //如果所剩台阶数小于允许走的台阶数
        {
            //什么也不做
        }
        else                                    //以下是 i ≥ j 的情况
        {
            take[s] = j;                        //记录第 s 步走 j 个台阶
            if (i == j)                         //如果已经到了楼下，做下列事情
            {
                num++;                          //方案数加 1
                cout << "方案" << num << ": ";
                for (int k = 1; k <= s; k++)    //输出方案的每一步
                {                               //所走的台阶数
                    cout << take[k];
                }
                cout << endl;
            }
            else                                //尚未走到楼下
            {
                Try(i - j, s + 1);              //再试剩下的台阶（递归调用）
            }
        }
    }
}

int main()
{
    int h = 0;                                  //楼梯的台阶数
    cout << "请输入楼梯的台阶数：";
    cin >> h;
    Try(h, 1);
    cout << "总方案数：" << num << endl;
    return 0;
}
```

9.2.5 跳马问题

在半张中国象棋的棋盘上，一只马从左下角跳到右上角，只允许往右跳，不允许往左跳，问能有多少种跳步方案，见图 9.40。

要求：

（1）看懂参考程序。

（2）理出思路，见图 9.41。

（3）画出与或图。

（4）上机运行。

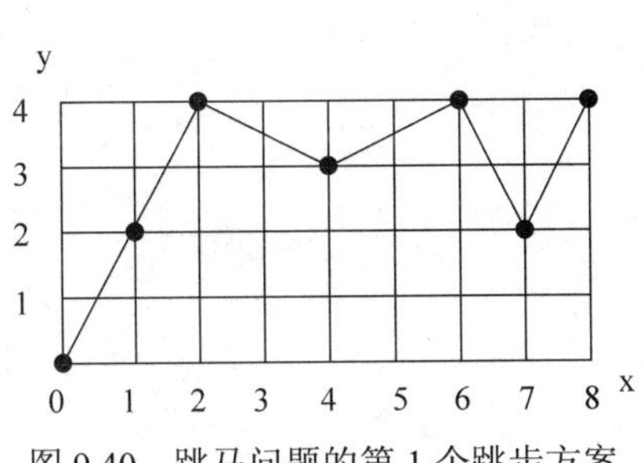

图 9.40　跳马问题的第 1 个跳步方案

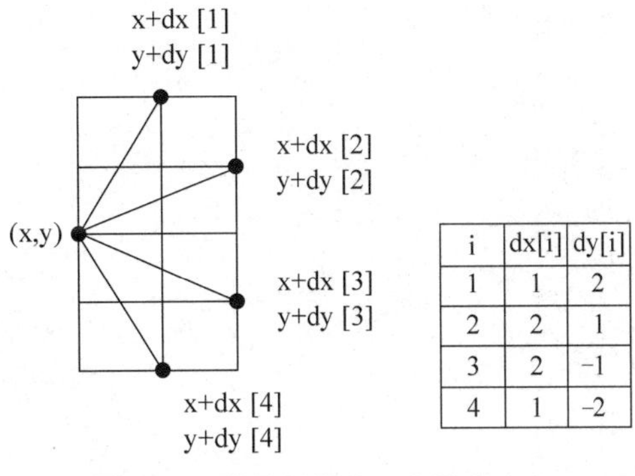

i	dx[i]	dy[i]
1	1	2
2	2	1
3	2	–1
4	1	–2

图 9.41　跳马问题的 4 个跳步方向

参考程序如下：

```
#include <iostream>
using namespace std;

const int TARGETX = 8;
const int TARGETY = 4;
const int MAXSTEP = 9;

int num;
int path[MAXSTEP][2];
int dx[] = {0, 1, 2, 2, 1};
int dy[] = {0, 2, 1, -1, -2};
int mk[MAXSTEP];

void Jump(int x, int y, int step)
{
    for (int k = 1; k <= 4; k = k + 1)                         //试 4 个跳步方向
    {
        int x1 = x + dx[k];
        int y1 = y + dy[k];

        bool t1 = (x1 >= 0) && (x1 <= TARGETX);                 //x1 在棋盘边界内
        bool t2 = (y1 >= 0) && (y1 <= TARGETY);                 //y1 在棋盘边界内
        bool t3 = (x1 == TARGETX) && (y1 != TARGETY);           //x1 到位 y1 不到位
        bool t4 = (x1 == TARGETX) && (y1 == TARGETY);           //x1,y1 到达目标

        if (t1 && t2 && !t3)                                     //x1,y1 可行
        {
```

```
            path[step][0] = x1;                                  //保存 x1,y1
            path[step][1] = y1;
            mk[step] = k;                                        //保存 k
            if (t4)                                              //测试达目标否
            {
               num = num+1;                                      //方案号加 1
               cout << "方案" << num << ": ";
               for (int i = 0; i <= step; i = i + 1)             //输出每一步
               {
                  cout << "(" << path[i][0] << "," << path[i][1] << ")";
               }
               cout << "\n";
            }
            else
            {
               Jump(x1, y1, step + 1);                           //跳下一步
            }
         }
      }
}

int main()
{
   mk[0] = 0;
   num = 0;                                                      //方案号置 0
   path[0][0] = 0;
   path[0][1] = 0;                                               //棋盘左下角
   Jump(0, 0, 1);
   cout << "总方案数: " << num << endl;
   return 0;
}
```

9.2.6 分书问题

有编号分别为 0、1、2、3、4 的 5 本书，准备分给 5 个人 A、B、C、D、E，每个人阅读兴趣用一个二维数组加以描述，公式如下：

$$like[i][j] = \begin{cases} 1, & \text{i喜欢j书} \\ 0, & \text{i不喜欢j书} \end{cases}$$

写一个程序，输出所有分书方案，让人人皆大欢喜。假定 5 个人对 5 本书的阅读兴趣如图 9.42 所示。

【解题思路】

（1）定义一个整型的二维数组，将表中的阅读喜好用初始化方法赋给这个二维数组。可定义

人＼书	0	1	2	3	4
A	0	0	1	1	0
B	1	1	0	0	1
C	0	1	1	0	1
D	0	0	0	1	0
E	0	1	0	0	1

图 9.42　读书兴趣

```
int like[5][5] = {{0, 0, 1, 1, 0}, {1, 1, 0, 0, 1},
                  {0, 1, 1, 0, 1}, {0, 0, 0, 1, 0},
                  {0, 1, 0, 0, 1}};
```

（2）定义一个整型一维数组 book[5]，用来记录书是否已被选用。用下标作为 5 本书的标号，被选过元素值为 1，未被选过元素值为 0，初始化皆置 0。

```
int book[5] = {0, 0, 0, 0, 0};
```

（3）画出思路图。

① 定义试着给第 i 人分书的函数为 Try(i)，i=0，1，…，4。

② 试着给第 i 个人分书，先试分 0 号书，再分 1 号书，分 2 号书……，因此有一个与结点，让 j 表示书，j=0，1，2，3，4。

③ Lp 为循环结构的循环体，见图 9.43。

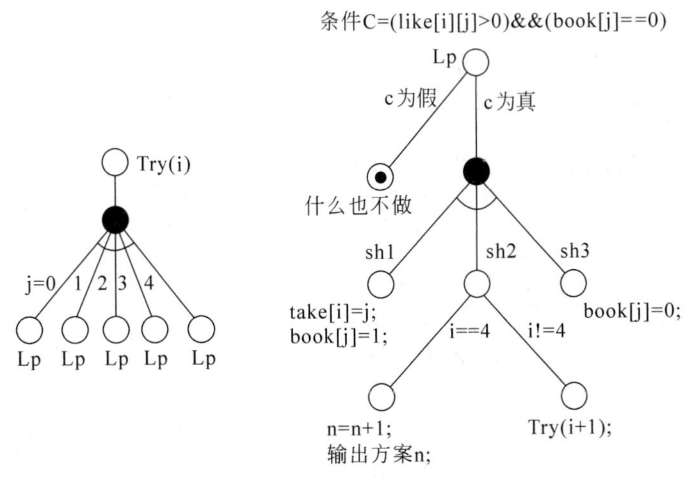

图 9.43　分书问题的与或图

④ 条件 C 是由两部分“与”起来的，“第 i 个人喜欢 j 书，且 j 书尚未被分走”。满足这个条件时 i 人能够得到 j 书。

⑤ 如果不满足 C 条件，则什么也不做，这是直接可解结点。

⑥ 满足 C 条件，做 3 件事。

第一件事：将 j 书分给 i，用一个数组 take[i]=j，记住书 j 给了 i，同时记录 j 书已被选用，book[j]=1。

第二件事：查看 i 是否为 4，如果不为 4，表示尚未将 5 个人所要的书分完，这时应递归再试下一人，即 Try(i+1)。如果 i==4，则应先使方案数 n=n+1，然后输出第 n 个方案下的每个人所得之书。

第三件事：回溯。让第 i 人退回 j 书，恢复 j 书尚未被选的标志，即 book[j]=0。这是在已输出第 n 个方案之后，去寻找下一个分书方案所必需的。

⑦ 在有了上述的与或图之后，很容易写出一个程序框图。先看被调用函数 Try(i)的框图，见图 9.44。

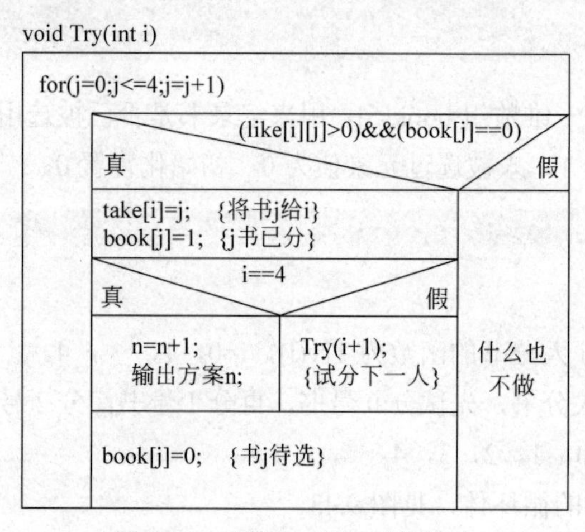

图 9.44　函数 Try(i)的程序框图

主程序将分书方案号预置 0，从第 0 个人（A）开始试分书，调用 Try(0)。

分书问题程序如下：

```
#include <iostream>
using namespace std;

int take[5], n = 0;
int like[5][5] = {{0, 0, 1, 1, 0}, {1, 1, 0, 0, 1},
                  {0, 1, 1, 0, 1}, {0, 0, 0, 1, 0},
                  {0, 1, 0, 0, 1}};
int book[5] = {0, 0, 0, 0, 0};

void Try(int i)
{
    for (int j = 0; j <= 4; j++)        //j 代表书号
    {
        if ((like[i][j] > 0) && (book[j] == 0))
        {   //如果满足分书条件做下列事
```

```
            take[i] = j;                  //把 j 号书给 i
            book[j] = 1;                  //记录 j 书已分
            if (i == 4)                   //如果 i == 4，输出分书方案
            {
                n++;                      //让方案数加 1
                cout << "第" << n << "个方案\n";
                for (int k = 0; k <= 4; k++)
                {
                    cout << take[k] << "号书分给"
                         << char(k + 'A') << endl;
                }
                cout << endl;
            }
            else                          //如果 i != 4，继续给下一人分书
                Try(i + 1);

            book[j] = 0;                  //记录 j 书待分
        }
    }
}

int main()
{
    n = 0;                                //分书方案号预置 0
    Try(0);                               //调用 Try 函数
    return 0;
}
```

9.2.7　八皇后问题

在 8×8 的棋盘上，放置 8 个皇后（棋子），使两两之间互不攻击。所谓互不攻击是说任何两个皇后都要满足：

（1）不在棋盘的同一行；

（2）不在棋盘的同一列；

（3）不在棋盘的同一对角线上。

因此可以推导出，棋盘共有 8 行，每行有且仅有一个皇后，故至多有 8 个皇后。这 8 个皇后每个应该放在哪一列上是解该题的任务。还是用试探的方法“向前走，碰壁回头”的策略。这就是“回溯法”的解题思路。

【解题思路】

（1）定义函数 Try(i)，用来试探放第 i 行上的皇后。

（2）讨论将第 i 行上的皇后放在 j 列位置上的安全性。可以逐行地放每一个皇后，因此，在做这一步时，假定第 i 行上还没有皇后，不会在行上遭到其他皇后的攻击。只考虑来自

列和对角线的攻击。定义 q(i)=j 表示第 i 行上的皇后放在第 j 列，一旦这样做了，就要考虑第 i 个皇后所在的列不安全了，这时让 C[j]=false，同时，要考虑通过(i, j)位置的两条对角线也不安全了。分析看出从左上到右下的对角线上的每个位置都有“i–j=常数”的特点；从左下到右上的对角线上的每个位置都有“i+j=常数”的特点。比如图 9.45 的两条对角线上的点，一条有 i–j= –1，一条有 i+j=7 的特点。

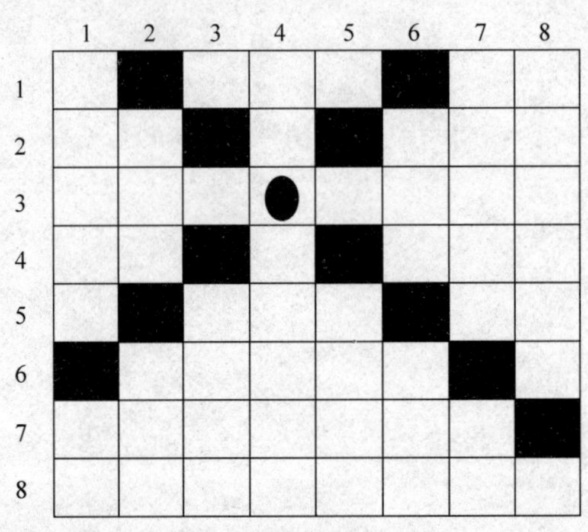

图 9.45　八皇后问题

利用这个特点，可以令 L[i–j+9]=false 和 R[i+j]=false 来表示在(i, j)位置放皇后之后，通过该位置的两条对角线上不安全了。这样得出了在(i, j)位置放皇后的安全条件为

```
nq = C[j] && L[i-j+9] && R[i+j]
```

为了判断安全条件，在程序中要用到 3 个数组：

① C[j]为布尔型的，j=1，2，…，8，初始化时全部置为 true。

② L[k]为布尔型的，k=i–j+9，k=2，3，…，16，初始化时全部置为 true。

③ R[m]为布尔型的，m=i+j，m=2，3，…，16，初始化时全部置为 true。

（3）从思路上，在放第 i 个皇后时（当然在第 i 行），选第 j 列，当 nq 为 true 时，就可将皇后放在(i, j)位置，这时做如下 3 件事：

① 放皇后 q[i]=j，同时让第 j 列和过(i, j)位置的两条对角线变为不安全，即让 C[j]=false，L[i–j+9]=false，R[i+j]=false。

② 之后查一下 i 是否为 8，如果为 8，则表明已经放完 8 个皇后，这时让方案数 Num 加 1，输出该方案下 8 个皇后在棋盘上的位置；否则，未到 8 个，还要让皇后数 i 加 1 再试着放，这时还要递归调用 Try(i+1)。

③ 为了寻找不同方案，当一个方案输出之后，要回溯，将先前放的皇后从棋盘上拿起来，看看还有没有可能换一处放置。这时要将被拿起来的皇后的所在位置的第 j 列和两条对角线恢复为安全的。

可用与或图来描述八皇后问题的解题思路，见图 9.46。

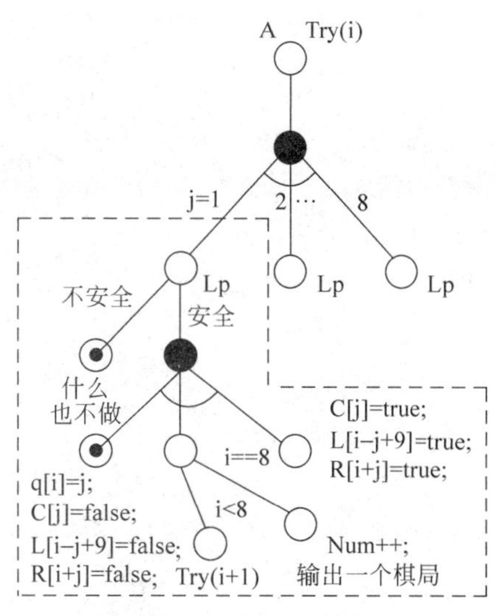

图 9.46　八皇后问题的与或图

八皇后问题程序如下：

```
#include <iostream>
using namespace std;

const int Normalize = 9;
int Num;          //记录方案数
int Q[9];         //记录 8 个皇后所占用的列号
bool C[9];        //C[1]~C[8]，当前列是否安全
bool L[17];       //L[2]~L[16]，(i-j)对角线是否安全
bool R[17];       //R[2]~R[16]，(i+j)对角线是否安全

void Try(int i) //i 为行号
{
    for (int j = 1; j <= 8; j++)
    {
        if (C[j] && L[i - j + Normalize] && R[i + j])  //第 i 行第 j 列是安全的
        {
            //第一件事，占用位置(i,j)
            Q[i] = j;
            //修改安全标志，包括所在列和两个对角线
            C[j] = false;
            L[i - j + Normalize] = false;
            R[i + j] = false;
            //第二件事，判断是否放完 8 个皇后
            if (i < 8)              //未放完 8 个皇后
                Try(i + 1);         //继续放下一个
            else                    //已经放完 8 个皇后
            {
                Num++;              //方案数加 1
                cout << "方案" << Num << ": ";
```

```
            for (int k = 1; k <= 8; k++)
                cout << Q[k] << " ";
            cout << endl;
        }
        //第三件事，修改安全标志，回溯
        C[j] = true;
        L[i - j + Normalize] = true;
        R[i + j] = true;
    }
  }
}

int main()
{
    Num = 0;                          //方案数清零
    for (int i = 0; i < 9; i++)       //置所有列为安全
        C[i] = true;
    for(int i = 0; i < 17; i++)       //置所有对角线为安全
        L[i] = R[i] = true;

    Try(1);                           //递归放置 8 个皇后，从第一个开始放
    return 0;
}
```

共 92 组解，部分答案如下：

方案 1：1 5 8 6 3 7 2 4

方案 2：1 6 8 3 7 4 2 5

方案 3：1 7 4 6 8 2 5 3

方案 4：1 7 5 8 2 4 6 3

方案 5：2 4 6 8 3 1 7 5

方案 6：2 5 7 1 3 8 6 4

方案 7：2 5 7 4 1 8 6 3

方案 8：2 6 1 7 4 8 3 5

方案 9：2 6 8 3 1 4 7 5

方案 10：2 7 3 6 8 5 1 4

9.2.8 青蛙过河

该题是 2000 年全国青少年信息学奥林匹克竞赛的一道试题。叙述如下：

一条小溪尺寸不大，青蛙可以从左岸跳到右岸。在左岸有一石柱 L，面积只容得下一只青蛙落脚，同样右岸也有一石柱 R，面积也只容得下一只青蛙落脚。有一队青蛙从尺寸上一个比一个大。将青蛙从小到大，用 $1^{\#}$，$2^{\#}$，…，$n^{\#}$编号。规定初始时这队青蛙只能趴在左岸的石头 L 上，按编号顺序一个摞一个，小的落在大的上面。不允许大的落在小的上面。在小溪中有 S 个石柱，有 y 片荷叶，规定溪中的柱子上允许一只青蛙落脚，如有多只，

同样要求按编号顺序一个落一个，大的在下，小的在上，而且必须编号相邻。对于荷叶，只允许一只青蛙落脚，不允许多只在其上。对于右岸的石柱 R，与左岸的石柱 L 一样面积只容得下一只青蛙落脚，多个青蛙落其上须一个摞一个，小的在上，大的在下，且编号相邻。当青蛙从左岸的 L 上跳走后就不允许再跳回来；同样，从左岸 L 上跳至右岸 R，或从溪中荷叶或溪中石柱跳至右岸 R 上的青蛙也不允许再离开。问在已知溪中有 S 根石柱和 y 片荷叶的情况下，最多能跳过多少只青蛙？

这题看起来较难，但是如果认真分析，理出思路，就可化难为易。

【解题思路】

（1）简化问题，探索规律。先从个别再到一般，要善于对多个因素作分解，孤立出一个一个因素来分析，理性思维是化难为易的金钥匙。

（2）定义函数，设 Jump(S, y)为最多可跳过河的青蛙数，其中 S 为河中柱子数，y 为荷叶数。

（3）先看简单情况，河中无柱子，即 S=0。

当 y=1 时，Jump(0, 1)=2。说明河中有一片荷叶，可以过两只青蛙，起始时 L 上有两只青蛙，1#在 2#上面。

① 1#跳到荷叶上；

② 2#从 L 直接跳至 R 上；

③ 1#再从荷叶跳至 R 上，见图 9.47。

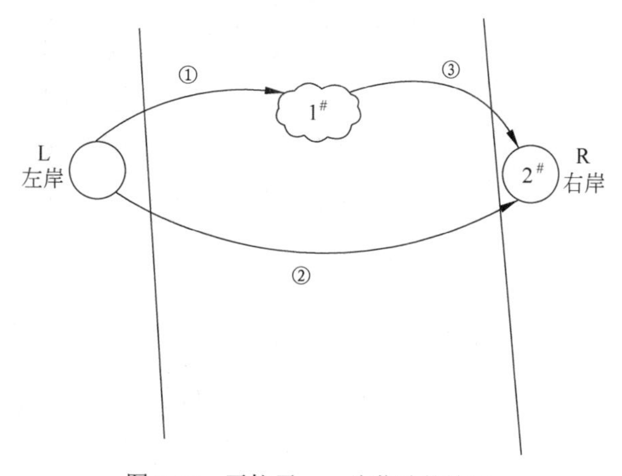

图 9.47　无柱子、一片荷叶的情况

当 y=2 时，Jump(0, 2)=3。说明河中有两片荷叶时，可以过 3 只青蛙；起始时，3 只青蛙 1#，2#，3#落在 L 上。

① 1#从 L 跳至叶 1 上；

② 2#从 L 跳至叶 2 上；

③ 3#从 L 直接跳至 R 上；

④ 2#从叶 2 跳至 R 上；

⑤ 1#从叶 1 跳至 R 上，见图 9.48。

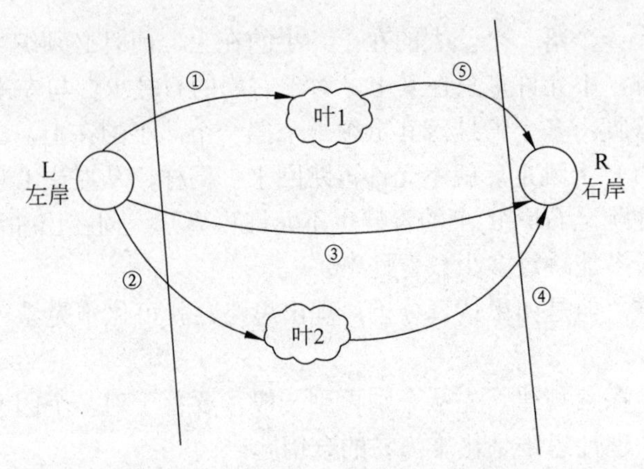

图 9.48　无柱子、两片荷叶的情况

采用归纳法得 Jump (0, y)=y+1。

意思是在河中没有石柱的情况下，过河的青蛙数仅取决于荷叶数，数目是“荷叶数+1”。

（4）再考虑 Jump(S, y)，先看一个最简单情况，即 S=1，y=1。

从图 9.49 中可以看出可跳过 4 只青蛙，需要 9 步。

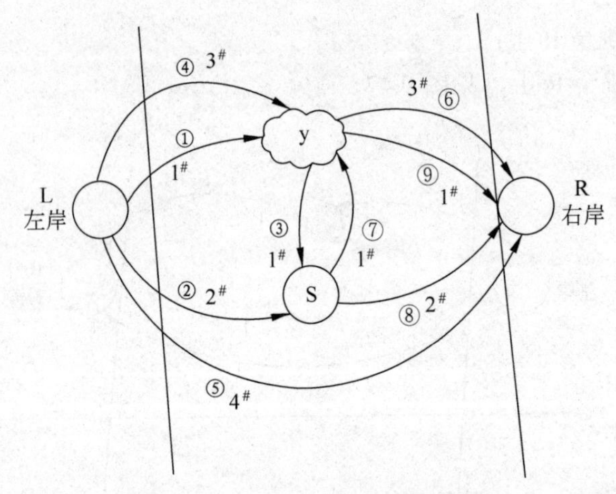

图 9.49　一根柱子、一片荷叶的情况

① $1^{\#}$青蛙从 L→y；

② $2^{\#}$青蛙从 L→S；

③ $1^{\#}$青蛙从 y→S；

④ $3^{\#}$青蛙从 L→y；

⑤ $4^{\#}$青蛙从 L→R；

⑥ $3^{\#}$青蛙从 y→R；

⑦ $1^{\#}$青蛙从 S→y；

⑧ $2^{\#}$青蛙从 S→R；

⑨ $1^{\#}$青蛙从 y→R。

为了将过河过程描述得更清楚，给出了图 9.50。

图中画出了一张表，表中 L1、L2、L3 和 L4 表示左岸石柱上落在一起的青蛙的高度位置。L1 在最上面，L4 在最下面的位置。引入这个信息就可比较容易地看出对青蛙占位的约束条件。同理 R1、R2、R3、R4 也是如此。对水中石柱 S，也分成两个高度位置 S1 和 S2。对荷叶 y 无须分层，因为它只允许一只青蛙落在其上。t=0 为初始时刻，青蛙从小到大落在石柱 L 上。t=1 为第一步，$1^{\#}$从 L 跳至荷叶 y 上，L 上只剩 $2^{\#}$、$3^{\#}$、$4^{\#}$；t=2 为第二步，$2^{\#}$从 L 跳至石柱 S 上，处在 S2 位置上，L 上只剩 $3^{\#}$和 $4^{\#}$；t=3 为第三步，$1^{\#}$从 y 跳至 S，将 y 清空。

这时请看，S 上有 $1^{\#}$和 $2^{\#}$，L 上有 $3^{\#}$和 $4^{\#}$，好像是原来在 L 上的 4 只青蛙，分成了上下两部分，上面的 2 只通过荷叶 y 转移到了 S 上。这一过程是一分为二的过程，即将 L 上的一队青蛙分解为两个队，每队各两只，且将上面的两只转移到了 S 上。这时可以考虑形成两个系统，一个是 LyR 系统，一个是 SyR 系统。前者两只青蛙号大，后者两只青蛙号小。先跳号大的，再跳号小的。从第⑤步到第⑨步可以看出的确是这么做的。

对于 LyR 系统，相当于 Jump(0, 1)；对于 SyR 系统，也相当于 Jump(0, 1)。整体上 Jump(1, 1)为两个系统之和，即为 2*Jump(0, 1)，因此有：

$$\text{Jump}(1, 1) = 2 * \text{Jump}(0, 1) = 2 * 2 = 4$$

现在再看 S=2，y=1，即 Jump(2, 1)，参见图 9.51。

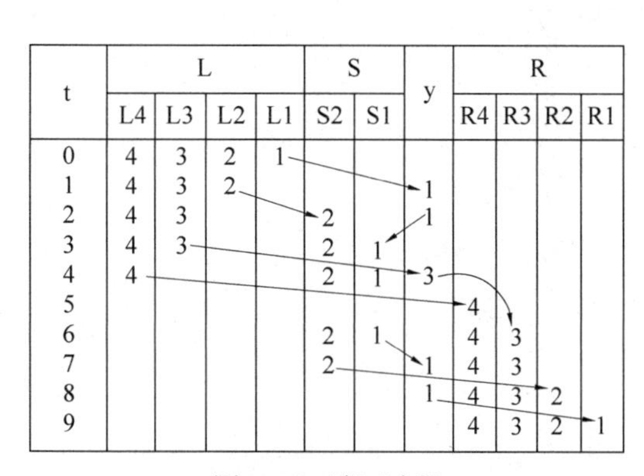

t	L				S		y	R			
	L4	L3	L2	L1	S2	S1		R4	R3	R2	R1
0	4	3	2	1							
1	4	3	2				1				
2	4	3			2		1				
3	4	3			2	1					
4	4				2	1	3				
5								4			
6					2	1		4	3		
7					2		1	4	3		
8							1	4	3	2	
9								4	3	2	1

图 9.50　过河过程

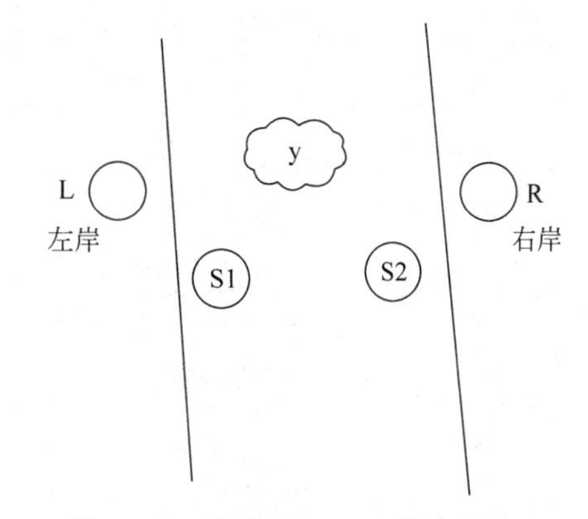

图 9.51　两根柱子、一片荷叶的情况

将河中的两个石柱称为 S1 和 S2，荷叶称为 y，考虑先将 L 上的青蛙的一半借助于 S1 和 y 转移到 S2 上，当然是一半小号的青蛙在 S2 上，大的留在 L。这样 L S1 S2 y R 系统分解为：

(L S1 y S2 系统) + (S2 S1 y R 系统)
= 2 * (L S1 y R 系统)
= 2 * Jump(1, 1)

用归纳法得出：Jump(S, y) = 2 * Jump(S−1, y)。

（5）将上述分析出来的规律写成递归形式的与或结点图，如图 9.52 所示。

例如，S=3，y=4，算 Jump(3, 4)。

在做了上述分析之后，程序十分好编写，与或结点图如图 9.53 所示。

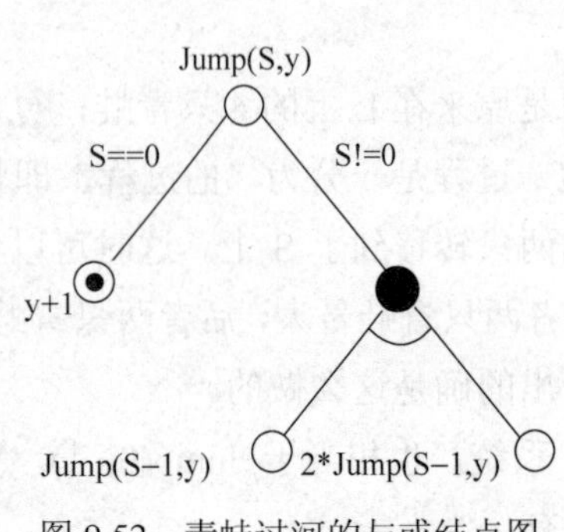

图 9.52　青蛙过河的与或结点图

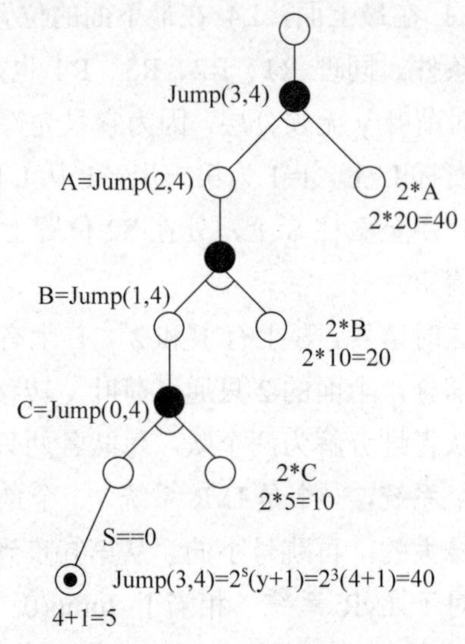

图 9.53　Jump(3, 4)的与或结点图

参考程序如下：

```
#include <iostream>
using namespace std;

int Jump(int, int);

int main()
{
    int s = 0, y = 0, sum = 0;   //s 为河中石柱数，y 为荷叶数
    cout << "请输入石柱数 s=";
    cin >> s;
    cout << "请输入荷叶数 y="
    cin >> y;
    sum = Jump(s, y);
    cout << "Jump(" << s << "," << y << ")=" << sum << endl;
    return 0;
}

int Jump(int r, int z)
{
    int k = 0;
    if (r == 0)                          //如果 r 为 0，则为直接可解结点
    {
        k = z + 1;                       //直接可解结点，k 值为 z + 1
    }
    else                                 //否则要调用 Jump(r - 1, z)
    {
        k = 2 * Jump(r - 1, z);
    }
```

```
    return k;
}
```

9.3 小　　结

（1）递归函数是可以直接调用自己或通过别的函数间接调用自己的函数。从思路上，递归函数将问题分解为两个概念性部分 A 和 B，其中 A 是能够处理的部分；B 是暂时还不能处理的部分，但与原问题相似，且规模缩小。由于 B 部分与原问题相似，就形成了“你中有我，我中有你”的特殊局面；一次一次地调用，规模缩小，直至降到最低，达到递归边界，从而得到解答。

（2）递归是分治策略的最好应用。递归思想能更自然地反映问题，使程序易于理解和易于调试。递归程序的缺点是要占用大量的时间和空间。

（3）推荐使用与或结点图来描述递归函数，它可以使较抽象的事情形象化和形式化，有助于对问题的分析和理解。有了与或结点图，编程序就易如反掌了。

课外阅读材料

二叉树

1．二叉树的基本概念

二叉树的特点如下：

（1）外形像一棵倒立的树（参见图 9.54 的二叉树特例）。

（2）最上层有一个“根结点”，指针 root 指向根结点。

（3）每个结点都是一个结构，一个成员是整型数据，两个成员是指针，分为左指针 L 和右指针 R。

（4）根结点的左指针指向左子树；右指针指向右子树。

（5）左子树或右子树本身又是一棵二叉树，又有它们自己的左子树和右子树……

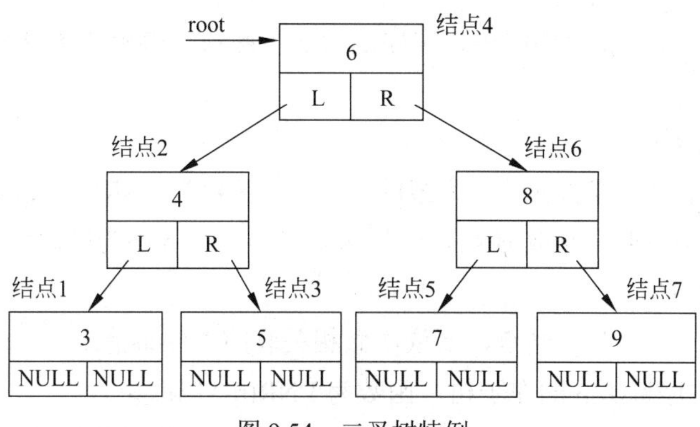

图 9.54　二叉树特例

2．二叉树的遍历

树的遍历是指访遍树中的所有结点。

若遍历一个单链表，从表头开始按一个方向从头到尾就可遍历所有结点。对二叉树来说就没有这样简单了，因为对树或是对子树都存在根（或子树的根）和左子树、右子树，先遍历谁？由此产生了 3 种不同的方法。

（1）前序法，遍历顺序为：

① 访问根结点；

② 遍历左子树；

③ 遍历右子树。

（2）中序法，遍历顺序为：

① 遍历左子树；

② 访问根结点；

③ 遍历右子树。

（3）后序法，遍历顺序为：

① 遍历左子树；

② 遍历右子树；

③ 访问根结点。

下面就以中序法为例研究如何遍历二叉树。采用递归算法，令指针 p 指向二叉树的根结点。

定义树的结构如下：

```
struct TREE
{
   int data;
   struct TREE *L, *R;
};
```

定义 p 为 TREE 结构的指针：

```
TREE *p;
```

让 LNR(p)表示对以 p 为根的树作中序遍历的子函数，得出如图 9.55 所示的递归算法与或结点图。

图 9.55 说明如下：

（1）A 结点表示中序遍历 p 结点为根的二叉树，函数为 LNR(p)。该结点为“或”结点，有两个分支。当 p 为空时，A 取 B 结点，什么都不做；当 p 不为空时，说明树存在（起码有一个根），有结点 C。

（2）C 结点为一个“与”结点，要依次做相关联的 3 件事情：

① D 结点，中序遍历 p 的左子树，函数为 LNR(p->L)；

② E 结点，直接可解结点，访问 p 结点（比如输出 p 结点数据域中的值）；

③ F 结点，中序遍历 p 的右子树，函数为 LNR(p->R)。

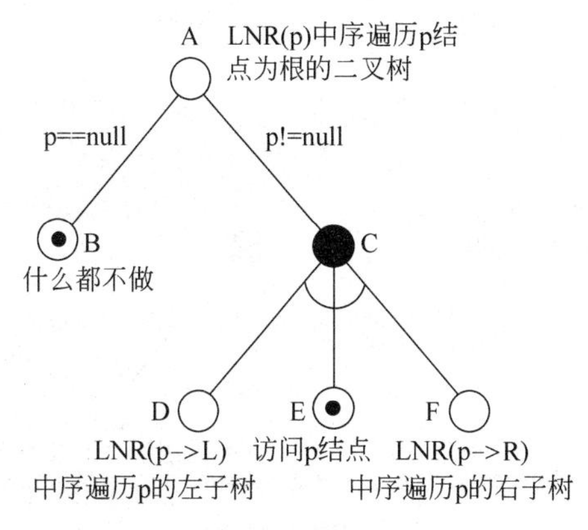

图 9.55　中序遍历以 p 为根的二叉树

（3）比较 LNR(p)与 LNR(p->L)及 LNR(p->R)可以看出，都是同一个函数形式，只不过代入了不同的参数，从层次和隶属关系看，p 是父结点的指针，而 p->L 和 p->R 是子结点的指针，p->L 是左子树的根，p->R 是右子树的根。

3．二叉树的建立

建立二叉树的过程是一个“插入”过程，下面用一个例子来讲解这一过程。

建立这样一棵二叉树，树中的每一个结点有一个整数，数据名为 data；有两个指针（左指针 L，右指针 R），分别指向这个结点的左子树和右子树。显然可以用名为 TREE 的结构来描述这种结点：

```
struct TREE
{
    int data;
    struct TREE *L, *R;
};
```

对二叉树来说最重要的是根，它起定位的作用，因此，首先建立的是根结点。也就是说，如果从键盘输入数据来建立二叉树，第一个数据就是这棵树的根数据。之后再输入的数据，每一个都要与根中的数据作比较，以便确定该数据所在结点的插入位置。假定这里用图 9.54 所示的方式，如果待插入结点的数据比根结点的数据小，则将其插至左子树，否则插入右子树。

定义一个函数

```
void insert(TREE *&pRoot, TREE *pNode)
```

其中，指针 pNode 指向含有待插入数据的结点，pRoot 为树的根结点指针的别名。

insert 函数可理解为将 pNode 结点插入到 pRoot 所指向的树中。insert(pRoot, pNode)可用图 9.56 所示的与或结点图来描述。

注意，在图 9.56 中，pRoot 是被调用函数的形参。从前面对它的定义看，pRoot 是指针的引用，实际上是指向二叉树根结点的指针的别名。

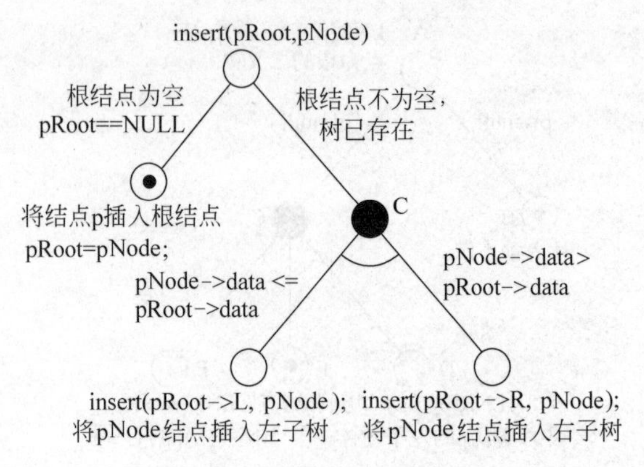

图 9.56　二叉树结点的插入

以下是建立二叉树的参考程序。

```
#include <iostream>
using namespace std;

struct TREE
{
   int data;
   struct TREE *L, *R;              //TREE 结构指针
};

//函数 insert，将结点插入二叉树
void insert(TREE *&pRoot, TREE *pNode)
{
   if (pRoot == NULL)               //如果根结点为空
   {
      pRoot = pNode;                //将结点 pNode 插入根结点
   }
   else                             //根结点不为空
   {
      //如果 pNode 结点数据小于等于根结点数据
      if (pNode->data <= pRoot->data)
         insert(pRoot->L, pNode);  //插入左子树
      else                          //pNode 结点数据大于根结点数据
         insert(pRoot->R, pNode);  //插入右子树
   }
}

//输出二叉树内容
void print(TREE *pRoot)
{
   if (pRoot == NULL)               //根或子树根结点为空
      return;
   print(pRoot->L);                 //输出左子树内容
   cout << pRoot->data << endl;     //输出数据
```

```
    print(pRoot->R);                    //输出右子树内容
}

int main()
{
    struct TREE *pRoot = NULL, *pNode = NULL;
    cout << "请输入待插入结点的数据\n";
    cout << "如果输入-1 表示插入过程结束\n";
    int temp;
    cin >> temp;
    while (temp != -1)
    {
        //为待插入结点分配内存单元
        pNode = new TREE;
        pNode->data = temp;             //将 temp 赋值给 pNode 结点的数据域
        pNode->L = NULL;                //将 pNode 结点的左右指针域置为空
        pNode->R = NULL;
        insert(pRoot, pNode);           //将 pNode 结点插入到根为 pRoot 的树中
        cout << "请输入待插入结点的数据\n";
        cout << "如果输入-1 表示插入过程结束\n";
        cin >> temp;
    }

    if (pRoot == NULL)                  //如果根结点为空
        cout << "这是一棵空树。\n";
    else                                //根结点不为空
        print(pRoot);                   //输出二叉树内容
    return 0;
}
```

习　　题

1．由键盘输入两个正整数 A 和 B，请你用递归思想编写一个程序，求 A 与 B 的最大公约数，并输出。

2．试用递归思想编写一个冒泡排序程序。

3．输入 abcd 四个字符，试用递归思想输出这四个字符的全部可能的排列，要求排列符合字典序，小的在前、大的在后输出。

第 10 章　多步决策问题

教学目标

- 多步决策的基本概念
- 多步决策问题求解

内容要点

- 多步决策问题解题思路

10.1　多步决策问题的解题思路

【任务 10.1】 人鬼渡河问题：有 3 个人带着 3 个鬼要从河的东岸坐船摆渡到西岸，船很小，容量为 2（或 2 人，或 2 鬼，或 1 人和 1 鬼）。无论是在河的东岸还是在河的西岸，一旦鬼数多于人数，则人会被鬼扔到河中。试编程求出一种渡河方案。

输出格式：

共 n 行，每一行表示一个状态，行的数据自左至右依次为：

```
状态号，冒号，左括号，东岸人数，逗号，东岸鬼数，右括号
```

例如输出的第一行为

```
1: (3, 3)
```

输出的最末一行为

```
12: (0, 0)
```

（这里假定 n=12）

针对任务我们首先进行形式化的分析，试图建立一个解决该题的数学模型。

首先归纳人鬼渡河的规则，需从安全角度考虑：人身安全和船不能超载。

10.1.1　人鬼渡河的任务与规则要点

（1）目标是将东岸的 3 人 3 鬼通过一只小船转移到西岸，希望以尽可能少的摆渡次数完成任务。

（2）船须有 1 人或 1 鬼来划，船的容量有限，一次最多只能坐不多于 2 人（或 2 鬼或 1 人 1 鬼）。

（3）无论是在河的东岸还是在河的西岸，一旦鬼数多于人数，则人被鬼扔到河中。

（4）怎样渡河的大权掌握在人的手中。

（5）只求一种渡河方案。

10.1.2 人鬼渡河的安全性考虑

为进行形式化分析，定义变量

- R——表示东岸人数。
- G——表示东岸鬼数。
- k——表示船行次数，从东岸到西岸或从西岸到东岸各计 1 次。

显然，船从东到西，k 为奇数；船从西到东，k 为偶数。

定义二维向量 d_k 为第 k 次行船的摆渡策略：

$$d_k = (u_k, v_k)$$

其中 u_k 为上船人数，v_k 为上船鬼数。

小船的容量为 2，因此令允许的摆渡策略集合为 D：

$$D = \{(u, v) \mid u = 2, v = 0; u = 1, v = 0; u = 1, v = 1; u = 0, v = 1; u = 0, v = 2;\}$$

说明：不存在 u=0, v=0 的情况，因为没有划桨者。

状态定义：摆渡过程中东岸的人数和鬼数视为一种状态，令 S 表示所有可能状态的集合，S_k 表示第 k 次摆渡前的状态

$$S_k = (u_k, v_k)$$

经过一次摆渡，东岸的人、鬼数发生变化，会从一种状态变为另一种状态，称之为状态转移。图 10.1 为状态转移图。

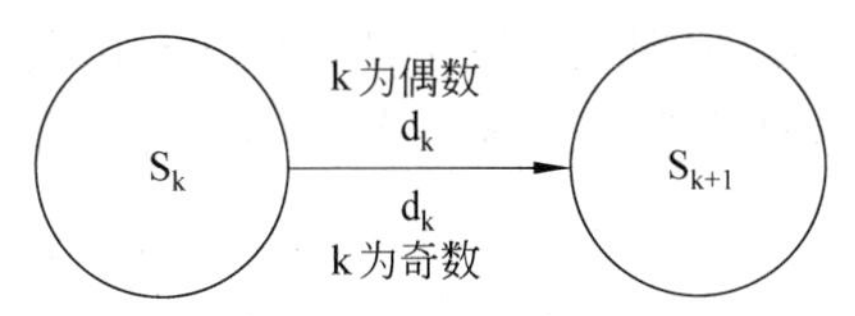

图 10.1 状态转移图

状态转移公式：

$$S_{k+1} = S_k + (-1)^k d_k$$

安全渡河方案为多步决策问题，决策的目标是：选择一系列的摆渡决策 $d_k \in D$，(k=1, 2, ⋯, n)，使状态 $S_k \in S$，并且按照状态转移公式

$$S_{k+1} = S_k + (-1)^k d_k$$

由初始状态 S_1=(3, 3)经有限步骤 n 到达

$$S_{n+1} = (0, 0)$$

10.1.3 安全状态的描述

下面我们用一些图来形象地加以说明，先看图 10.2，东岸状态图中的 10 个安全状态。

从东岸状态图分析有 3 类点是安全的：

- 第 1 类：3 个人在东岸未动，有 4 个点。
- 第 2 类：3 个人已不在东岸，有 4 个点。
- 第 3 类：在东岸人数和鬼数相等，只有两个点。
    - ♦ （1, 1）----------1 人 1 鬼
    - ♦ （2, 2）----------2 人 2 鬼

安全渡河要从第 1 类的 4 个点转到第 2 类的 4 个点，一定会经过第 3 类的 2 个点。

存在不安全的 6 个状态，无论在东岸还是在西岸鬼数多于人数，人就惨了。东岸上的这 6 个状态画在图 10.3 中。

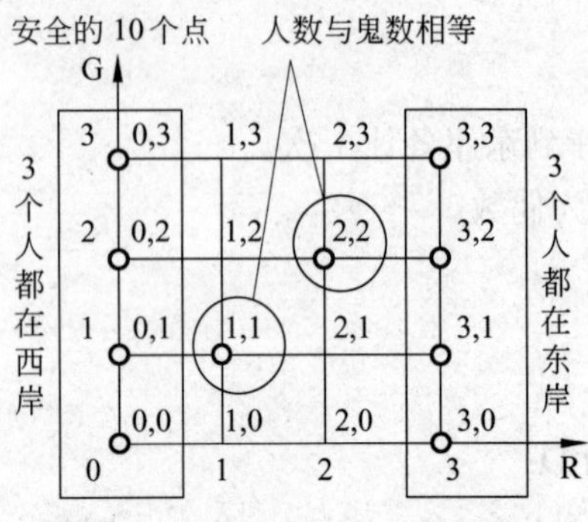

图 10.2　东岸的 10 个安全状态

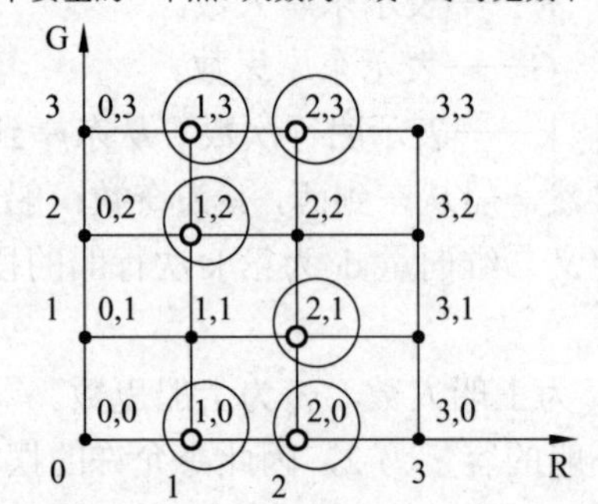

图 10.3　东岸状态图上不安全的 6 个点

10.2　安全条件形式化

令 AQ=true 表示安全，AQ=false 表示不安全。我们将渡河问题的安全条件形式化，见图 10.4。

为了便于理解，我们先形象地在状态图上从初始状态出发一步一步地走走看，待有了感性认识之后再来归纳解题步骤及算法。先看图 10.5～图 10.15。

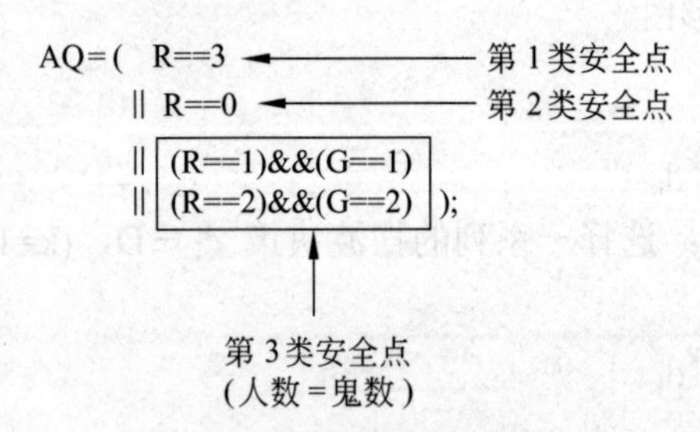

图 10.4　形式化的安全条件

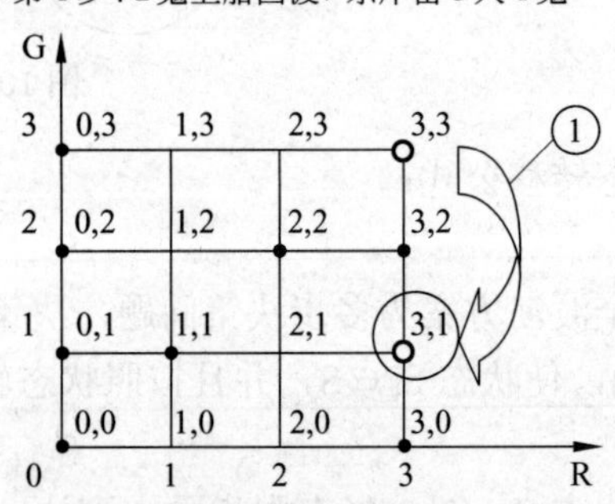

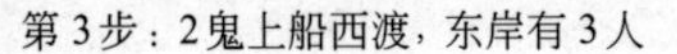

图 10.5　2 鬼上船从东岸摆渡到西岸，东岸留下 3 人 1 鬼

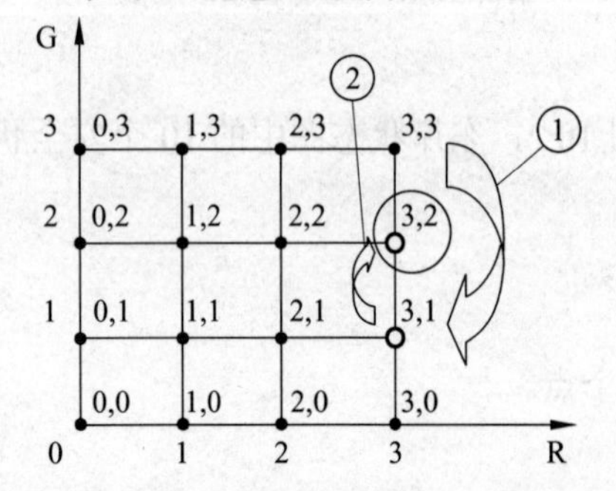

图 10.6　1 鬼上船从西岸摆渡到东岸，东岸有 3 人 2 鬼

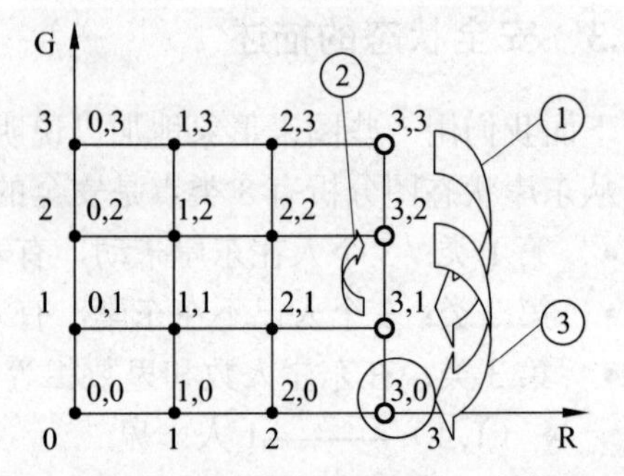

图 10.7　2 鬼上船从东岸摆渡到西岸，东岸留下 3 人

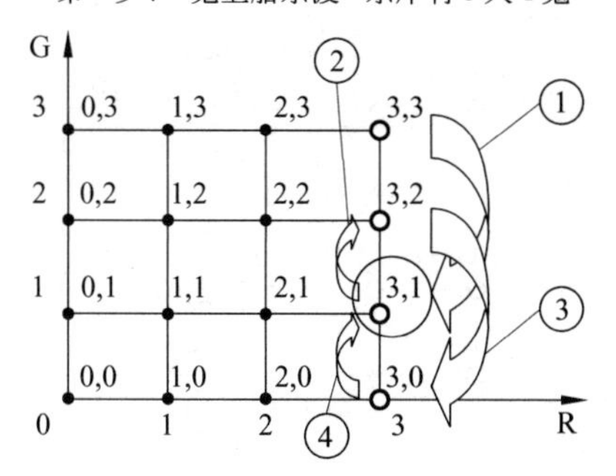

第 4 步：1 鬼上船东渡，东岸有 3 人 1 鬼

图 10.8　1 鬼上船从西岸摆渡到东岸，东岸有 3 人 1 鬼

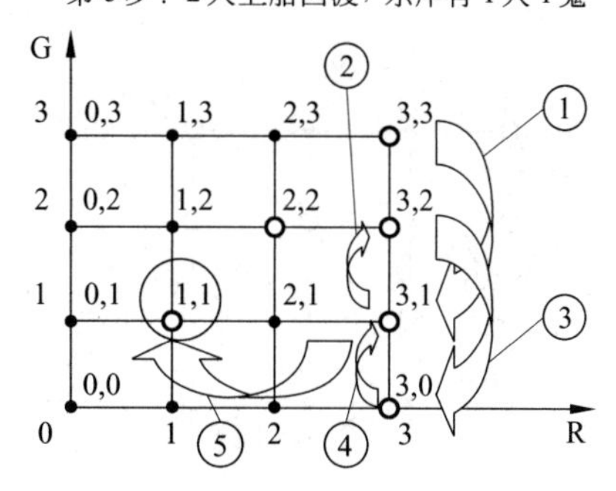

第 5 步：2 人上船西渡，东岸有 1 人 1 鬼

图 10.9　2 人上船从东岸摆渡到西岸，东岸留下 1 人 1 鬼

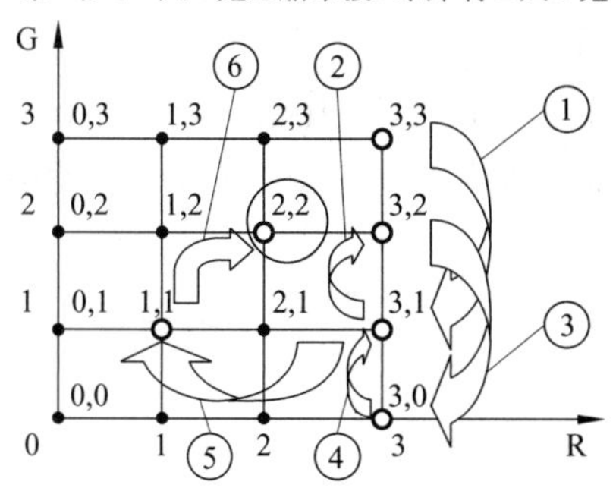

第 6 步：1 人 1 鬼上船东渡，东岸有 2 人 2 鬼

图 10.10　1 人 1 鬼上船从西岸摆渡到东岸，东岸有 2 人 2 鬼

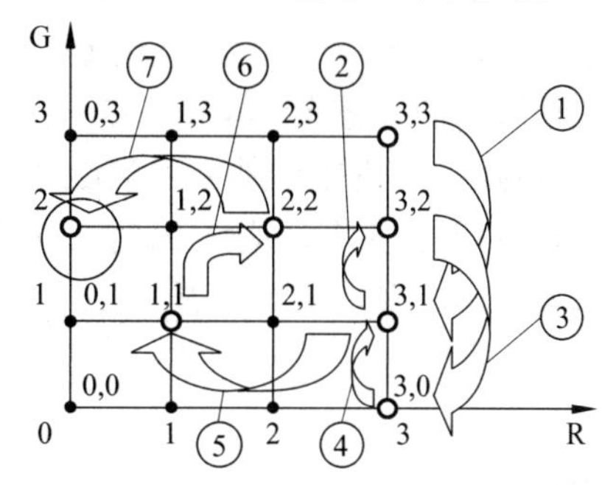

图 10.11　2 人上船从东岸摆渡到西岸，东岸留下 2 鬼

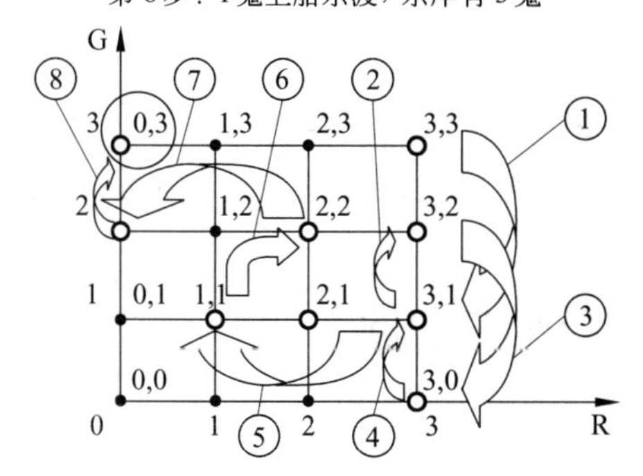

图 10.12　1 鬼上船从西岸摆渡到东岸，东岸有 3 鬼

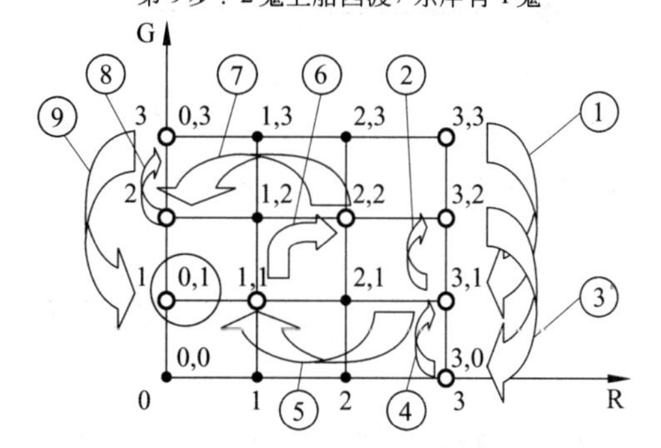

图 10.13　2 鬼上船从东岸摆渡到西岸，东岸留下 1 鬼

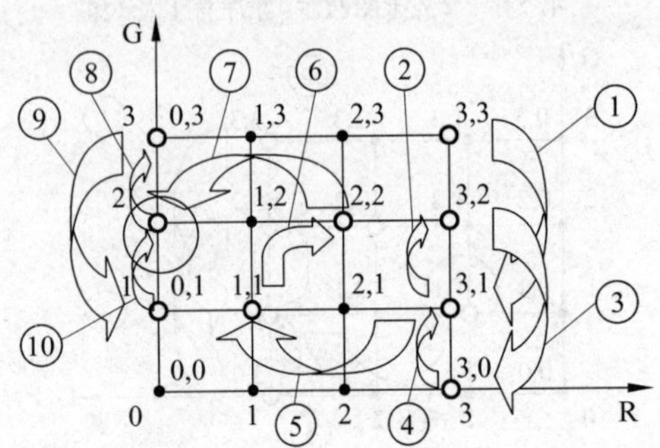

图 10.14　1 鬼上船从西岸摆渡到东岸，东岸有 2 鬼

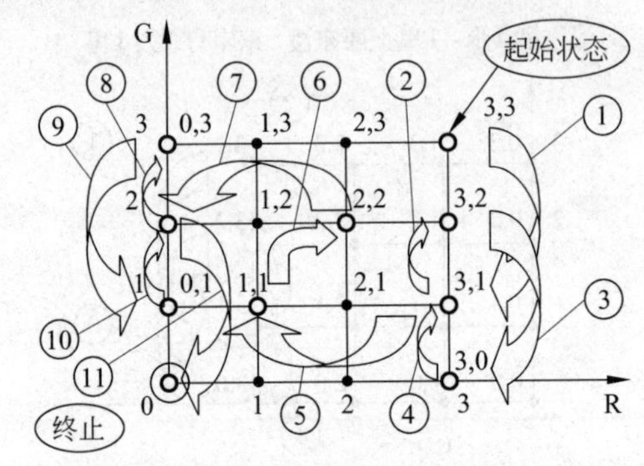

图 10.15　2 鬼上船从东岸摆渡到西岸，人鬼渡河任务圆满完成

10.3　从状态图上研究怎样一步一步过河

安全渡河的关键点有 4 个：(3, 1)，(1, 1)，(2, 2)，(0, 2)，见图 10.16。在图中可见，如何从起始点(3, 3)到(3, 1)到(1, 1)到(2, 2)到(0, 2)到(0, 0)，不会去碰 6 个不安全点。这其间从(3, 3)到(1, 1)走了 5 步，从(2, 2)到(0, 0)也走了 5 步。

本题是一个多步决策问题，从起始状态一步一步转移到目标状态，整个过程如图 10.17 所示。

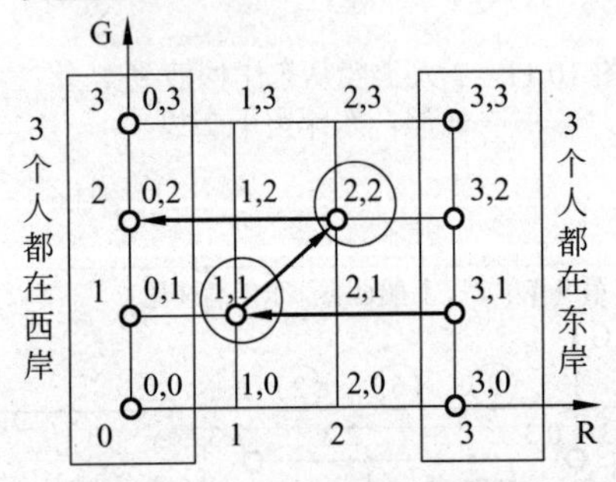

图 10.16　安全渡河的关键点

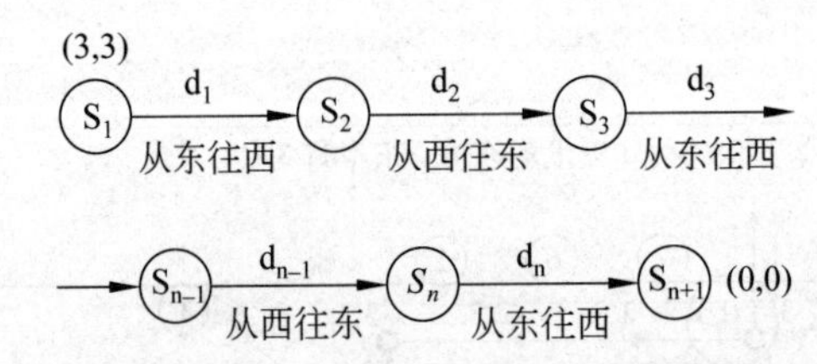

图 10.17　使用状态转移方程求解安全渡河问题的多步决策

10.4　多步决策问题的编程思路

归纳求解安全渡河问题的数学公式如下：

$$S_{k+1} = S_k + (-1)^k d_k$$

$$S_k = (R_k, G_k)$$

$$S_1 = (3, 3)$$

$$S_{n+1} = (0, 0)$$

$$d_k = (u_k, v_k),\quad d_k \in D$$

D = {(u, v) | u = 2, v = 0; u = 1, v = 0; u = 1, v = 1; u = 0, v = 1; u = 0, v = 2;}

在编程过程中要考虑避免重复的问题，防止经过多步后回到先前已出现过的状态，例如：(3, 3)->(3, 1)->(3, 2)->(2, 2)->(3, 3)。注意状态转移公式中 d_k 的系数，当 k 为奇数时，系数为–1，表示渡船在东岸，下次摆渡要从东岸到西岸；当 k 为偶数时，系数为 1，表示渡船在西岸，下次摆渡要从西岸到东岸。在考虑重复状态时，需要考虑状态号 k 的奇偶，即渡船的摆渡方向，例如：前面给出的一种安全渡河方案(3, 3)->(3, 1)->(3, 2)->(3, 0)->(3, 1)->…->(0, 0)中，虽然出现了两次(3, 1)但第一次状态号为 2，渡船在西岸，第二次状态号为 5，渡船在东岸。

下面研究如何编程：

状态：用结构数组来描述

```
struct state
{
  int R;                    //状态中的人数
  int G;                    //状态中的鬼数
};
state s[20];                //结构数组记录渡河时的状态转移过程
s[1].R = 3;                 //初始状态东岸有 3 人
s[1].G = 3;                 //初始状态东岸有 3 鬼
s[n+1].r = 0;               //第 n+1 个初始状态东岸有 0 人
s[n+1].g = 0;               //第 n+1 个状态东岸有 0 鬼
```

其中 n 为摆渡过程中的一个未知数，当任务完成后才能知晓。

摆渡决策用结构数组来描述，为编程方便无论是从东向西，还是从西向东，统一考虑一共有 5 个决策，使用下列的结构数组来描述（0 号决策不用）：

```
state d[6] = {{0, 0}, {2, 0}, {1, 0}, {1, 1}, {0, 1}, {0, 2}};
```

在编程查找渡河方案的过程中，如果发现某个状态 S_{m+1}，只能转移到不安全的状态或者重复的状态，说明当从 S_m 转移到 S_{m+1} 时采用了不合适的摆渡决策，应该重新考虑 S_m 状态时的策略。可以用一个数组 choice[20]来记录每个状态时所采用的决策号，如果需要重新考虑摆渡决策，只要从该决策号的下一个决策开始尝试即可。

参考程序如下：

```
#include <iostream>
using namespace std;

void display();             //输出渡河状态
void transfer_state();      //渡河状态转移函数

//定义描述渡河状态东岸人数与鬼数的结构变量
struct state
{
   int R;                   //状态中的人数
   int G;                   //状态中的鬼数
```

```
};
state s[20];                //结构数组记录渡河时的状态转移过程
int choice[20] = {0};       //记录状态转移过程的决策号，初始化都为 0
int k;                      //状态号

int main()
{
   transfer_state();
   display();
   return 0;
}

//渡河状态转移函数
void transfer_state()
{
   state d[6] = {{0, 0},{2, 0},{1, 0},{1, 1},{0, 1},{0, 2}};//摆渡策略

   k = 1;                   //初始状态设为 1
   s[1].R = 3;              //初始状态东岸有 3 人
   s[1].G = 3;              //初始状态东岸有 3 鬼
   do
   {
      int fx = 1;           //摆渡方向，东向西或西向东
      if (k % 2 == 1)       //奇数表明摆渡要从东岸到西岸
         fx = -1;
      int i;                //决策号
      for (i = choice[k+1]+1; i <= 5; i++) //试探采用哪个决策能安全走 1 步
      {
         int u = s[k].R + fx * d[i].R;     //按第 i 号策略走 1 步东岸的人数
         int v = s[k].G + fx * d[i].G;     //按第 i 号策略走 1 步东岸的鬼数
         if (u > 3 || v > 3 || u < 0 || v < 0)
            continue;                      //越界，舍弃当前决策
         bool AQ = (u == 3 || u == 0 || (u == 1 && v == 1)
            || (u == 2 && v == 2));        //是否安全
         if (!AQ) continue;                //不安全，舍弃当前决策
         bool CHF = false;                 //是否重复
         for (int j = k - 1; j >= 1; j -= 2)  //考虑摆渡方向一致的状态
            if (s[j].R == u && s[j].G == v)   //人鬼数一致
               CHF = true;                 //是重复状态
         if (CHF) continue;                //重复，舍弃当前决策

         k = k + 1;                        //按策略渡河，状态号加 1
         s[k].R = u;
         s[k].G = v;
         choice[k] = i;                    //记录决策号
         break;                            //跳出循环，暂停尝试
      }
```

```
        if (i > 5)                                    //所有摆渡决策都尝试了，没成功
            k = k - 1;                                //要回到 k-1 状态，重新考虑 k 状态
    }while (!(s[k].R == 0 && s[k].G == 0));  //目标是东岸既无人又无鬼
}

void display()
{
    for (int i = 1; i <= k; i++)
        cout << i << ": (" << s[i].R << "," << s[i].G << ")" << endl;
}
```

程序运行结果

```
1: (3,3)
2: (2,2)
3: (3,2)
4: (3,0)
5: (3,1)
6: (1,1)
7: (2,2)
8: (0,2)
9: (0,3)
10: (0,1)
11: (1,1)
12: (0,0)
```

10.5　小　　结

多步决策问题求解的关键点是将乘船安排视为对河岸人鬼数的改变——这是个数字加减操作，这样，问题就变成如何一步步将人鬼数从（3，3）变成（0，0）。由于船上位置数量的限制，乘船安排的方案数是有限的，于是，为了将人鬼数从（3，3）变成（0，0），就需要从（3，3）出发，尝试各种可能的乘船方案，即不同的改变人鬼数的方案，并时刻检查是否安全，最终到达（0，0）。因此，这个问题实际上也可以视为是第 9 章跳马问题的一个变体，可以用相似的算法来求解。

习　　题

1. 一个农夫带着一只狼、一只羊和一些菜过河。河边只有一条小船。由于船太小，只能装下农夫和他的一样东西。在无人看管的情况下，狼要吃羊、羊要吃菜。请问农夫如何才能使三样东西平安过河?

2. 五个同学过一条河，河中只有一条船，并且船上一次最多只能乘两个人。甲同学过河需要 1 分钟，乙同学需要 3 分钟，丙同学需要 6 分钟，丁同学需要 8 分钟，戊同学需要

12 分钟。过河的速度由过河最慢者决定。要求这五位同学必须在 30 分钟内全部渡河。问他们如何过河？

3. 五个商人各带一个随从坐船过河，一只小船只能容纳三人，由他们自己划船。随从们秘约在河的任意一岸只要随从的人数比商人多，就会杀人越货。不过如何渡河却是由商人决定的。请问商人们应该怎么过河才能保证安全?

第 11 章　宽度优先搜索

教学目标

- 搜索解题的思路
- 宽度优先的搜索准则

内容要点

- 骑士跳步问题的解题算法
- 骑士聚会问题的分阶段求解

11.1　骑士聚会问题

【任务 11.1】 骑士聚会问题。在 8×8 的棋盘上，输入 n 个骑士的出发点，假定骑士每天只能跳一步，计算 n 个人的最早聚会地点和走多少天。要求尽早聚会，且 n 个人走的总步数最少。骑士的跳步按中国象棋的马来跳。

为了完成上面的任务，我们先来研究一下骑士跳步问题，即从棋盘上某个指定的位置出发，计算到达棋盘其余位置的跳步步数。比如，假定在一个 5×5 的棋盘上，一位骑士位于棋盘的（0, 0）处，请问从这里出发到达棋盘上其他位置，分别需要多少跳步。

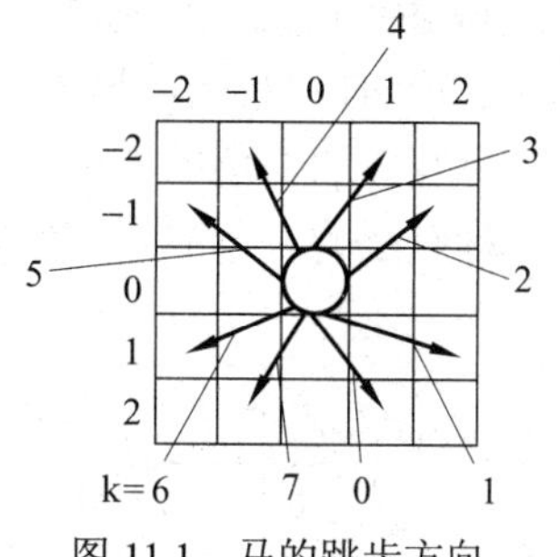

图 11.1　马的跳步方向

先来研究马的跳步规则和方向，令 k 为方向号，见图 11.1。跳步沿 x 方向的增量为 dx，跳步沿 y 方向的增量为 dy，见表 11.1。

表 11.1　各个跳步方向上的增量

k	0	1	2	3	4	5	6	7
dx	1	2	2	1	−1	−2	−2	−1
dy	−2	−1	1	2	2	1	−1	−2

定义二维数组

```
int w[5][5];
```

用来存储每个格子中马的跳步信息。

对数组 w 进行初始化，目的是让每个格子只记录一次，避免重复记录。

```
for (int i = 0; i < 5; i++)
    for (int j = 0; j < 5; j++)
        w[i][j] = -1;
```

经初始化后的 5×5 格子中的数字均为–1，见图 11.2。

下面会看到，格子中的数为–1 时才允许存入跳步信息。

马从(0, 0)跳一步，有两个可行位置。

(2, 1) —— k=2。

(1, 2) —— k=3。

见图 11.3。

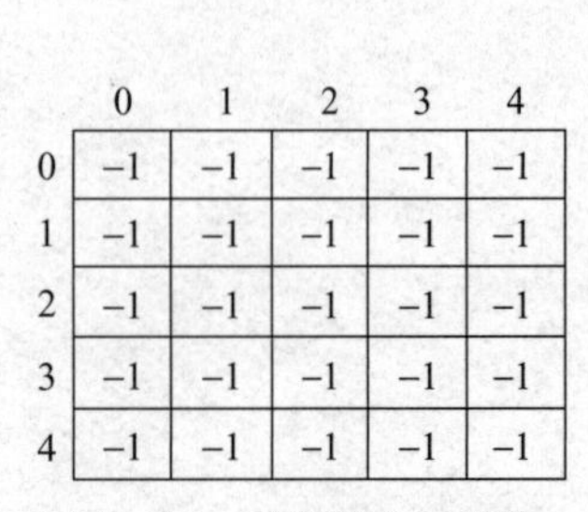

	0	1	2	3	4
0	–1	–1	–1	–1	–1
1	–1	–1	–1	–1	–1
2	–1	–1	–1	–1	–1
3	–1	–1	–1	–1	–1
4	–1	–1	–1	–1	–1

图 11.2 对棋盘格初始化

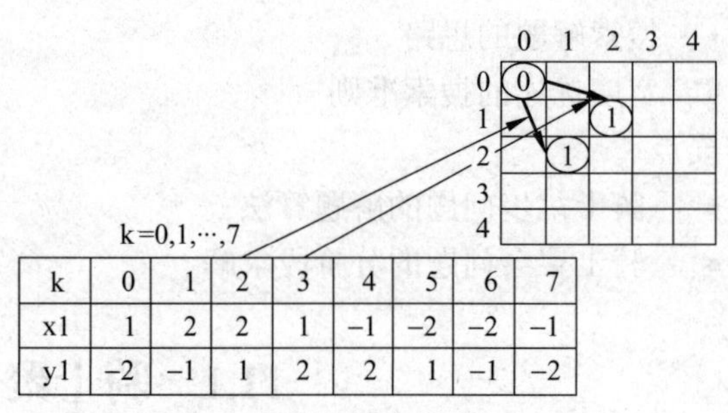

k	0	1	2	3	4	5	6	7
x1	1	2	2	1	–1	–2	–2	–1
y1	–2	–1	1	2	2	1	–1	–2

图 11.3 马从(0, 0)跳一步

称(0, 0)为初始结点，(2, 1)和(1, 2)为由(0, 0)扩展出的结点。

马由(0, 0)跳一步到(2, 1)和(1, 2)；再跳一步到(4, 0)、(4, 2)、(3, 3)、(1, 3)、(0, 2)、(2, 0)、(3, 1)、(2, 4)、(0, 4)，见图 11.4，重点看：

标有 2 的白色的 5 个结点是由结点(2, 1)扩展出来的；

标有 2 的灰色的 4 个结点是由结点(1, 2)扩展出来的。

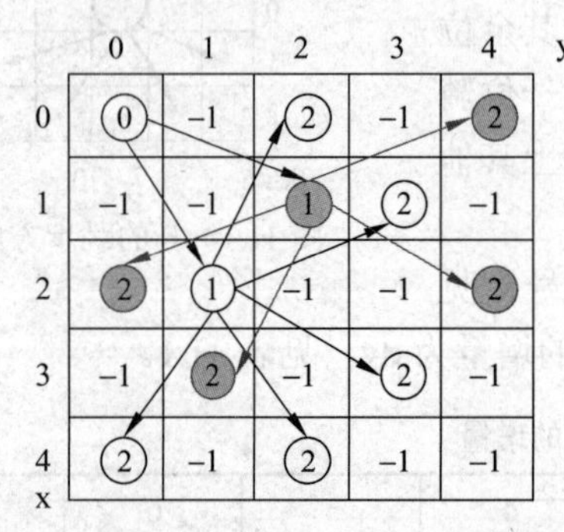

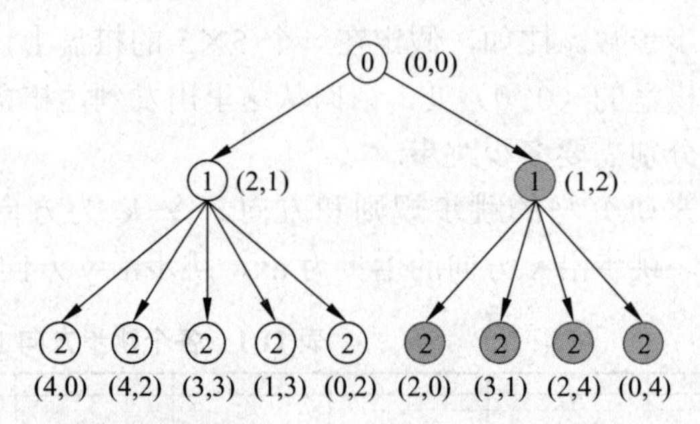

图 11.4 马从(0, 0)跳两步

怎样来描述与实现这种扩展过程呢？需要引入队列数据结构。

队列是限定在一端进行插入，在另一端进行删除的特殊的线性表。像食堂排队买饭，后来的人排在队尾（插入），队头上的人买完饭后离队（删除）。所有需要进队的数据项只能从队尾进入；所有需要出队的数据项只能从队头离开。

规则是先入队的元素先出队，这种表又称为先进先出表（FIFO 表）。

队列可用数组表示，在队列运算中要设两个指针（见图 11.5）。

队头指针 —— head。

队尾指针 —— tail。

初始位置(0, 0)上的一只马，在队列中，一开始它既是队头也是队尾，记 m=head=1；sq=tail=1。

将马的跳步信息放入队列中，用到以下 5 条语句：

```
tail = tail + 1;
queue[tail].x = x1;
queue[tail].y = y1;
queue[tail].k = k;
queue[tail].step = step;
```

从 tail=1 开始，扩展出两个结点(2, 1)、(1, 2)，入队的下标分别为 tail=2 和 tail=3。这时，m=2，sq=3，跳步信息都记为 w=1，见图 11.6。之后再对 m 到 sq 区间内的结点进行扩展。

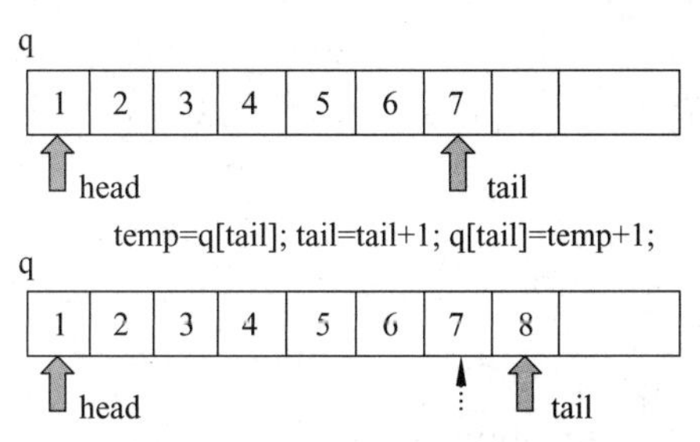

图 11.5 队列及结点的插入

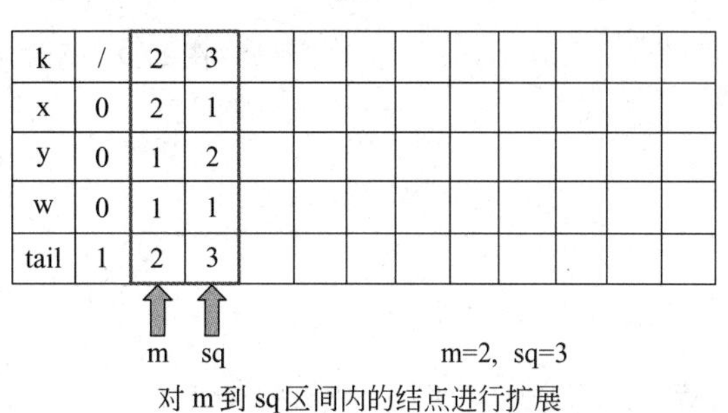

k	/	2	3								
x	0	2	1								
y	0	1	2								
w	0	1	1								
tail	1	2	3								

图 11.6 对 m 到 sq 区间内的结点进行扩展

扩展过程如图 11.7 所示。

相应的结点如图 11.8 所示。

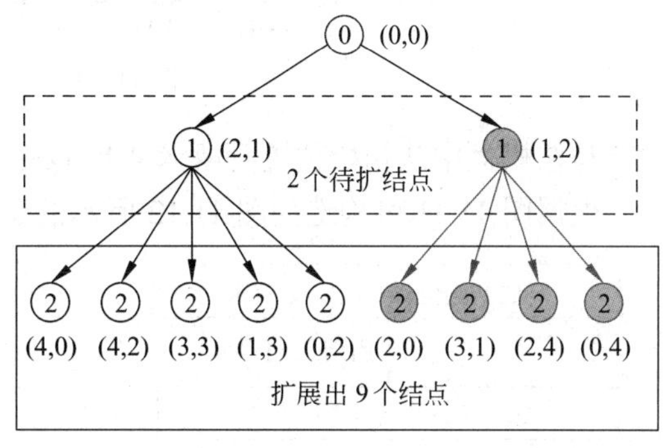

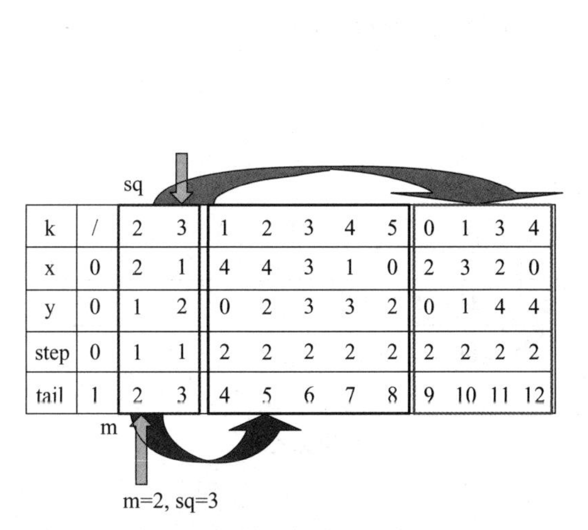

k	/	2	3	1	2	3	4	5	0	1	3	4
x	0	2	1	4	4	3	1	0	2	3	2	0
y	0	1	2	0	2	3	3	2	0	1	4	4
step	0	1	1	2	2	2	2	2	2	2	2	2
tail	1	2	3	4	5	6	7	8	9	10	11	12

图 11.7 扩展过程

k	/	2	3	1	2	3	4	5	0	1	3	4
x	0	2	1	4	4	3	1	0	2	3	2	0
y	0	1	2	0	2	3	3	2	0	1	4	4
w	0	1	1	2	2	2	2	2	2	2	2	2
tail	1	2	3	4	5	6	7	8	9	10	11	12

m=4　　sq=12

图 11.8 对 m 到 sq 区间内的结点进行扩展

图 11.8 是马跳两步所形成的结点，跳第 3 步要从 m=4 到 sq=12 这个区间进行扩展。跳出第 3 步的结点如图 11.9 所示，图 11.10 是跳出 4 步的结点图。圆圈中所标的数字表示该结点在队列中的顺序。

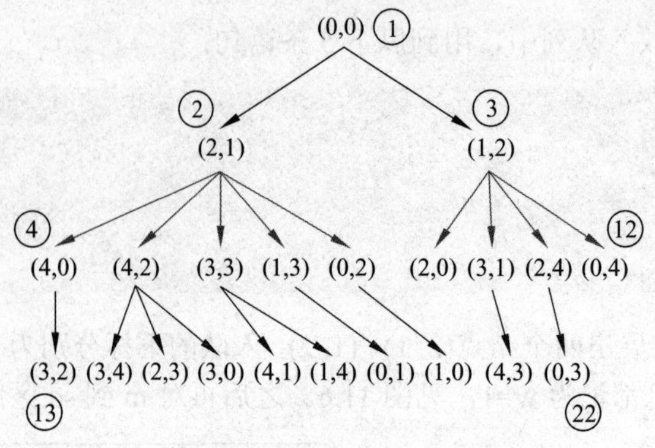

图 11.9　马跳三步的结点图

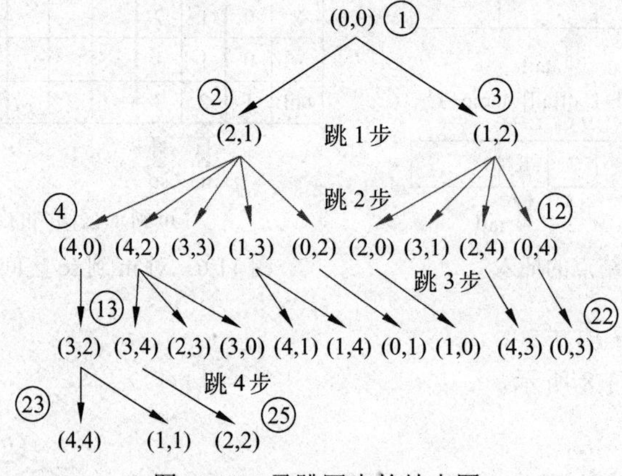

图 11.10　马跳四步的结点图

马在棋盘中从初始位置到跳满 4 步的每一步的扩展过程见图 11.11。

根据图 11.11 可构造如图 11.12 所示的队列，以序号来表示结点。

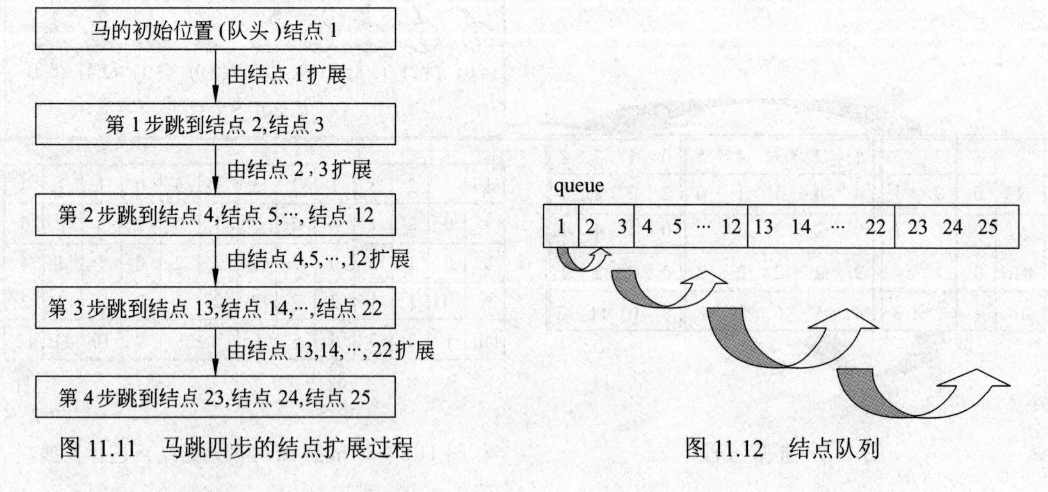

图 11.11　马跳四步的结点扩展过程　　　　图 11.12　结点队列

从图 11.12 中看出：

（1）队列中有 25 个结点，每个结点对应棋盘中的 25 个格子；

（2）队列的序号表示结点扩展过程中的先后顺序；

（3）扩展是分层的，处于同一层的结点从左至右依次扩展，称之为“宽度优先”；

（4）怎样标记一层的左右位置是编程的关键。

可用结构数组来表示队列。参考程序如下：

```
#include <iostream>
using namespace std;

struct qtype
{
    int x, y;
}queue[26];                  //队列结点 1 从下标 1 开始

int w[5][5];                 //每个格子中马的跳步信息
int dx[8] = {1, 2, 2, 1, -1, -2, -2, -1};
int dy[8] = {-2, -1, 1, 2, 2, 1, -1, -2};

void init()                  //初始化函数
{
    //初始化 w 数组元素的值均为-1
    for (int i = 0; i < 25; i++)
        for (int j = 0; j < 5; j++)
            w[i][j] = -1;
    w[0][0] = 0;             //出发点为(0, 0)
}

//可跳步的判别函数
bool okjump(int x, int y)
{
    //如果马跳至棋盘界内且该处尚未有马跳到过，则返回 true，否则返回 false
    return (x >= 0 && x <= 4 && y >= 0 && y <= 4 && w[x][y] == -1);
}

void BFS()                   //宽度优先搜索
{
    int head = 1;            //定义队头 head，并初始化为 1
    int tail = 1;            //定义队尾 tail，并初始化为 1
    queue[head].x = 0;       //马的起点
    queue[head].y = 0;
    int step = 0;            //定义马的跳步数 step，初始化为 0
    int m = head;            //一开始 m 指向队头
    while (m <= tail)        //从队头 m 到队尾 tail 进行扩展，直到队空为止
                             //扩展过程中 tail 会不断增加
    {
        int sq = tail;       //让 sq 记住原来的队尾 tail
        for (int am = m; am <= sq; am++)        //从 m 到 sq 作为一层扩展
        {
```

```
            for (int k = 0; k < 8; k = k + 1) //枚举 k，k 为跳步方向
            {
                int x1 = queue[am].x + dx[k];
                int y1 = queue[am].y + dy[k];
                if (okjump(x1, y1))             //判能否跳至(x1, y1)
                                                //如能，让该点入队并记跳步信息
                {
                    tail = tail + 1;            //队尾加 1(这是新扩展出的)
                    queue[tail].x = x1;         //让(x1, y1)入队
                    queue[tail].y = y1;
                    w[x1][y1] = step + 1;       //记录跳至(x1, y1)的跳步信息
                }
            }
        }
        //扩展下一层，从 step 加 1 的步数开始，m 是待扩展的段头，段尾是新扩展出的 tail
        m = sq + 1;
        step = step + 1;
    }
}

void display()
{
    //输出跳至坐标点(x, y)上的步数
    for (int x = 0; x < 5; x++)
    {
        cout << endl;
        for (int y = 0; y < 5; y++)
            cout << w[x][y] << " ";
    }
    cout << endl;
}

int main()
{
  init();    //初始化
  BFS();     //宽度优先扩展结点
  display();//显示棋盘中的跳步信息
  return 0;
}
```

11.2 解 题 思 路

有了前面在 5×5 的棋盘上讨论马的跳步过程作为基础，我们下面来研究一下骑士聚会问题如何求解。

【解题思路】

（1）从小到大，从简到繁，先讨论 5×5 的棋盘；

（2）从个别到一般；

（3）理思路。

假定有 4 个骑士，初始位置分别在(0, 0)、(1, 4)、(1, 2)、(3, 4)；这是一种简单的个别情况，下面来理思路。

对每一个骑士的跳步做扩展，得到如下 4 张跳步信息图：

0 号骑士的跳步图

0	3	2	3	2
3	4	1	2	3
2	1	4	3	2
3	2	3	2	3
2	3	2	3	4

1 号骑士的跳步图

3	2	1	2	3
2	3	2	3	0
3	2	1	2	3
2	3	4	1	2
3	2	3	2	3

2 号骑士的跳步图

1	2	3	2	1
2	3	0	3	2
1	2	3	2	1
4	1	2	1	4
3	2	3	2	3

3 号骑士的跳步图

3	2	3	2	3
2	3	4	1	2
3	2	1	2	3
2	3	2	3	0
3	2	1	2	3

发挥你的想象力，把 4 张图画在透明胶片上，然后把 4 张胶片摞在一起，这时你可以看到每一个格子里有 4 个数据，分别属于 4 个骑士的跳步信息（见图 11.13）。

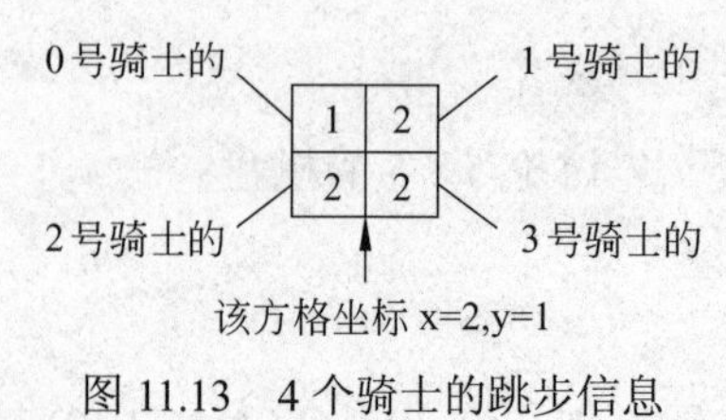

图 11.13　4 个骑士的跳步信息

依次对每个格子进行观察：

格子里 4 个数中最大的那个数，就是在该位置聚会所需天数，这是该位置的标志性的数字。

按照题目要求寻找尽早聚会的位置，即标志性数字最小的格子。有可能这种格子不止一个，这时再比较 4 个骑士跳到这些位置上的总步数。最早聚会且 4 个人总步数也最少的位置即为所求。

图 11.14 中的位置(2, 1)是最佳聚会位置。

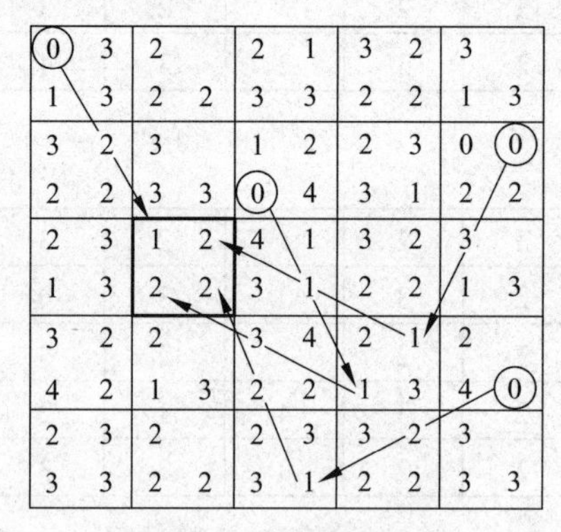

图 11.14　最佳聚会位置

从图看出，用 2 天时间 4 骑士即可聚会，4 人共跳 7 步。

对搜索骑士们的最佳聚会位置的算法归纳如下：

（1）初始化棋盘，输入 n 个骑士的初始位置。

（2）用 BFS()宽度优先搜索对每一个骑士扩展马的跳步信息。

（3）计算在位置(x, y)上的：

n 个人中的最多跳步 good[x][y].max。

n 个人的跳步总和 good[x][y].sum。

其中 x, y = 0，1，…，T−1。

（4）枚举棋盘上的每个格子，寻找 good[x][y].max 的最小值：

```
min = min{good[x][y].max}      x, y = 0, 1, …, T-1                    (11.1)
```

（5）在满足式(11.1)的前提下，寻找个人跳步总和最小的格子位置：

```
if (good[x][y].max == min)
   sum = min{good[x][y].sum}        x, y = 0, 1, …, T-1               (11.2)
```

找到满足式（11.1）和式（11.2）的格子位置(x, y)，记录并显示 min、sum、(x,y)，任务即告完成。

参考程序如下：

```
#include <iostream>
#include <iomanip>
using namespace std;

const int T = 8;        //棋盘尺寸
const int dx[8] = {1, 2, 2, 1, -1, -2, -2, -1}; //8 个跳步方向上的 x 增量
const int dy[8] = {-2, -1, 1, 2, 2, 1, -1, -2}; //8 个跳步方向上的 y 增量
int n;                  //骑士数目
int best[T*T][T][T];//存储马的跳步信息，第 1 维是骑士号，第 2 和第 3 维是棋盘坐标点 x 和 y
struct jtype
{
    int sum;            //记录 n 个骑士跳入一个棋盘格子中的总步数
    int max;            //记录 n 个骑士跳入一个棋盘格子中，n 个中的某人的最多步数
}good[T][T];            //存储棋盘中每个格子中的马的跳步信息：总步数及最多步数

struct qtype
{
  int x, y;             //棋盘上的坐标点
}queue[T * T], rec[T * T];  //queue 作队列用，rec 存储骑士们在棋盘上的起始位置

void init()             //初始化
{
    cout << "输入骑士数目 n=";
    cin >> n;
    //初始化 best[i][x][y]为-1，表示棋盘中的每个格子都未曾填过信息
    for (int i = 0; i < n; i++)
        for (int x = 0; x < T; x++)
            for (int y = 0; y < T; y++)
                best[i][x][y] = -1;
    for (int i = 0; i < n; i = i + 1)     //输入 n 个骑士的初始位置信息
    {
        cout << "第" << i << "号骑士位置 x=";
        cin >> rec[i].x;
        cout << "第" << i << "号骑士位置 y=";
        cin >> rec[i].y;
        best[i][rec[i].x][rec[i].y] = 0; //跳步信息置为 0，表示此处为出发点
    }
}
//可跳步的判别函数
bool okjump(int i, int x, int y)
{
    //如果马跳至棋盘界内且该处尚未有马跳到过，则返回 true，否则返回 false
    return (x >= 0 && x < T && y >= 0 && y < T && best[i][x][y] == -1);
}
```

```
void BFS()                                     //宽度优先搜索
{
    for (int i = 0; i < n; i = i + 1)      //对每一个骑士进行跳步处理
    {
        int head = 0;                          //队头，初始化为 0
        int tail = 0;                          //队尾，初始化为 0
        queue[head].x = rec[i].x;              //让第 i 个骑士的坐标点(x, y)入队
        queue[head].y = rec[i].y;
        int step = 0;                          //马的跳步数，初始化为 0
        int m = head;                          //记住队头 head
        while (m <= tail)                      //从队头 m 到队尾进行扩展，直到队空为止
        {
            int sq = tail;                     //记住原来的队尾 tail
            for (int am = m; am <= sq; am = am + 1)   //从 m 到 sq 进行扩展
            {
                for (int k = 0; k < 8; k = k + 1)      //枚举 k 的 8 个方向
                {
                    int x1 = queue[am].x + dx[k];      //沿 k 方向跳至(x1, y1)
                    int y1 = queue[am].y + dy[k];
                    if (okjump(i, x1, y1)) //判第 i 号骑士能否跳至(x1, y1)
                    {
                        tail = tail + 1;    //队尾加 1（这是新扩展出的）
                        queue[tail].x = x1; //让(x1, y1)入队
                        queue[tail].y = y1;
                        best[i][x1][y1] = step + 1; //第 i 号骑士跳至(x1, y1),
                                                //此处的跳步比原来增加了一步
                    }
                }
            }
            //从 m 到 sq 作为一段已扩展完毕
            m = sq + 1;                    //m 是待扩展的段头，段尾是新扩展出的 tail
            step = step + 1;               //扩展下一段时，步数需要加 1
        }
    }
}

void output_good()                         //调试用
{
    cout << "==============================" << endl;
    for (int i = 0; i < T; i++)
    {
        for (int j = 0; j < T; j++)
            cout << good[i][j].max << ' ';
        cout << endl;
    }
    cout << "==============================" << endl;
}
```

```
void search()                                  //搜索骑士们聚会的最佳位置
{
    BFS();                                     //宽度优先扩展马的跳步
    int minx, miny;                            //定义最佳聚会位置
    cout << endl;
    //对每个棋盘格子计算 n 个人跳至此处的总步数和其中某人的最多步数
    for (int x = 0; x < T; x = x + 1)
    {
        for (int y = 0; y < T; y = y + 1)
        {
            good[x][y].sum = 0;                //求和前预置 0（计算 n 个人的跳步和）
            good[x][y].max = -1;
            //查看每个棋盘格子上所有 n 个人比较后的最大跳步值及所有 n 个人的跳步和
            for (int j = 0; j < n; j = j + 1)      //对每个骑士做
            {
                //计算 n 个人在(x, y)点的跳步和
                good[x][y].sum = good[x][y].sum + best[j][x][y];
                if (best[j][x][y] > good[x][y].max)
                    good[x][y].max = best[j][x][y];//记录最大跳步值
            }
        }
        cout << "y: 0 1 2 3 4 5 6 7" << endl;
        cout << "x:" ;
        for (int y = 0; y < T; y++)
            cout << "[" << good[x][y].max << "," << setw(2)
                 << good[x][y].sum << "]";
        cout << endl;
    }
    cout << endl;

    int min = 32767;                           //骑士们到达聚会点的最少天数，预置大数
    int sum;                                   //最佳聚会点的众骑士的跳步总和
    for (int x = 0; x < T; x = x + 1)          //枚举棋盘上的每个格子
        for (int y = 0; y < T; y = y + 1)
        {
            //如果在(x, y)处聚会的天数小于前面计算出的最少天数
            if (good[x][y].max < min)
            {
                //用到达该处聚会所需的天数替换前面计算出的最少天数
                min = good[x][y].max;
                //用到达该处聚会众骑士的跳步总和替换前面计算出的跳步总和
                sum = good[x][y].sum;
                minx = x;                      //记录最佳聚会位置(x, y)
                miny = y;
            }
            //如果在(x,y)处聚会的天数等于前面计算出的最少天数
```

```
            if (good[x][y].max == min)
            {
                //如该处的跳步总和比前面的少，将该处作为最佳聚会位置
                if (good[x][y].sum < sum)
                {
                    //用该处的跳步总和去替换前面计算出的跳步总和
                    sum = good[x][y].sum;
                    minx = x;                //记录最佳聚会位置 x
                    miny = y;                //记录最佳聚会位置 y
                }
            }
        }

    output_good();
    cout << "最佳聚会位置: x=" << minx << ",y=" << miny << endl;
    cout << "到达聚会点最少天数为: " << min << endl;
    cout << "众骑士的跳步总和为: " << sum << endl;
}

int main()
{
    init();        //初始化
    search();      //搜索最佳聚会位置
    return 0;
}
```

在上述解题思路的基础上，请思考如下两个问题：

（1）如果国王也想去聚会，他每天只能走一格，或上下或左右，如路上遇到骑士，则国王会和该骑士一起走，视为两人骑同一匹马，那么，这时程序该怎么编？

（2）假定棋盘的若干点上埋有地雷，骑士们不能去碰它们，这时程序又该怎么编？

11.3 小　　结

宽度优先搜索是一种常用的解题思路，这里的“宽度”是指每一步尝试可能的选项时，需要将所有当前合法可行的选项都尝试一下，在没有尝试完所有可能性之前，不要“深入”考虑下一步，所以顾名思义称这个策略为宽度优先搜索。

在搜索算法实现时，通常会选择队列这种数据结构来存储搜索过程中产生的中间结果，即尚不能判断是否具有可行性或合理性的候选选项。如果已能判断其不合理性，则不再在队列中保存它。如果已到达目标状态，则根据任务要求，要么就此结束，输出搜索到的目标，要么继续搜索，以便最终能得到所有可能的解。

习　　题

1．有 A、B 和 C 三个杯子，容量依次为 80ml、50ml 和 30ml。现在 A 杯中装满了 80ml 的酒，B 和 C 都是空杯。A 中的酒可以倒入 B 杯或 C 杯中，反之，B 和 C 也可以往 A 中倒，还可以互相倒来倒去。为了计量，对于某一个杯子而言，不是被倒满，就是被倒空。请你编一个程序，将原来的 80ml 酒分别倒入 A 和 B 两个杯子中，各有 40ml。输出每一步操作。

2．定义一个二维数组：它表示一个迷宫，其中的 1 表示墙壁，0 表示可以走的路。只能横着走或竖着走，不能斜着走，要求编程序找出从左上角到右下角的最短路线。

```
int maze[5][5] = {
        0, 1, 0, 0, 0,
        0, 1, 0, 1, 0,
        0, 0, 0, 0, 0,
        0, 1, 1, 1, 0,
        0, 0, 0, 1, 0,
 }
```

3．公主被魔王抓走了，王子需要拯救出美丽的公主。他进入了魔王的城堡，魔王的城堡是一座很大的迷宫。为了使问题简单化，我们假设这个迷宫是一个 N*M 的二维方格。迷宫里有一些墙，王子不能通过。王子只能移动到相邻（上下左右四个方向）的方格内，并且一秒只能移动一步。地图由'S'、'P'、'.'、'*' 四种符号构成，'.'表示王子可以通过，'*'表示墙，'S'表示王子的位置，'P'表示公主的位置，T 表示公主存活的剩余时间，王子必须在 T 秒内到达公主的位置，才能救活公主。当给定迷宫地图时，请验证解救公主的可行性。

第 12 章　深度优先搜索

教学目标

- 深度优先搜索策略

内容要点

- 登山人选问题
- 深度优先搜索

12.1　问 题 描 述

【任务 12.1】 登山人选问题。

攀登一座高山，假定匀速前进，从山脚登到山顶需走 N 天，下山也需 N 天。山上没有水和食品，给养要靠登山队员携带，而每个队员所携带的给养量要少于他登顶再返回山脚所消耗的给养量。因此，一定要组成一个登山队，在多人支持的情况下，保证有一个登顶。

现在登山俱乐部有 P 个人待选，我们将 P 个人依次编号为 k=1，2，…，P，令 E[k]表示编号为 k 的人每日消耗的给养量，M[k]表示编号为 k 的人最多可携带的给养量。登山计划要求登山队所有成员同时出发，其中一些人分别在启程若干天后返回，最终保证出发 N 天后至少有一人登顶，出发 2N 天后所有人都返回山脚，无人滞留山上。

编程要求：用键盘输入天数 N（N<10）、俱乐部人数 P（P<10），之后，依次输入 E[k]和 M[k]，k=1，2，…，P，分别输出两个登山组队计划。

计划 1，要求参加登山的人数最少，在满足这一条件之下消耗的总给养量最少。

计划 2，要求消耗的总给养量最少（人数不限）。

输出的内容是：有多少队员参加登山，消耗的总给养量，在出发时每人分别携带多少给养，每人分别在出发几天后返回（几天后开始下山）。题目数据保证有解。

【输入格式】 第 1 行为 2 个小于 10 的整数 N 和 P，两个整数之间有一个空格。第 2 行为 P 个整数，分别是 E[1]，E[2]，…，E[P]，相邻两整数之间有一个空格。第 3 行为 P 个整数，分别是 M[1]，M[2]，…，M[P]，相邻两整数之间有一个空格。

【输出格式】 第 1 行到第 3 行为计划 1 的内容，第 1 行有两个整数，前者是参加登山人数 Q1，后者是消耗的总给养量。第 2 行是 Q1 个整数，表示 Q1 个人在出发时每人携带的给养量。第 3 行是 Q1 个整数，表示 Q1 个人中的每个人在出发几天后返回。第 4 行到第 6 行为计划 2 的内容，第 4 行有两个整数，前者是参加登山人数 Q2，后者是消耗的总给养量。第 5 行是 Q2 个整数，表示 Q2 个人在出发时每人携带的给养量。第 6 行是 Q2 个整数，表示 Q2 个人中的每个人在出发几天后返回。

【输入样例】

```
1 2 2 2 3 3
7 8 17 18 22 25
```

【输出样例】

```
2 42
18 24
6 3
3 38
18 17 3
6 3 1
```

输出表明：

计划 1 中由 2 个人组队，分别携带 18 和 24 的给养量，分别在出发 6 天和 3 天之后返回。

计划 2 中由 3 个人组队，3 人分别携带 18、17 和 3 的给养量，分别在出发后 6 天、3 天和 1 天之后返回。

12.2 解 题 思 路

当遇到一道难题时，先要想到：①可不可以先从一个比较简单的情况分析起，把难度降低一些，待从中总结出规律性的标识之后，再回到原题的要求上来；②能不能先从一个特殊的例子分析起，再推广到一般情况。

为了简化问题，理出思路，这里先将问题化简为：每人所能携带的给养量相同，且每人每天消耗的给养量也相同，选择一座不高的山，用一组人数不多的具体数据。比如有如下一组数据：

N=4　　从山脚到山顶需 4 天路程

P=6　　登山俱乐部成员人数

E=1　　每人每天消耗的给养量

M=5　　每人最多携带的给养量

为了便于分析，图 12.1 画出了用上述数据组队登山的计划图。

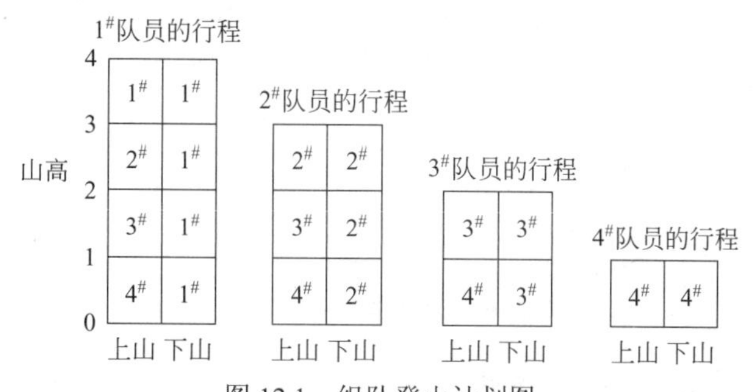

图 12.1　组队登山计划图

注：图中小方块中的数字及“#”表示在这一天吃该号队员的给养

在图 12.1 中，山高 h 是以（路程）天为单位的。山顶的高度是 4 天的路程。在 1 号队员上下山的示意图中，每个方块代表一天的路程，1 号队员被选中为登顶者，用 4 天路程上山，再用 4 天路程下山。如果完全自食其力的话，1 号队员需要自带 8 天的给养，而题目限定每人最多携带给养量 M=5。因此，没有同伴支援的话，1 号队员是无法登顶的。

从 1 号登顶后能安全下山考虑，下山只有他一个人，只能自己携带给养。因此，在做计划让 1 号队员上山时，从山脚（高度 0）到高度 3 使用同伴的给养。过了高度 3 之后再吃自带的给养。在图中小方块内所填的数字，表示在这一天的路程中由该号队员供应给养。从图可见：1 号队员上山的第一天（从高度 0 至高度 1）由 4 号队员提供给养；上山的第 2 天（从高度 1 至高度 2）由 3 号队员提供给养；上山的第 3 天（从高度 2 至高度 3）由 2 号队员提供给养；上山的第 4 天（从高度 3 至高度 4）吃自己的给养；登顶成功之后，下山的 4 天也均自食其力。从 1 号队员登顶的过程需要 2 号队员支援的情况看，1 号队员需要在第 3 天吃 2 号队员携带的给养，这就意味着 2 号队员要跟 1 号一起爬到高度 3 之后才能下山。因此，2 号队员上山走 3 天，再下山走 3 天，自己要消耗 6 天的给养，可是自己只能携带 5 天的给养，当然还需要 3 号支援他。可以这样计划：2 号队员上山时，第 1 天由 4 号队员供给；第 2 天由 3 号队员供给；第 3 天将 1 份给养支援 1 号队员，自己用掉 1 份给养。到了高度 3 之后，用还剩下的 3 份给养安全下山。

同样，在计划 3 号队员的行程时，要考虑 1 号和 2 号队员的情况：1 号和 2 号队员都需在第 2 天得到 3 号队员的支援，因此只需 3 号队员上山走 2 天，下山走 2 天。3 号队员上山的第 1 天使用 4 号队员支持给他的给养；在第 2 天，3 号队员将自己携带的给养 1 份给 1 号队员，另 1 份给 2 号队员，自己消耗 1 份；走到高度 2 后，带着 2 份给养下山，走 2 天回到山脚。

同理，计划 4 号队员的行程时，考虑前 3 个队员需他支持的时间，都是在上山的第 1 天。因此，4 号队员只需跟着大家走 1 天上山，然后独自再走 1 天下山。

4 个人上山与下山的时间图画在图 12.2 中。

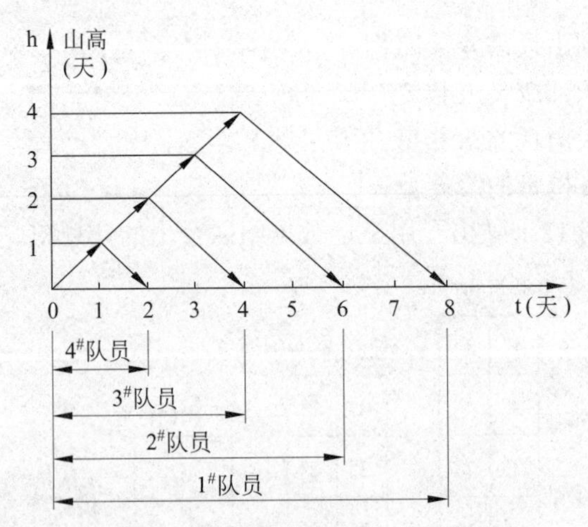

图 12.2　4 人登山高度与上下山时间图

定义 H_k 为第 k 号队员需队友支援的高度，对 1 号队员，H_1=3；对 2 号队员，H_2=2；对 3 号队员，H_3=1；4 号队员不需他人支援，H_4＝0。

令 need(k)表示 k 个人登山，保证 1 人登顶所需给养；

令 take(k)表示 k 个人登山共携带的给养；

令 d(k)表示 k 个人一共差多少给养。

还是用图 12.1 的情况来说明上述参数的计算方法。

k=1，让 1 号队员独自一人登山

$$need(1) = 2 * N = 2 * 4 = 8$$

$$take(1) = M = 5$$

$$d(1) = need(1) - take(1) = 8 - 5 = 3$$

1 号队员如果单枪匹马登顶，缺 3 天给养，因此需要别人支援，支援的高度为

$$H_1 = d(1) / 1 = 3$$

k=2，让 1 号队员与 2 号队员携手登山，2 号队员只需上到 H_1 高度，故

$$need(2) = need(1) + 2 * H_1 = 8 + 2 * 3 = 14$$

$$take(2) = 2 * M = 2 * 5 = 10$$

$$d(2) = need(2) - take(2) = 14 - 10 = 4$$

两个人登山共缺 4 份给养，分属两人，每人缺 2 天，故需其他队员支援的高度为

$$H_2 = d(2) / 2 = 4 / 2 = 2$$

k=3，让 1 号、2 号和 3 号队员一起登山，3 号队员只需上到 H_2 高度

$$need(3) = need(2) + 2 * H_2 = 14 + 2 * 2 = 18$$

$$take(3) = 3 * M = 3 * 5 = 15$$

$$d(3) = need(3) - take(3) = 18 - 15 = 3$$

三个人登山共缺 3 份给养，分属三人，每人缺 1 天，故需其他队员支援的高度为

$$H_3 = d(3) / 3 = 1$$

k=4，让 1 号、2 号、3 号和 4 号组队登山，4 号队员只需上到 H_3 高度

$$need(4) = need(3) + 2 * H_3 = 18 + 2 * 1 = 20$$

$$take(4) = 4 * M = 20$$

$$d(4) = need(4) - take(4) = 20 - 20 = 0$$

说明： 4 人一起登山所需和所携带的给养量相等，可以保证一人登顶，其他人也可安全返回。

可以将上述计算数据归纳成表 12.1。

表 12.1　对 k 个人所需、所带、所差和需支援高度表

登山者	k	k 个人所需 need(k)	k 个人所带 take(k)	k 个人所差 d(k)	对 k 个人需支援高度
1#	1	8	5	3	3
1#2#	2	14	10	4	2
1#2#3#	3	18	15	3	1
1#2#3#4#	4	20	20	0	0

以上是简单情况下的解题思路，由于每个队员的携带量与消耗量相同，所以实际上计算的是给养如何分配。

现在将难度加大到题目的要求，即要考虑每个队员的携带量与消耗量各不相同的情况。

输入样例为：山高为 6 天的路程，每个队员的情况如下：

队员	每日消耗给养	自带给养
1#	1	7
2#	2	8
3#	2	17
4#	2	18
5#	3	22
6#	3	25

沿用前面的思路，现在需要明确区分谁是登顶者？谁第 1 支援？谁第 2 支援？……在考虑登山计划的计算过程中，当挑选第 k 个人作为支援者时，认为他的登山高度为 H_{k-1}，并计算下一个支援者的登山高度为 H_k，算法隐含着 $H_{k-1} \geqslant H_k$。因为计算过程中认为第 k 个人的总消耗量为 $2*H_{k-1}*E_k$（这里 E_k 是第 k 个人的每天的消耗）。如果 $H_{k-1}<H_k$，队伍的总消耗量的计算就不正确，从而迭代计算所得到的支援高度也不正确。若第 k 个人刚巧独立登到 H_{k-1} 并消耗完自带给养，则前面的迭代计算会是 $H_{k-1}=H_k$，虽然实际上没有起到支援的作用，但迭代过程的计算还是正确的。因此，在已知需支援高度为 H 时，并不是任选一名队员就可胜任，支援者应保证 H*E<M。

本题可以采用深度优先策略来搜索可能的组队计划。题目要求输出不同条件下的最优解，所以在实际搜索过程中，不一定要枚举所有可能的登山组队情况。例如在搜索给养总消耗量最小的组队计划时，若挑选某队员进行支援，发现因此计算得到的队伍给养总消耗量已经大于之前某个成功登顶计划的总消耗量，那就不用再枚举之后的支援者了。

表 12.2 给出了题目示例数据下给养消耗总量最小的登山计划的部分计算过程，相应的搜索树如图 12.3 所示。在图中，搜索树的根结点是虚设的，视作第 0 层；第 1 层结点表示登顶者；第 2 层结点表示第 1 支援；第 3 层结点表示第 2 支援；……

表 12.2　登山计划的计算过程

组队人数 k	入队者	k 个人所需 need(k)	k 个人所带 take(k)	k 个人所差 d(k)	对 k 个人需支援高度	说明
1	1#	12	7	5	5	对 1#需有人支援到 5
2	1#2#					2#走不到高度 5
2	1#3#	32	24	8	3	对 1#3#需有人支援到 3
3	1#3#2#	44	32	12	3	对 1#3#2#需有人支援到 3
4	1#3#2#4#	56	50	6	1	对 1#3#2#4#需有人支援到 1
5	1#3#2#4#5#	62	62	0	0	可完成登山任务

可以用递归思想来实现深度优先搜索。以搜索给养总消耗量最小的登山计划为例，为了实现上述迭代计算过程，需定义 need、take 和 H 数组，分别表示前 k 个人的登山给养总需求量、总携带量和需支援的高度，同时定义 minNeed、minP、minTake 和 minH 分别表示成功的组队计划中最小给养总消耗量、组队人数、每人携带量和每人登山高度，以便保存当前最优解用于剪枝，如下所示：

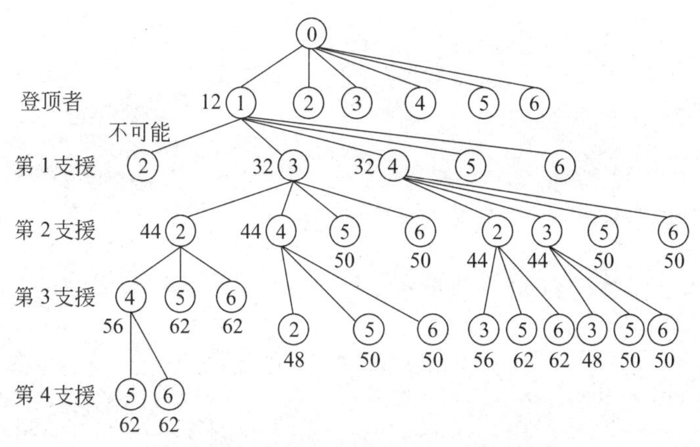

图 12.3　深度优先搜索过程的树状图

```
const int MAXP = 10;
int N, P, E[MAXP], M[MAXP];
int need[MAXP] = {0};
int take[MAXP] = {0};
int H[MAXP] = {0};
int minNeed = 10000;
int minP = MAXP;
int minTake[MAXP] = {0};
int minH[MAXP] = {0};
```

读数据，可用以下函数实现（为了与前面的计算过程一致，数据从数组下标 1 开始）：

```
void ReadData()
{
   cin >> N >> P;
   for (int i = 1; i <= P; i++)
      cin >> E[i];
   for (int i = 1; i <= P; i++)
      cin >> M[i];
}
```

定义递归函数

```
Search(int k, int dayUse)
```

其中 k 表示要挑选登山队伍中的第 k 个人，dayUse 表示目前队伍每天消耗的给养量。为了记录目前哪些人已入选，用一个数组 int who[MAXP]来加以记录，这里数组元素的下标正好可以表示搜索树中的层数，即表示该队员是登顶者还是第几号支援者。

Search 函数可以实现如下：

```
void Search(int k, int dayUse)
{
   if (k > P) return;                     //俱乐部的所有人均已试过，递归终止
   for (int i = 1; i <= P; i++)           //从 1,2,…,p 对每个人试选
```

```
    {
        bool bSelected = false;                 //预置该队员尚未入选
        for (int j = 1; j < k; j++)             //j 为第 j 个入选者
            if (who[j] == i)                    //如果 i#队员为第 j 个入选者
                bSelected = true;               //记该队员入选
        if (bSelected)                          //如果该队员已入选，换人再试
            continue;
        if (H[k-1] * E[i] > M[i])               //如果该队员无法独自登至高度 H[k-1]
            continue;                           //换人再试
        who[k] = i;                             //i#入选为第 k 个登山人
        need[k] = need[k-1] + 2 * H[k-1] * E[i];//计算 k 个人的所需
        if (need[k] >= minNeed)                 //如果 k 个人的所需大于当前的最小值
            continue;                           //换人再试（剪枝）
        take[k] = take[k-1] + M[i];             //计算 k 个人所带的给养
        if (need[k] <= take[k])                 //用 k 个人组队完成，更新最优解
        {
            minNeed = need[k];
            minP = k;
            take[k] = need[k];                  //最后一人不必满负荷
            for (int j = 1; j <= k; j++)
            {   //for j
                minTake[j] = take[j] - take[j-1];
                minH[j] = H[j-1];
            }
        }
        else                                    //需要支援
        {
            int d = need[k] - take[k];          //缺的给养量
            int dayUseNow = dayUse + E[i];//新的每日消耗量
            int w = d / dayUseNow;              //计算新的支援高度
            if (w * dayUseNow == d)             //dayUseNow 整除 d
                H[k] = w;
            else
                H[k] = w + 1;
            Search(k + 1, dayUseNow);           //递归搜索下一层
        }
    }
}
```

为了正确调用 Search 函数，需要先初始化有关变量，使

```
Need[0] = take[0] = 0;
H[0] = N;
minNeed = 10000
```

然后调用 Search(1, 0)。如果函数调用后 minNeed 不等于初始值，说明搜索已得到组队计划，可以输出。

对于题目中要求的另一组队方案，即参加登山的人数最少，且在满足这一条件之下消耗的总给养量最少的组队方案，剪枝时应首先考虑当前参与登山的人数 k 是否大于 minP，然后可再考虑 need[k]是否大于 minNeed。请读者自行完成递归函数，同时确定函数调用前该如何初始化相关变量，函数调用后如何判断搜索得到组队计划。

回顾解决这个问题的过程，在解题思路上，我们先主动降低题目难度，从简单情况入手，等到明确题目含义，并找到规律和思路后，再回到题目要求的难度，将已有思路推广和完善；在程序设计上，我们采用递归函数来实现深度搜索，同时采用分支定界的方法实现动态剪枝，从而提高搜索速度。

12.3　深度优先搜索与剪枝

怎样才能加快计算速度？经研究提出如下改进措施，先按独行能力对 8 个人排序，让独行能力强的人往前排。本题的数据经排序后得表 12.3。

表 12.3　按独行能力排序

队员号	负载量	每天消耗	可独行天数	排序
$4^{\#}$	18	2	9	1
$3^{\#}$	17	2	8.5	2
$6^{\#}$	25	3	8.3	3
$5^{\#}$	23	3	7.3	4
$1^{\#}$	7	1	7	5
$2^{\#}$	8	2	4	6

下面结合图 12.4 来讲在深度优先搜索过程中是如何剪枝的。

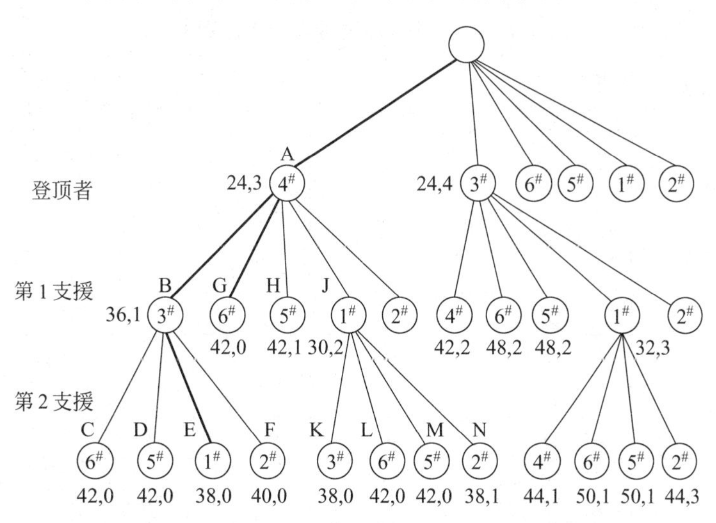

计划 1：2 人 ($4^{\#}$和 $6^{\#}$)组队登山，消耗给养 42。
计划 2：3 人 ($4^{\#}3^{\#}1^{\#}$)组队登山，消耗给养 38。

图 12.4　深度优先搜索与剪枝

按独行能力排序（见表 12.3）选 $4^{\#}$队员为登顶者，该人每日消耗 2，上山下山各 6 天，总共消耗 24 份给养，自带 18 份，差 6 份，须他人支援高度为 3，消耗的给养与须支援高度为该人的标志（24, 3），标注在结点 A 的边上。刚扩展出的结点 A 立即再往深扩展，选独行能力排第 2 的 $3^{\#}$作为第 1 支援，扩展出结点 B，该结点的标注为（36, 1），是说 $3^{\#}$上山下山各 3 天，消耗 12 份给养，自带 17 份。$3^{\#}$与 $4^{\#}$共需 36，共带 35，差 1，仍须有人支援，支援高度为 1。刚扩展出的结点 B 立即往深处扩展，按独行能力排序，得选 $6^{\#}$，$6^{\#}$上山下山各 1 天，自己消耗 6 份给养（$6^{\#}$每日消耗 3），$4^{\#}3^{\#}6^{\#}$等 3 个人共需 42 份给养，$6^{\#}$带 7 份给养上山就可完成任务了，扩展出的结点 C 标注为（42, 0），0 表示不须支援了。这样，我们就搜索到了第一个组队方案，由 $4^{\#}3^{\#}6^{\#}$等 3 人组成一个队，共消耗 42 份给养。将该值赋给 minNeed（当前最小消耗值）。接下来要搜索还有没有更佳的方案。从结点 B 扩展出 D，选 $5^{\#}$。该方案由 $4^{\#}3^{\#}5^{\#}$ 等 3 人组队，还是消耗 42 份给养，于事无补，自然剪掉不要。再从结点 B 扩展出 E，选 $1^{\#}$，该方案由 $4^{\#}3^{\#}1^{\#}$组队，标注为（38, 0），共消耗 38，小于 minNeed，自然是采用该方案，让 minNeed 更新为 38。这时由 3 人组队的最小消耗值就成了新的剪枝的阈值。从 B 扩展至 F，让 $4^{\#}3^{\#}2^{\#}$组队，标注为（40, 0），40 大于 minNeed，可弃之不用。这样 6 个人都试过了，从结点 B 往深处扩展，该尝试的都尝试过了。回到结点 A，往深扩展至 G，选 $6^{\#}$来支援 $4^{\#}$，$6^{\#}$是大力士，能带 25 份给养，$4^{\#}6^{\#}$组队即可登山，标注为（42, 0）。从总消耗看，比 38 大，但却省人力，2 人组队即可。因此，这是满足登山人数最少，且总给养量也少的一个最佳组队方案（计划 1）。而由 $4^{\#}3^{\#}1^{\#}$ 等 3 人组队，消耗 38 是计划 2 的最佳方案。回到图 12.4，看 H 结点，$4^{\#}5^{\#}$ 等 2 人，标注为（42, 1），还须有人支援，42 已经大于 38 了，不必再往深扩展了，剪枝。再看 J 结点，$4^{\#}1^{\#}$ 等 2 人，标注（30, 2），30 小于 38，还应再试试往深扩展，从标注看结点 K、L、M 和 N 都不小于 38，均可弃之不用。到此，搜索最佳组队的方案圆满完成。

上述搜索剪枝过程见表 12.4。

表 12.4　登山问题的搜索剪枝过程表

组队人数 k	入队者	k 个人所需 need(k)	k 个人所带 take(k)	k 个人所差 d(k)	对 k 个人需支援高度	结点评价
1	$4^{\#}$	24	18	6	3	(24, 3)
2	$4^{\#}3^{\#}$	36	35	1	1	(36, 1)
3	$4^{\#}3^{\#}6^{\#}$	42	42	0	0	(42, 0)
3	$4^{\#}3^{\#}5^{\#}$	42	42	0	0	(42, 0)
3	$4^{\#}3^{\#}1^{\#}$	38	38	0	0	(38, 0) √
3	$4^{\#}3^{\#}2^{\#}$	40	40	0	0	(40, 0)×
2	$4^{\#}6^{\#}$	42	42	0	0	(42, 0) √
2	$4^{\#}5^{\#}$	42	40	2	1	(42, 1)×
2	$4^{\#}1^{\#}$	30	25	5	2	(30, 2)
3	$4^{\#}1^{\#}3^{\#}$	38	38	0	0	(38, 0)×
3	$4^{\#}1^{\#}6^{\#}$	42	42	0	0	(42, 0)×
3	$4^{\#}1^{\#}5^{\#}$	42	42	0	0	(42, 0)×
3	$4^{\#}1^{\#}2^{\#}$	38	33	5	2	(38, 2)×

参考程序如下：

```
#include<iostream>
using namespace std;

const int MAXP = 10;                    //俱乐部人数
int minNeed = 10000;                    //最小消耗，初始化为一个大数

int N, P;
int kneed, ktake, kd, kh, kk;
struct person                           //描述登山俱乐部的每一个人
{
   int No;                              //编号
   int need;                            //本人每日消耗
   int take;                            //本人的携带量
   float t;                             //本人可独行天数
   int hh;                              //本人支援高度
   bool flag;                           //入选标志，初始化为 false
}club[MAXP+1], list[MAXP+1], best[MAXP+1];

void sort();                            //排序
void display();                         //显示输出
void Search1(int, int, int, int);       //搜索组队方案（最小消耗）
void Search2(int, int, int, int);       //搜索组队方案（最少人数）
int cm(int,int);                        //求整数值
void ReadData();                        //输入数据

int main()
{
   //初始化
   for(int i = 1; i <= P; i++)
      club[i].flag = false;             //置未入队标志
   ReadData();                          //输入数据
   sort();                              //排序
   Search1(1, 0, 0, N);                 //搜索
   if (minNeed < 10000)
      display();                        //输出组队信息
   return 0;
}

void ReadData()                         //输入数据
{
   cout << "输入山高 N，俱乐部人数 P" << endl;
   cin >> N >> P;
   cout << "输入 P 个人每个人的每日消耗" << endl;
   for (int i = 1; i <= P; i++)
   {
```

```
        club[i].No = i;
        cin >> club[i].need;
    }
    cout << "输入 P 个人每个人所带的给养" << endl;
    for (int i = 1; i <= P; i++)
    {
        cin >> club[i].take;
        club[i].t = (float)club[i].take / (float)club[i].need;
    }
}

void sort() //排序（对俱乐部的人，按独行天数从大到小排序）
{
    for (int j = 1; j < P; j++)
    {
        for (int i = 1; i <= P - j; i++)
        {
            if (club[i+1].t > club[i].t)
            {
                person q = club[i+1];
                club[i+1] = club[i];
                club[i] = q;
            }
        }
    }
}

int cm(int a, int b)    //向上取整函数
{
    if (a % b == 0)
        return a / b;
    else
        return a / b + 1;
}

void display()          //输出
{
    cout << "登山人数为" << kk << "，最小消耗为" << minNeed << endl;
    for (int i = 1; i <= kk; i++)
        cout << "入队者的号为" << best[i].No << "，登高为" << best[i].hh << endl;
}

void Search1(int k, int need, int take, int h)      //搜索组队方案
{
    if (k > P) return;
    for (int i = 1; i <= P; i++)
    {
```

```
        if (!club[i].flag && (club[i].t > h))
        {
            kneed = need + club[i].need * 2 * h;    //计算 k 个人所需
            if (kneed > minNeed)
                continue;                           //换人再试
            list[k] = club[i];                      //第 k 个入队者
            list[k].hh = h;                         //记第 k 个入队者的支援高度
            club[i].flag = true;                    //标记 i 已入队
            ktake = take + club[i].take;            //计算 k 个人所带
            if (ktake > kneed)                      //k 个人所带已大于所需了
                kd = 0;                             //置所差为 0
            else
                kd = kneed - ktake;                 //计算 k 个人所差
            int knd = 0;                            //计算入队的 k 个人每日的消耗总和
            for (int m = 1; m <= k; m++)
                knd = list[m].need + knd;
            kh = cm(kd, knd);                       //计算对入队的 k 个人的支援高度
            if (kh == 0)                            //不需支援了，队已组成
            {
                if (kneed < minNeed)                //如果 k 个人所需小于前次
                {
                    minNeed = kneed;                    //更新最小消耗值
                    kk = k;                             //入队人数
                    for (int m = 1; m <= kk; m++)   //保存入队方案
                        best[m] = list[m];
                }
            }
            else
                Search1(k + 1, kneed, ktake, kh); //搜索下一个入队者
            club[i].flag = false;                   //回溯
        }
    }
}
```

注意：计划 1 要求的搜索人数最少的组队方案是由函数 Search2 来完成的，但在上面的算法实现中没有给出函数的具体实现，请读者参照 Search1 函数中的最少消耗组队方案的算法实现，将代码补充完整。

在讲完这个实例之后，我们来解释一下什么叫深度优先搜索。

从图 12.3 的树状图可见，搜索任务是先找登顶者，再找第 1 支援、第 2 支援、……，直到组队完成。这个搜索过程是沿着树的深度方向进行的。我们定义起始结点（根结点）的深度为 0，由起始结点扩展出结点的深度为 1（父辈结点的深度加 1），第 1 个扩展出的结点是图上第 2 排最左面的结点，标着 1#登顶，1 个人需 12 份给养（12 注在结点旁）。该结点出来之后，立即往深处扩展（深度为 1+1=2），依顺序轮到 2#作为第 1 支援，但是 2#力不从心，因为他带得少，吃得多，走不到 1#所需的支援高度 5。故此，从这个结点无法再往深扩展，只能另选 3#队员作第 1 支援，即图中第 3 排左起第 2 个结点。这之后，再往

深扩展成第 2 支援、第 3 支援和第 4 支援，由 1#3#2#4#和 5#队员组队可完成登山任务，这时消耗的总给养量是 62。

总之，让深度值大的结点优先扩展，往深入走，不行再折回。所以，这种搜索策略被称为深度优先搜索。

12.4　小　　结

深度优先搜索的核心思想简要说就是对每一种可能的分支路径，均是深入到不能再深入为止，而且图上的每个结点只能访问一次。深度搜索与宽度搜索一样，都是特殊形态的穷举法，求解过程在本质上仍然是在枚举所有的可能性。只不过对于深度搜索而言，当前步骤只要找到一种可行方案，就立即采用并转入下一步，只有当找不到可行方案时才放弃深入而退回到前一步，是先更深入一步还是先找到当前状态下的其他可行方案，是深度搜索与宽度搜索的区别所在。

习　　题

1．在 n*m 的棋盘中，马只能走日字。马从位置(x,y)处出发，把棋盘的每一格都走一次，且只走一次。找出所有路径。

2．在 n*m 的长方形中放置长为 2，宽为 1 的长条块，一共有多少种放置方案?

3．把 1～8 这 8 个数放入下图 8 个格中，要求相邻的格（横、竖、对角线）上填的数不连续。

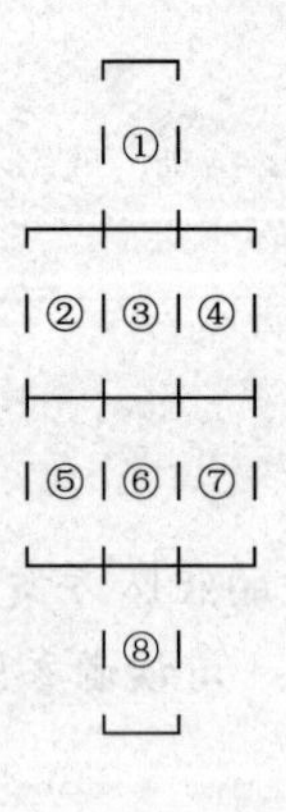

第 13 章 贪 心 法

教学目标

- 贪心法解题的一般步骤
- 贪心法的相关理论
- 贪心法解题的注意事项

内容要点

- 贪心法的应用
  - ▶ 事件序列问题
  - ▶ 区间覆盖问题
  - ▶ 有向图最短路径的 Dijkstra 算法
- 贪心法解题的一般步骤
- 贪心法的相关理论
  - ▶ 多阶段决策问题
  - ▶ 无后向性
  - ▶ 最优化原理
- 贪心法解题的注意事项

13.1 贪心法解题的一般步骤

先来看两个例题。

13.1.1 装船问题

【任务 13.1】 王小二毕业后从事船运规划工作，吉祥号货轮的最大载重量为 M 吨，有 N 件货物供选择装船，每件货物的重量和价值是不同的。王小二的任务是从 N 件货物中挑选若干件上船，在满足货物总重量小于等于 M 的前提下，运走的货物的总价值最大。

王小二很聪明，他选择了贪心策略，专挑价钱高且重量轻的货物往船上搬。具体方法是：对每件货物，计算其价值与重量之比，姑且称之为“价重比”，价重比高的货物优先装船，每装一件累计其重量，控制总重量不超过货轮的载重量 M。由此，他荣幸地获得一个绰号：“贪心的王小二”。

这类问题称为 0-1 背包问题。

编程思路如下。

（1）定义一个描述货物的结构 goods。

```
struct goods
{
```

```
    float w;
    float p;
    float pw;
    int No;
}g[N];
```

说明：goods 结构含有 4 个成员，分别是货物重量 w，货物价值 p，货物的价重比 pw 和货物的编号 No。g[N]是结构数组，有 N 个数组元素，下标为 0，1，…，N–1，每个数组元素的数据类型都是 goods 结构类型，用来描述每件货物。

（2）使用 for 循环输入 N 件货物的数据。

```
for (int i = 0; i < N; i++)          //输入 N 件货物信息
{
    cout << "g[" << i << "].p=";
    cin >> g[i].p;
    cout << "g[" << i << "].w=";
    cin >> g[i].w;
    g[i].pw = g[i].p / g[i].w;
    g[i].No = i;
}
```

（3）对 N 件货物的价值重量比按从大到小的排序，使用冒泡排序算法。

```
goods temp;
for (int j = 0; j < N - 1; j++)      //冒泡排序，将单位重量价值高的货物往前排
{
    for (int k = 0; k < N - 1 - j; k++)
    {
        if (g[k].pw < g[k+1].pw)
        {
            temp = g[k];
            g[k] = g[k+1];
            g[k+1] = temp;
        }
    }
}
```

（4）使用 while 循环，贪心地搬货，将价值重量比高的优先搬上船，控制总重量不超过船的载重量 M。

```
int sumw = 0;                        //装上船的货物的总重量
int sump = 0;                        //装上船的货物的总价值
int r = 0;
while ((r<N) && (sumw+g[r].w<M))     //当上船货物（件数受限）总重量小于 M
{
    sumw = sumw + g[r].w;            //记录货物总重
    sump = sump + g[r].p;            //记录货物总价值
    r = r + 1;                       //记下一件货物
```

```
}

cout << "装货总重量 w=" << sumw << endl;
cout << "装货总价值 p=" << sump << endl;
```

参考程序如下：

```
#include<iostream>
using namespace std;

const int N = 10;                        //货物总件数
struct goods
{
  float w;                               //货物重量
  float p;                               //货物价值
  float pw;                              //货物单位重量的价值
  int No;                                //货物号
}g[N];
int M;                                   //货轮的最大载重量

int main()
{
    cout << "输入最大载重量 M=";
    cin >> M;

    for (int i = 0; i < N; i++)          //输入 N 件货物信息
    {
        cout << "g[" << i << "].p=";
        cin >> g[i].p;
        cout << "g[" << i << "].w=";
        cin >> g[i].w;
        g[i].pw = g[i].p / g[i].w;
        g[i].No = i;
    }
    goods temp;
    for (int j = 0; j < N - 1; j++) //冒泡排序，将单位重量价值高的货物往前排
    {
        for (int k = 0; k < N - 1 - j; k++)
        {
            if (g[k].pw < g[k+1].pw)
            {
                temp = g[k];
                g[k] = g[k+1];
                g[k+1] = temp;
            }
        }
    }
```

```
    //使用贪心策略装船
    int sumw = 0;                        //装上船的货物的总重量
    int sump = 0;                        //装上船的货物的总价值
    int r = 0;
    while ((r < N) && (sumw + g[r].w < M)) //当上船货物（件数受限）总重量小于M
    {
        sumw = sumw + g[r].w;            //记录货物总重
        sump = sump + g[r].p;            //记录货物总价值
        r = r + 1;                       //记下一件货物
    }

    cout << "装货总重量 w=" << sumw << endl;
    cout << "装货总价值 p=" << sump << endl;
    return 0;
}
```

13.1.2 事件序列问题

【任务 13.2】 已知 N=12 个事件的发生时刻和结束时刻（见下表，表中事件已按结束时刻升序排序）。一些在时间上没有重叠的事件可以构成一个事件序列，如事件 2、8 和 10，写成{2, 8, 10}。事件序列包含的事件数目，称为该事件序列的长度。请编程找出一个最长的事件序列（事件数量最多）。

事件 i 编号	0#	1#	2#	3#	4#	5#	6#	7#	8#	9#	10#	11#
发生时刻	1	3	0	3	2	5	6	4	10	8	15	15
结束时刻	3	4	7	8	9	10	12	14	15	18	19	20

根据各事件的发生时刻和结束时刻画出图（如图 13.1 所示）来，重叠情况就一目了然了。

从图 13.1 中可以很清楚地看出哪些事件在时间上没有重叠，从而找到一些事件序列，例如{2, 8, 10}。但这个序列不是最长的，序列{0, 1, 7, 10}就更长一些。应该如何选择事件，可以保证得到最长的事件序列呢？

为了叙述方便，用 Begin[i]表示事件 i 的发生时刻，用 End[i]表示事件 i 的结束时刻。

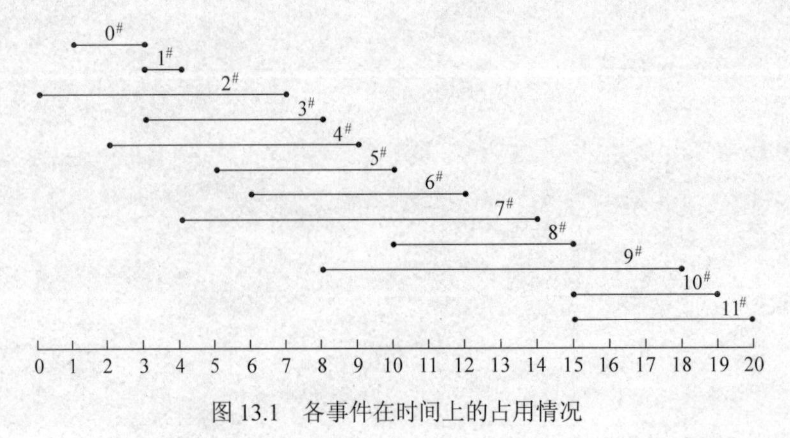

图 13.1 各事件在时间上的占用情况

下面对事件在时间上不重叠的条件进行分析。

从图 13.1 中很容易看出，如果两个事件 a 与 b（a<b）在时间上没有重叠，那么有 End[a]≤Begin[b]；如果满足这个条件，则两个事件在时间上一定没有重叠，这是一个充分必要条件。

对于 3 个事件 a、b、c（a<b<c），如果 a 和 b，b 和 c 在时间上都没有重叠，则有

$$End[a] \leq Begin[b]，End[b] \leq Begin[c]$$

由于每一事件的开始时刻一定小于结束时刻，即 Begin[i]<End[i]，则有

$$Begin[a]<End[a] \leq Begin[b] < End[b] \leq Begin[c]<End[c]$$

这个条件说明 a 和 c 在时间上也没有重叠。反之，如果 3 个事件 a、b、c 满足这个条件，则它们在时间上没有重叠。

以此类推，原题的要求其实就是找到一个最长的序列 $a_1<a_2<\cdots<a_n$，满足

$$Begin[a_1]<End[a_1] \leq Begin[a_2]<End[a_2] \leq \cdots \leq Begin[a_n]<End[a_n]$$

如果事件 a、b、c 满足

（1）End[b]≤Begin[c]，即 b 和 c 在时间上不重叠；

（2）a<b；

则根据题意有

$$End[a] \leq End[b]$$

因此，End[a]≤Begin[c]，即 a 和 c 在时间上也不重叠。可以推知，如果在可能的事件 $a_1 < a_2 <\cdots< a_n$ 中选取在时间上不重叠的最长序列，那么一定存在一个包含 a_1 的最长序列。证明如下：

如果最长序列只含一个事件，那么显然只含 a_1 的序列也是最长的。假设一个最长序列不包含 a_1，且序列中编号最小的两个事件是 a_i 和 a_j，则根据前面的分析，a_1 和 a_j 在时间上也不重叠，从而将 a_i 换成 a_1 也得到一个最长序列。

这个结论说明，为了得到当前情况下最优的一个结果，可以在当前可选的事件中选取编号最小的那个进入序列，即选取最早结束的那个事件进入序列，这就是“贪心”策略。如果从一开始就用这一贪心策略，最终可以得到题目所要求的最长事件序列。

在编程实现时，用 Select[i]表示事件 i 是否要选入序列，选入用 1 表示，不选用 0 表示。根据以上分析，编写程序如下：

```
#include <iostream>
using namespace std;

const int N = 12;                           //定义常量，等于事件总数目

void OutputResult(int Select[N])            //输出结果
{
    cout << "{0";                           //第一个事件一定输出
    for (int i = 1; i< N; i++)
        if (Select[i] == 1)
            cout << ", " << i;
```

```
    cout << '}' << endl;
}

int main()
{
    //各事件开始时刻
    int Begin[N] = {1, 3, 0, 3, 2, 5, 6, 4, 10, 8, 15, 15};
    //各事件结束时刻
    int End[N] = {3, 4, 7, 8, 9, 10, 12, 14, 15, 18, 19, 20};
    //标志选取哪些事件？1:选取，0:不选取
    int Select[N] = {0, 0, 0, 0, 0, 0, 0, 0, 0, 0, 0, 0};

    int i = 0;                          //当前情况下最早结束的事件
    int TimeStart = 0;                  //当前情况下可选事件的最早开始时刻
    while (i < N)
    {
        if (Begin[i] >= TimeStart)      //如果满足时间不重叠的条件
        {
            Select[i] = 1;              //选取事件 i
            TimeStart = End[i];         //以后的事件应不早于 End[i]开始
        }
        i++;
    }
    OutputResult(Select);               //输出计算结果
    return 0;
}
```

程序的输出结果为{0, 1, 5, 8, 10}，从图 13.1 中可以看出，这确实是一个最长序列。

13.1.3 贪心法解题的一般步骤

完成上面两个任务所用的算法有一个共同点，就是在求最优解过程的每一步都采用一种局部最优的策略，把问题范围和规模缩小，最后把每一步的结果合并起来得到一个全局最优解。

在任务 13.1 中贪心地搬货，每一次都选取价值重量比高的货优先上船，控制总重不超过船的载重量。在任务 13.2 中，每一次选取的事件都是满足条件的最早结束的事件，向问题的解答前进一步，同时给剩余事件的选取留下了最多的不重叠时间；最后得到的事件序列，就是每一次选取的事件集合。

归纳起来，运用贪心法解题的一般步骤是：

（1）从问题的某个初始解出发。

（2）采用循环语句，当可以向求解目标前进一步时，就根据局部最优策略，得到一个部分解，缩小问题的范围或规模。

（3）将所有部分解综合起来，得到问题的最终解。

13.2　贪心法相关理论

13.2.1　多阶段决策问题、无后向性与最优化原理

多阶段决策问题是指这样一类问题：问题的解决过程可以分为若干阶段，在每一阶段都做出相应的决策，所有决策构成的决策序列就是问题的解决方案。

本章前面的两个任务，都可以转化为多阶段决策问题。任务 13.1 把多次搬货上船，视为多个阶段，每次为一阶段，用每次最优来保证全局最优。任务 13.2 中的问题是寻找一个最佳的事件序列，按时间顺序（事件允许的开始时刻 TimeStart）把问题分为多个阶段，在每一阶段的决策是选取结束时间最早的事件，最后由各阶段选出的事件构成所求的事件序列。

这两个多阶段决策问题有一个共同特点：每一阶段面临的问题都是原问题的一个子问题，而且子问题的解决只与当前阶段和以后阶段的决策有关，与以前各阶段的决策无关。我们称这两个问题具有无后向性的特点。

比无后向性更进一步，这两个多阶段决策问题满足最优化原理。所谓最优化原理，是说一个问题的最优策略有这样一个性质，不论以前的决策如何，对于当前的子问题，其余的决策一定构成最优策略。最优化原理可以简单地描述为：一个最优策略的子策略总是最优的。一个问题满足最优化原理，又称它具有最优子结构性质。

例如，4 个城市 A、B、C、D 间的道路如图 13.2 所示，如果 A 到 D 的最短路线为 A→B→D，那么 B 到 D 的最短路线为 B→D。可以用反证法证明：如果 B 到 D 的最短路线不是 B→D，假设另一条路径 B=>D 更短，那么 A→B=>D 就比 A→B→D 更短，与题设矛盾。所以 B→D 是 B 到 D 的最短路线。

对于图 13.2 所示那一类最短路线问题，有一个经典的贪心算法，称为 Dijkstra 算法。

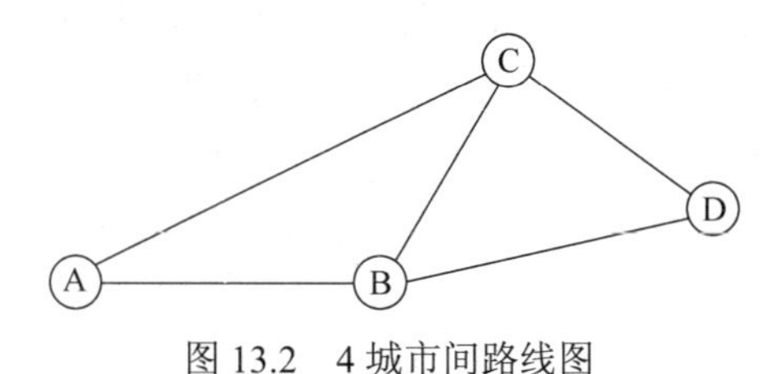

图 13.2　4 城市间路线图

13.2.2　有向图最短路径的 Dijkstra 算法

在介绍 Dijkstra 算法之前，先介绍图的有关知识。图是一个抽象的概念，一个图 G 由一些点的集合 V 和连接这些点的边的集合 E 组成，表示为 G={V, E}。其中边可以是有方向的，相应的图称为有向图；如果边没有方向，相应的图称为无向图。将无向图中的每条边转化为两条端点相同、方向相反的有向边，则无向图可转化为有向图。在如图 13.3 所示的有向图中，V＝{ v_0, v_1, v_2, v_3, v_4}，E=$\left\{\overrightarrow{v_0v_1},\overrightarrow{v_0v_2},\overrightarrow{v_1v_3},\overrightarrow{v_2v_4},\overrightarrow{v_3v_0},\overrightarrow{v_3v_1},\overrightarrow{v_3v_4}\right\}$。

如果给图的每条边赋一个正值，表示边的长度，那么最短路径问题可以描述为，给定一个图和起点终点，要求找出一条从起点开始，沿着图中的边到达终点的路线，使得所经过的边的总长度最小。这个问题满足最优化原理，读者可自行证明。

Dijkstra 算法是解决有向图最短路径的经典算法，其本质是一个贪心算法。

该算法的思想是，将图中所有的点分成两个集合 S_1 和 S_2。S_1 是已确定最短路径的点的集合，S_2 是未确定最短路径的点的集合。起始时 S_1 只包含起点，S_2 包含其余的点。起点到任一点的最短路径就是两点之间的有向边，如果没有有向边，则认为最短路径长度为无穷大。对于算法的每一阶段，在 S_2 中寻找最短路径长度最小的点（贪心之处），将它从 S_2 移入 S_1，对于所有从该点出发的有向边，更新有向边另一端点的最短路径，即最短路径为原路径和使用这条边的路径相比较短的一条。算法进行到所求终点进入 S_1 为止。如果算法进行到所有点都进入 S_1，则得到起点到图中其他各点的最短路径。

假设给出图 13.3 中各边长度，如图 13.4 所示，用 Dijkstra 算法计算 v_0 到 v_4 的最短路径过程如下：

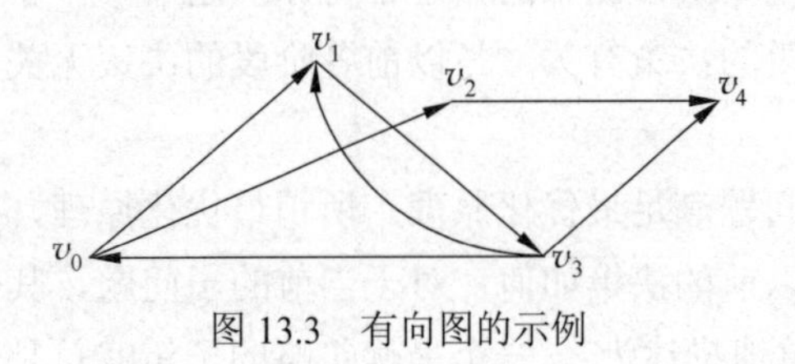

图 13.3　有向图的示例

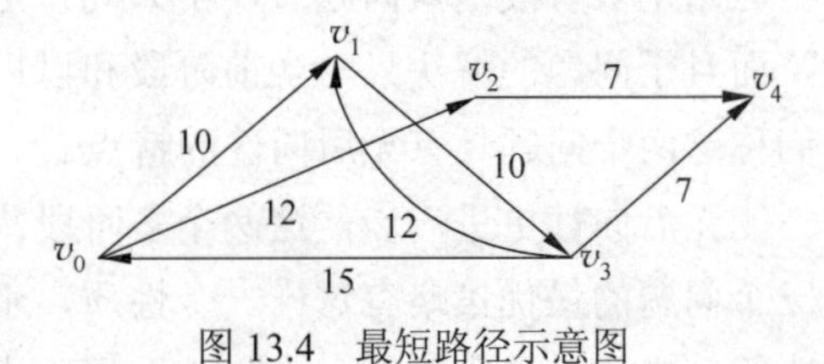

图 13.4　最短路径示意图

（1）起始时，$S_1=\{v_0\}$，$S_2=\{v_1, v_2, v_3, v_4\}$，$v_0$ 到 v_0、v_1、v_2、v_3 和 v_4 各点的最短路径长度 MinDis 为 $\{0, 10, 12, \infty, \infty\}$。

（2）S_2 中最短路径长度最小的为 v_1，因此 $S_1=\{v_0, v_1\}$，$S_2=\{v_2, v_3, v_4\}$；由于 v_1 到 v_3 有边，且 $v_0 \to v_1 + \overrightarrow{v_1 v_3} = 20 < \infty$，所以 MinDis 更新为 $\{0, 10, 12, 20, \infty\}$。

（3）S_2 中最短路径长度最小的为 v_2，因此 $S_1=\{v_0, v_1, v_2\}$，$S_2=\{v_3, v_4\}$；由于 v_2 到 v_4 有边，且 $v_0 \to v_2 + \overrightarrow{v_2 v_4} = 19 < \infty$，所以 MinDis 更新为 $\{0, 10, 12, 20, 19\}$。

（4）S_2 中最短路径长度最小的为 v_4，因此 $S_1=\{v_0, v_1, v_2, v_4\}$，$S_2=\{v_3\}$；由于 v_4 出发没有边，所以最短路径长度 MinDis 没有更新。已得到要求的最短路径，结束。

编写程序时用二维数组 Edge 来表示图 13.4 中的信息。如果从 v_i 到 v_j 有一条长度为 x 的边，那么 Edge[i][j]=x；如果从 v_i 到 v_j 没有边，那么 Edge[i][j]= ∞，∞可用一个非常大的数来表示，例如 INT_MAX；特别地，Edge[i][i]=0。这样，图 13.4 可表示为：

```
Edge[5][5]={  0,    10,   12,   ∞,    ∞,
              ∞,    0,    ∞,    10,   ∞,
              ∞,    ∞,    0,    ∞,    8,
              15,   12,   ∞,    0,    7,
              ∞,    ∞,    ∞,    ∞,    0   };
```

用一维数组 Path 来表示起点到各点的最短路径。如果最短路径上 v_i 的前一点为 v_j，则 Path[i]=j。最优化原理保证这样的表示方法是正确的。

Dijkstra 算法的参考程序如下：

```
#include <iostream>
#include <limits>               //定义了 INT_MAX
using namespace std;

const int SIZE = 5;             //图中顶点总数

//计算有向图中起点到终点的最短距离
//返回值：最短路径的长度
//Edge[SIZE][SIZE]：输入参数，图信息
//nStart：输入参数，起点
//nDest：输入参数，终点
//Path[SIZE]：输出参数，路径信息
int Dijkstra(int Edge[SIZE][SIZE], int nStart, int nDest, int Path[SIZE])
{
   int MinDis[SIZE];            //起点到各点的最短路径长度
   bool InS2[SIZE];             //标志各点是否在 S2 中

   //初始化
   for (int i = 0; i < SIZE; i++)
      InS2[i] = true;
   InS2[nStart] = false;     //初始状态只有 nStart 在 S1 中，其余在 S2 中
   for (int i = 0; i < SIZE; i++)
   {
      MinDis[i] = Edge[nStart][i];        //初始各点的最短距离
      if (Edge[nStart][i] < INT_MAX)
         Path[i] = nStart;                //最短路径的前一点
      else
         Path[i] = -1;                    //表示前一点不存在
   }

   //进行计算
   while (InS2[nDest])                    //当 nDest 还在 S2 内则计算
   {
      //查找 S2 中最短路径长度最小值的点
      int nMinLen = INT_MAX;              //最短路径长度的最小值
      int nPoint = -1;                    //拥有最小值的点
      for (int i = 0; i < SIZE; i++)      //查找
         if (InS2[i] && (MinDis[i] < nMinLen))
         {
            nMinLen = MinDis[i];
            nPoint = i;
         }

      if (nMinLen == INT_MAX)             //S2 中的点不能从起点走到
         break;

      //更新 S2 和 MinDis
```

```
        InS2[nPoint] = false;              //该点从 S2 移入 S1
        for (int i = 0; i < SIZE; i++)
            if (InS2[i] && (Edge[nPoint][i] < INT_MAX))  //有连向 S2 中点的边
            {
                int nNewLen = nMinLen + Edge[nPoint][i];
                if (nNewLen < MinDis[i])  //如果原路径长
                {
                    Path[i] = nPoint;       //更新路径
                    MinDis[i] = nNewLen;    //更新路径长度
                }
            }
    }
    return MinDis[nDest];
}

//输出路径信息
//Path[SIZE]：路径信息
//nDest：终点
void OutputPath(int Path[SIZE], int nDest)
{
    if (Path[nDest] == -1)
        cout << "没有从起点到 v" << nDest << "的路径" << endl;
    else if (Path[nDest] == nDest)       //是起点
        cout << 'v' << nDest;
    else
    {
        OutputPath(Path, Path[nDest]);   //输出前面的路径
        cout << " --> v" << nDest;       //输出这一段边
    }
}

int main()
{
    int Edge[SIZE][SIZE];                //图信息
    //构造图信息
    for (int i = 0; i < SIZE; i++)
    {
        for (int j = 0; j < SIZE; j++)
            Edge[i][j] = INT_MAX;
        Edge[i][i] = 0;
    }
    Edge[0][1] = 10;
    Edge[0][2] = 12;
    Edge[1][3] = 10;
    Edge[2][4] = 7;
    Edge[3][0] = 15;
    Edge[3][1] = 12;
```

```
    Edge[3][4] = 7;

    int Path[SIZE];                              //记录最短路径信息

    //计算 v0 到 v4 的最短路径长度
    int nPathLength = Dijkstra(Edge, 0, 4, Path);
    if (nPathLength == INT_MAX)
        cout << "从 v0 到 v4 没有路径可通" << endl;
    else
    {
        cout << "从 v0 到 v4 的最短路径为: " << endl;
        OutputPath(Path, 4);                     //输出 v0 到 v4 的最短路径
        cout << endl;
        cout << "路径长度为: " << nPathLength << endl;
    }
    return 0;
}
```

程序中的函数 Dijkstra 有多个参数，在函数之前说明该函数的功能、返回值和各参数的意义，是非常好的编程习惯，有助于别人或者自己以后阅读程序。

13.2.3　贪心法解题的注意事项

一个多阶段决策问题如果满足最优化原理，就可以考虑使用贪心法来解。如果这个条件不是那么明显，在解题前应该先进行证明，有时可能还要对原题进行一些转化才行。要注意的是，一个问题具有无后向性特点，不一定就满足最优化原理。一个问题满足最优化原理，也不一定就可以用贪心法来解决。

【例 13.1】 某国家的硬币体系包含 N 种面值（其中一定有面值为 1 的），现有一种商品价格为 P，请问最少用多少枚硬币可以正好买下？

这个问题满足最优化原理。如果试图用贪心法来解，一个很容易想到的贪心策略是：尽量用面值大的硬币。这个策略在很多情况下是有效的，例如我国的硬币体系{1, 2, 5, 10, 50, 100}，又如美国的硬币体系{1, 5, 10, 25}，这一策略总能得到最优解。但是如果一个国家的硬币体系为{1, 5, 8, 10}，P=13，则这一贪心策略得到的结果是 4 枚硬币，面值分别为 10、1、1 和 1。然而最优策略是 2 枚硬币，面值为 8 和 5。贪心法失效了。

很可惜，目前并没有一个一般性的结论，可以保证贪心法一定得到问题的最优解。因此，在应用贪心法之前，应该先论证当前的策略能否得到问题的最优解。对于上面的硬币问题，贪心法并不能保证得到最优解，可以用第 14 章将要介绍的动态规划方法来解决。

有些问题能应用贪心法来解，但需要选择适当的局部最优策略，才能得到正确的结果。

【例 13.2】 有一容量为 M=200 的背包，还有 8 种物品，每种物品的体积和价值如下表。假设每种物品都可以取任意份量，现要将物品装进背包，要求不能超过背包总容量且物品总价值最大，该如何装包？

物品	A	B	C	D	E	F	G	H
体积	40	55	20	65	30	40	45	35
价值	35	20	20	40	35	15	40	20

很容易想到3种贪心策略：

（1）每次取价值最大的物品；

（2）每次取体积最小的物品；

（3）每次取单位体积价值最大的物品。

对于本题来说，只有第三个策略才能保证得到最优解。

贪心法只能得到问题的一个最优解。例如，在任务13.2中，除贪心法得到的{0, 1, 5, 8, 10}，{0, 1, 5, 8, 11}也是最优解。如果问题要求得到所有的最优解，就要另想办法了。

如果题目要求给出解的组成，则要在解题过程中保留一定的决策信息，以便最后能够综合起来。

综上所述，运用贪心法时应注意考查：

（1）该问题是否满足最优化原理？这包括3个方面：

① 问题能否转化为多阶段决策问题；

② 各阶段的子问题是否具有无后向性特点；

③ 最优解的子问题解是否最优。

（2）所应用的策略是否有效，能否保证得到最优解？

（3）为给出最终解，应保留哪些决策信息？

13.3 小　结

（1）贪心法在求解过程的每一步都采取局部最优策略，使问题的规模一步步缩小，期望每一步的局部最优，从而达到最后总体上的全局最优。但有时局部最优并不能保证全局最优，这是采用贪心法时要特别注意的地方。

（2）最优化原理在解多阶段决策问题时十分重要。最优化原理可简述为：一个最优策略的子策略总是最优的。

（3）一个多阶段决策问题如果满足最优化原理，则可考虑用贪心法来解，否则须先行证明而后采用，或者要对原题进行某种转化才可使用，也可能根本就不可用，这要看是否满足最优化原理。

习　题

1．完成前面的背包问题，用3种贪心策略都试一下，比较最后的结果。

2．给出x轴上N条线段的坐标，从中选择一些线段来覆盖住区间[0, M]，要求所用线段数目最少。

下面举两个样例数据作为引导：

【样例 1】 N=3，M=1，各线段坐标为[−1, 0]、[−5, −3]、[2, 5]。答案是无解。

【样例 2】 N=6，M=4，各线段坐标为[−1, 0]、[−1, 1]、[0, 3]、[2, 4]、[2, 5]、[4, 5]。答案是用 2 条线段[0, 3]和[2, 5]。

第 14 章　动 态 规 划

教学目标

- 动态规划思想
- 动态规划基本概念
- 动态规划的解题思路

内容要点

- 动态规划思想
  - ▶ 自底向上
  - ▶ 分治
  - ▶ 解决冗余
- 动态规划基本概念
  - ▶ 阶段与状态
  - ▶ 决策与策略
  - ▶ 状态转移方程
- 动态规划的应用
  - ▶ 最短路径

动态规划，与其说是一个算法，不如说是一种思想。在实际生产和生活中，作为运筹学的一个分支，动态规划在资源配置、计划制定等方面有着广泛的应用。

14.1　最短路径问题

14.1.1　问题描述

【任务 14.1】 某城市交通如图 14.1 所示，其中每两个点之间的路径长度（单位为 km）标于边上。P 是出发点，只能从左向右或从下向上走，要求寻找一条从 P 至 A 的最短路径。

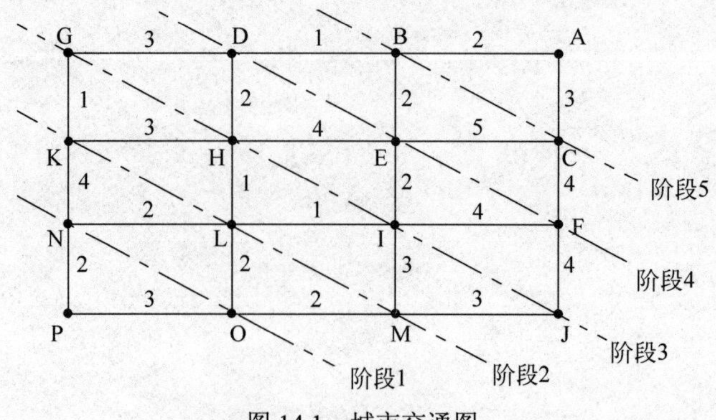

图 14.1　城市交通图

14.1.2　分析与题解

A 点是行进的目标，盯住 A 看，从 B 到 A 需要走 2km 的路，从 C 到 A 需要走 3km 的路。将 B 点和 C 点划分为阶段 5 中的两个点。

定义：

（1）从 P 到 A 的最短路径记为 P(A)，从 P 到 B 的最短路径记为 P(B)，从 P 到 C 的最短路径记为 P(C)。

（2）相邻两点的路径长为 d(B, A)，d(C, A)，d(F, C)，d(E, C)，d(D, B)，d(E, B)，…，则有

$$P(A) = \min\{P(B) + d(B, A), P(C) + d(C, A)\}$$

该式的物理意义是：从 P 到 A 的最短路径 P(A)取决于 P(B)+d(B, A)和 P(C)+d(C, A)，看哪一个值小，相当于二选一，取较小者。

从图 14.1 已知 d(B, A)=2，d(C, A)=3，则

$$P(A) = \min\{P(B) + 2, P(C) + 3\}$$

从上式可看出：P(A)究竟取哪一项，要看 P(B)和 P(C)的值；要计算 P(B)和 P(C)，又要往前推，看在阶段 4 中与阶段 5 相邻的 3 个点 D、E 和 F。

从 P 到 B，一条路 P(D)+d(D, B)，另一条路是 P(E)+d(E, B)，也需要二选一。写成式子为：

$$P(B) = \min\{P(D) + d(D, B), P(E) + d(E, B)\}$$

同理，从 P 至 C 可写成为：

$$P(C) = \min\{P(E) + d(E, C), P(F) + d(F, C)\}$$

上述两式中的 d(D, B)=1，d(E, B)=2，d(E, C)=5，d(F, C)=4，经代入之后，可得

$$P(B) = \min\{P(D) + 1, P(E) + 2\}$$

$$P(C) = \min\{P(E) + 5, P(F) + 4\}$$

从上述公式可以看出，求 P(A)需要先求出阶段 5 中的 P(B)和 P(C)；要求 P(B)或 P(C)，又要先求出阶段 4 中的 P(D)和 P(E)，或 P(F)和 P(E)，……，这是一个递推过程。显然，要按照这种思路求解，需要倒过来，从 P(A)出发，先求出第 1 阶段的 P(O)和 P(N)，再求第 2 阶段的 P(K)，P(L)，P(M)，…，最后得到 P(A)。

选择二维数组作为本题的数据结构，将每条路径的长度放在数组中。为方便起见，规定数组 h[4][3]的第 1 维为行号，第 2 维为列号，用来存储东西方向上的道路长度，如图 14.2 所示。

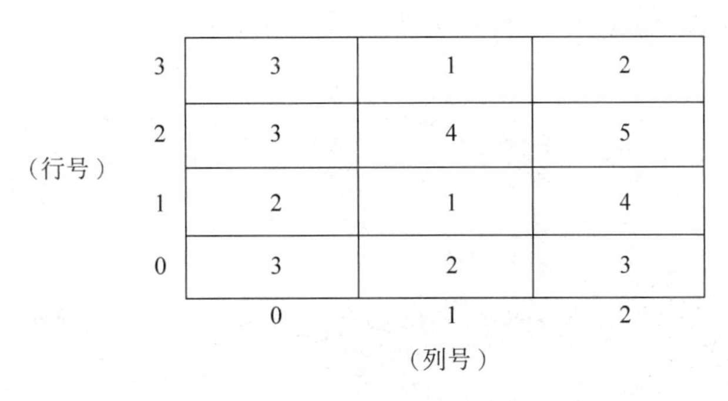

（行号）	0	1	2
3	3	1	2
2	3	4	5
1	2	1	4
0	3	2	3

（列号）

图 14.2　东西方向的道路

二维数组 h 可定义和初始化为：

```
int h[4][3] = {{3, 2, 3}, {2, 1, 4}, {3, 4, 5}, {3, 1, 2}};
```

南北方向上道路长度存至数组 v[3][4]中，同样规定第 1 维为行号，第 2 维为列号，如图 14.3 所示。

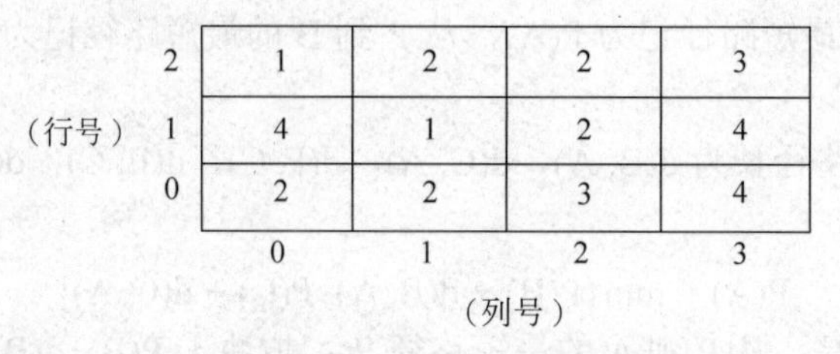

（行号）				
2	1	2	2	3
1	4	1	2	4
0	2	2	3	4
	0	1	2	3
	（列号）			

图 14.3　南北方向的道路

二维数组 v 可定义和初始化为：

```
int v[3][4] = {{2, 2, 3, 4}, {4, 1, 2, 4}, {1, 2, 2, 3}};
```

为了编程方便，将图 14.1 改为如图 14.4 所示。

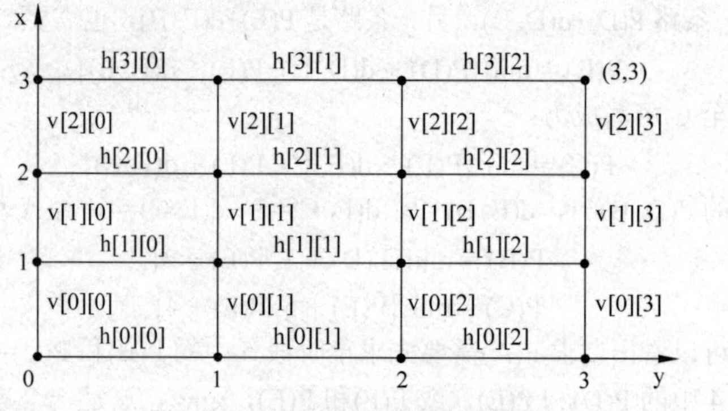

图 14.4　方便编程用的城市交通图

从图 14.4 可以看出，由 P 到 A 的最短路径是从(0, 0)到(3, 3)。定义一个二维数组 p[4][4]，规定第 1 维为行（x 坐标），第 2 维为列（y 坐标），且初始化为 0，即

```
int p[4][4] = {{0, 0, 0, 0}, {0, 0, 0, 0}, {0, 0, 0, 0}, {0, 0, 0, 0}};
```

对于出发点 P，坐标为(0, 0)，p[0][0]=0，这是边界条件。

对于阶段 1：

```
p[0][1] = p[0][0] + h[0][0] = 0 + 3 = 3;
p[1][0] = p[0][0] + v[0][0] = 0 + 2 = 2;
```

对于阶段 2：

```
p[1][1] = min{p[0][1] + v[0][1], p[1][0] + h[1][0]} = min{3 + 1, 2 + 2} = 4;
p[0][2] = p[0][1] + h[0][1] = 3 + 2 = 5;
p[2][0] = p[1][0] + v[1][0] = 2 + 4 = 6;
```

对于阶段 3：

```
p[1][2] = min{p[0][2] + v[0][2], p[1][1] + h[1][1]} = min{5 + 3, 4 + 1} = 5;
p[0][3] = p[0][2] + h[0][2] = 5 + 3 = 8;
p[2][1] = min{p[1][1] + v[1][1], p[2][0] + h[2][0]} = min{4 + 1, 6 + 3} = 5;
p[3][0] = p[2][0] + v[2][0] = 6 + 1 = 7;
```

对于阶段 4：

```
p[1][3] = min{p[0][3] + v[0][3], p[1][2] + h[1][2]} = min{8 + 4, 5 + 4} = 9;
p[2][2] = min{p[1][2] + v[1][2], p[2][1] + h[2][1]} = min{5 + 2, 5 + 4} = 7;
p[3][1] = min{p[2][1] + v[2][1], p[3][0] + h[3][0]} = min{5 + 2, 7 + 3} = 7;
```

对于阶段 5：

```
p[2][3] = min{p[1][3] + v[1][3], p[2][2] + h[2][2]} = min{9 + 4, 7 + 5} = 12;
p[3][2] = min{p[2][2] + v[2][2], p[3][1] + h[3][1]} = min{7 + 2, 7 + 1} = 8;
```

最后到终点：

```
p[3][3] = min{p[2][3] + v[2][3], p[3][2] + h[3][2]} = min{12 + 3, 8 + 2} = 10;
```

这就是从 P 到 A 的最短路径。

为了编程方便，可以归纳出求最短路径的通项表达式：

$$\begin{cases} p[i][j]=\min\{p[i-1][j]+v[i-1][j],p[i][j-1]+h[i][j-1]\} & (i,j)>0 \\ p[0][j]=p[0][j-1]+h[0][j-1] & (i=0,j>0) \\ p[i][0]=p[i-1][0]+v[i-1][0] & (i>0,j=0) \\ p[0][0]=0 & (i=0,j=0) \end{cases}$$

在图 14.5 中画出了城市各个路口对 P 点的最小距离。从 P 到 A 的最短距离为 10，所走的路线为 PNLHDBA，这条路线用粗黑箭头标出。

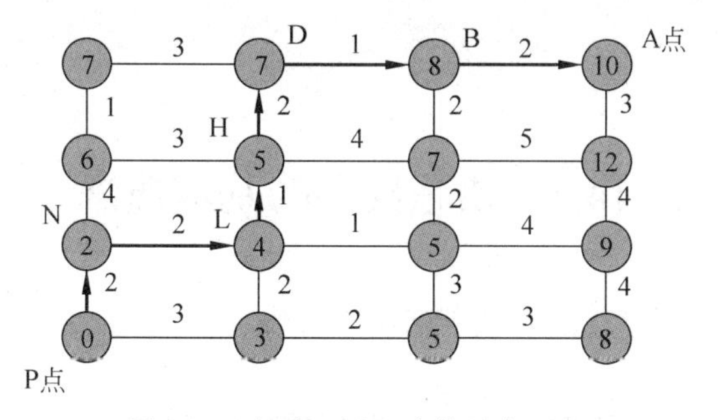

图 14.5　各路口对 P 点的最小距离

参考程序如下：

```
#include <iostream>
using namespace std;

int min(int, int);
```

```
int main()
{
    int h[4][3] = {{3, 2, 3}, {2, 1, 4}, {3, 4, 5}, {3, 1, 2}};
    int v[3][4] = {{2, 2, 3, 4}, {4, 1, 2, 4}, {1, 2, 2, 3}};
    int p[4][4] = {{0}};
    for (int j = 1; j < 4; j++)        //y轴上的点
        p[0][j] = p[0][j-1] + h[0][j-1];
    for (int i = 1; i < 4; i++)        //x轴上的点
        p[i][0] = p[i-1][0] + v[i-1][0];
    for (int i = 1; i < 4; i++)        //内部的点
        for(int j = 1; j < 4; j++)
            p[i][j] = min(p[i-1][j] + v[i-1][j], p[i][j-1] + h[i][j-1]));

    cout << "From P to A is " << p[3][3] << endl;
    //输出每个路口对P点的最小距离
    for (int i = 3; i >= 0; i--)
    {
        for (int j = 0; j <= 3; j++)
            cout << p[i][j] << " ";
        cout << endl;
    }
    return 0;
}

int min(int a, int b)
{
    if (a <= b )
        return a;
    else
        return b;
}
```

14.2　动态规划的基本概念

下面结合任务14.1来讨论动态规划的基本思想。

1．阶段

阶段是对整个决策过程的自然划分，通常根据问题的时间顺序或空间顺序来划分阶段。表示阶段的变量称为阶段变量。

任务14.1的阶段是按空间顺序划分的。在道路交叉点已被抽象为x、y坐标上的整数点的情况下，以路口坐标点距原点的远近来划分阶段。比如(0, 1)与(1, 0)为第1阶段的两个点；(2, 0)、(0, 2)和(1, 1)是第2阶段的3个点。P(x, y)为以(x, y)点到起点的最短路径长度，它是由下式决定的。

$$P(x, y) = \min\{P(x-1, y) + v(x-1, y), P(x, y-1) + h(x, y-1)\} \tag{14-1}$$

式中，P(x−1, y)和 P(x, y−1)分别是前一个阶段中的路口(x−1, y)和路口(x, y−1)对起点的最短路径长度。

如果(x, y)标识现阶段，则在此例中(x−1, y)和(x, y−1)标识前一阶段。相应变量 P(x, y)为现阶段的阶段变量，P(x−1, y)和 P(x, y−1)为前一阶段的阶段变量。

2．状态

不同事物有不同的性质，因而用不同的状态来刻画。任务 14.1 要求解路口到起点的最短距离的路长。描述路口距起点的距离变量 P(x, y)可视为状态变量。在问题求解中对状态的描述是分阶段的，或者说每一个阶段由一个或者多个状态所组成。状态总是与阶段相联系的。

3．决策与策略

从当前阶段的某一个状态出发，选择不同的取舍会进入到下一阶段的不同状态。根据题意要求，对每个阶段所做出的某种选择性的操作称为决策。在任务 14.1 中的决策体现在式(14-1)中的数学符号 min，意思为前一阶段中的两个状态经分别加上 v(x−1, y)和 h(x, y−1)后，取其中的一个小的作为现阶段的状态的值。决策是：取小不取大。这就是所谓选择性操作。每一阶段都有决策，从开始到最后，由决策形成的序列称为策略。

4．状态转移方程

用数学公式描述与阶段相关的状态间的演变规律称为状态转移方程。式（14-1）就是任务 14.1 的状态转移方程。图 14.6 是状态转移的示意图。

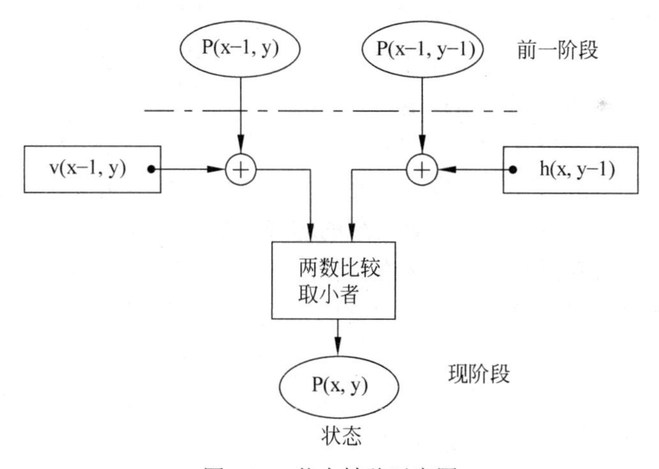

图 14.6　状态转移示意图

14.3　动态规划思想

动态规划是运筹学的一个重要分支，是解决多阶段决策过程最优化的一种方法，也是计算机程序设计中最常用的方法之一。

所谓多阶段决策过程，是将所研究的过程划分为若干相互联系的阶段，在求解时，要求对每一个阶段都做出决策，往往前一阶段的决策会影响到下一阶段的决策。

动态规划的依据是“最优化原理”。

最优化原理可陈述为：不论初始状态和第 1 步决策是什么，余下的决策相对于前一次决策所产生的新状态，构成一个最优决策序列。最优决策的子序列，一定是局部最优决策子序列。还可推论出：包含有非局部最优决策子序列，一定不是最优决策序列。

从任务 14.1 可以看出，在做每一步决策时，列出了各种可能的局部解，之后依据判定条件，舍弃那些肯定不能得到最优解的局部解（见图 14.6）。这样，让每一步都经过筛选，以每一步都是最优来保证全局最优。从搜索角度看，每一步筛选相当于最大限度地有效剪枝，效率很高。

动态规划思想与贪心法的差别在于，按贪心策略形成的判定序列，并不能保证解是全局最优的；而动态规划对可能产生的多个判定序列，按照最优化原理加以筛选，去除那些非局部最优的子序列，构成最优决策序列。

有些问题不能用贪心法来解，是因为找不到一个有效的贪心策略。贪心法在自顶向下的逐步求解过程中，是在问题的解空间中用贪心策略去除那些不可能的解，最后将最优解保留下来。从本质上说，这是一个逐步剪枝过程。贪心法能够成功，要求每一个阶段所采用的贪心策略保证不会丢掉最优解，即保证不会将最优解剪掉。

与贪心法不同，动态规划是一个自底向上的过程，在每一个阶段都列出所有可能的情况并逐个加以考察，无一遗漏。实际上对每一种可能的解都直接或间接地进行了比较，可以保证得出最优解。

动态规划是一个效率很高的递推方法。由于多阶段决策问题的特点，如果用一般的自顶向下的递归搜索算法会遇到大量重复计算。而动态规划采用自底向上的算法，可将已计算出的结果保留起来，直接用于后续计算，与一般递归算法相比，效率大为提高。可以说解决冗余是动态规划思想的又一个精髓。

当然，也可以采用递归算法。自顶向下的递归算法思路清晰，程序易写易读。为了保留递归算法的优点又能解决冗余问题，可将计算过程中的部分结果保存下来，后面用到时就可直接取用。这种改进也是动态规划思想的体现，被形象地称为备忘录法。

用动态规划思想解题须符合以下 3 个条件：

（1）待解问题具有无后效性特点。待解问题可以转化为多阶段决策问题，每一阶段的问题都是原问题的一个子问题。子问题的解决只是与当前阶段和以后阶段的决策有关，而与以前各阶段的决策无关，这称为无后效性。任务 14.1 具有这种特性，比如 $P(A) = \min\{P(B) + d(B, A), P(C)+d(C, A)\}$，P(B)和 P(C)是第 5 阶段的子问题。状态转移公式不涉及以前的阶段。

无后效性不是说以前与现在无关，而是说当前的状态是对以往历史的总结，以往的历史只能通过当前状态去影响以后的发展。

（2）待解问题能够实施最优策略，即无论过去的状态和策略如何，对当前状态而言，以后的决策必须能构成最优决策序列。

（3）保证足够大的内存空间。

动态规划是解决多阶段决策过程最优化问题的一种方法，是考虑问题的一种途径，并不是一种有着固定模式的算法。运用这种思想解题必须对具体问题进行具体分析，需要有丰富的想象力和创造力。

14.4　举例说明动态规划思路

【任务 14.2】 用数组 S 存放数字串，如图 14.7 所示。

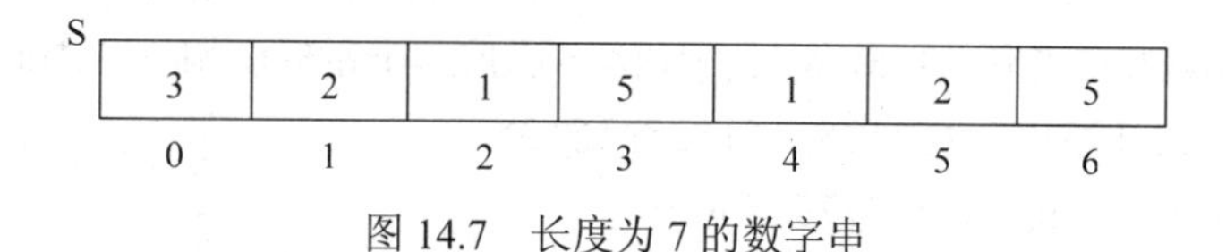

图 14.7　长度为 7 的数字串

这是一个长度为 7 的数字串，现要求插入 3 个乘号，使乘积最大。

【解题思路】

定义 P(l, r, k)为从 l 到 r，加入 k 个乘号的最大乘积值，对于图 14.7，l=0，r=6，k=3。

将 S 分为两段，自左至右 l，l+1，…，q，q+1，q+2，…，r。

从 l 到 q 是一个数，记为 d(l, q)，其值为

$$d(l, q) = S_0S_1 \cdots S_q$$

q+1，q+2，…，r 为将包含有两个乘号的字符串，是一个子问题。也是希望其乘积为最大，故可以看成

$$P(q+1, r, k-1)$$

在两段之间放上一个乘号，这时可写成

$$P(l, r, k) = \max_q\{d(l, q)*P(q+1, r, k-1)\} \qquad (14\text{-}2)$$

式中，q 的变化范围由 P(q+1, r, k−1)决定，即从 q+1 到 r 之间所包含的数字个数应大于 k−1（乘号个数）：

$$r - (q + 1) + 1 > k-1$$

$$q < r - k + 1$$

因此，式(14-2)可写成

$$P(l, r, k) = \max_q \{d(l, q)*P(q+1, r, k-1)\}$$

$$q = l, l + 1, \cdots, r - k \qquad (14\text{-}3)$$

用不同的 q 对式(14-3)展开得

$$P(0, 6, 3) = \max\{d(0, 0)*P(1, 6, 2), d(0, 1)*P(2, 6, 2), d(0, 2)*P(3, 6, 2), d(0, 3)*P(4, 6, 2)\}$$
$$= \max \{3*P(1, 6, 2), 32*P(2, 6, 2), 321*P(3, 6, 2), 3215*P(4, 6, 2)\}$$

很明显，要解出 P(0, 6, 3)，还得先解式(14-3)中的 P(q+1, r, k−1)。

$$P(q+1, r, k-1) = \max_t \{d(q+1,t)*P(t+1, r, k-2)\}$$

$$t = q + 1, q + 2, \cdots, r - k + 1 \qquad (14\text{-}4)$$

用不同的 t 对式(14-4)展开：

$$P(1, 6, 2) = \max\{d(1, 1)*P(2, 6, 1), d(1, 2)*P(3, 6, 1), d(1, 3)*P(4, 6, 1), d(1, 4)*P(5, 6, 1)\}$$
$$= \max\{2*P(2, 6, 1), 21*P(3, 6, 1), 215*P(4, 6, 1), 2151*P(5, 6, 1)\}$$

$$P(2, 6, 2) = \max\{d(2, 2)*P(3, 6, 1), d(2, 3)*P(4, 6, 1), d(2, 4)*P(5, 6, 1)\}$$
$$= \max\{1*P(3, 6, 1), 15*P(4, 6, 1), 151*P(5, 6, 1)\}$$

P(3, 6, 2) = max{d(3, 3)*P(4, 6, 1), d(3, 4)*P(5, 6, 1)}
= max{5*P(4, 6, 1), 51*P(5, 6, 1)}

P(4, 6, 2) = max{d(4, 4)*P(5, 6, 1)}
= max{1*P(5, 6, 1)}

剩下的问题就是求 P(2, 6, 1)，P(3, 6, 1)，P(4, 6, 1)和 P(5, 6, 1)：

P(2, 6, 1) = max{d(2, 2)*d(3, 6), d(2, 3)*d(4, 6), d(2, 4)*d(5, 6), d(2, 5)*d(6, 6)}
= max{1*5125, 15*125, 151*25, 1512*5}
= max{5125, 1875, 3775, 7560}
= 7560

P(3, 6, 1) = max{d(3, 3)*d(4, 6), d(3, 4)*d(5, 6), d(3, 5)*d(6, 6)}
= max{5*125, 51*25, 512*5}
= max{625, 1275, 2560}
= 2560

P(4, 6, 1) = max{d(4, 4)*d(5, 6), d(4, 5)*d(6, 6)}
= max{1*25, 12*5}
= max{25, 60}
= 60

P(5, 6, 1) = max{d(5, 5)*d(6, 6)}
= max{2*5}
= 10

将这些值代回有 2 个乘号的 P 值中：

P(1, 6, 2) = max{2*P(2, 6, 1), 21*P(3, 6, 1), 215*P(4, 6, 1), 2151*P(5, 6, 1)}
= max{2*7560, 21*2560, 215*60, 2151*10}
= max{15120, 53760, 12900, 21510}
= 53760

P(2, 6, 2) = max{1*P(3, 6, 1), 15*P(4, 6, 1), 151*P(5, 6, 1)}
= max{5*2560, 15*60, 151*10}
= max{2560, 900, 1510}
= 2560

P(3, 6, 2) = max{5*P(4, 6, 1), 51*P(5, 6, 1)}
= max{5*60, 51*10}
= max{300, 510}
= 510

P(4, 6, 2) = max{1*P(5, 6, 1)}
= 10

再将这些值代回有 3 个乘号的 P 值中，即 P(0, 6, 3)中：

P(0, 6, 3) = max{3*P(1, 6, 2), 32*P(2, 6, 2), 321*P(3, 6, 2), 3215*P(4, 6, 2)}
= max{3*53670, 32*2560, 321*510, 3215*10}
= max{161280, 81920, 163710, 32150}
= 163710

为了构造出一个较好的算法，将前面的分析整理一下，对式（14-3）的状态转移方程再做一些分析。从式（14-3）可以看出，要求解 P(l, r, k)，先要求解 P(q+1, r, k−1)，这显然是一个递归问题。

对 P(l, r, k)而言，字符串的下界是 l，上界是 r，要加的乘号个数为 k；对 P(q+1, r, k−1)而言，字符串的下界为 q+1，上界为 r，乘号个数为 k−1，这时很容易计算出要从多少个子项中选一个最大的出来，即式（14-4）。

如果将式（14-3）、式（14-4）视为递归问题，那么递归的边界是

$$P(u, r, 0) = d(u, r) = S_u S_{u+1} \cdots S_r$$

从上式看出，到了递归边界 P(u, r, 0)直接转化为不含乘号的数字串的值。这一点十分重要。如是递归问题，就可以用一个与或结点图来描述，如图 14.8 所示。

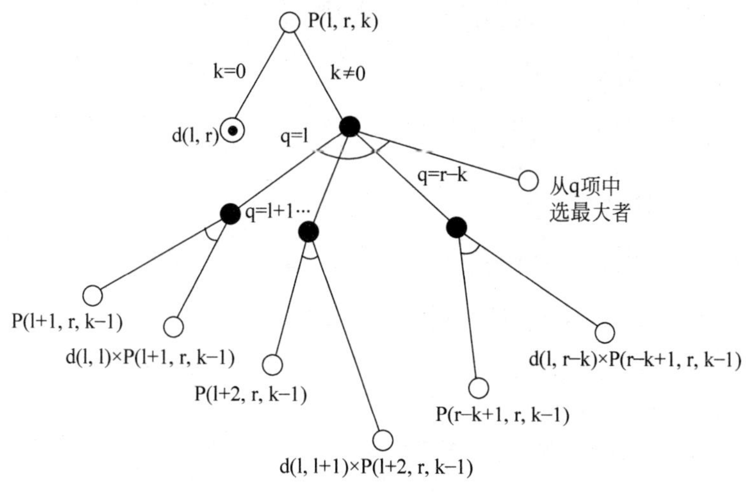

图 14.8　与或结点图

下面的问题是如何求 d(u, r)。可以构建一个表（见表 14.1），表 14.1 中 d 的两个下标变量用 i、j。事先将 d(u, r)算出备用。

表 14.1　d[i][j]的值

d[i][j] \ i	j						
	0	1	2	3	4	5	6
0	3	32	321	3215	32151	321512	3215125
1		2	21	215	2151	21512	215125
2			1	15	151	1512	15125
3				5	51	512	5125
4					1	12	125
5						2	25
6							5

该表的算法可能有很多种，现只介绍一种，分两步：第一步先算出表中 j=6 那一列的数，即 d[i][6]，i=0，1，…，6。算法是先让 d[0][6]=S，即 d[0][6]=3215125，之后再算 d[1][6]。

d[1][6]是 d[0][6]的 3215125 去掉最高位的数字 3。方法是

```
d[1][6] = d[0][6] % 1000000 = 3215125 % 1000000 = 215125
```

这是因为 d[0][6]这个变量被定义为整型数，该数除以 1000000 之后的余数就是 d[1][6]。为了得到 d[i][6]，i=0，1，…，6，可以采用循环结构，程序如下：

```
int sl = 1000000;
d[0][6] = S;
for (int i = 1; i <= 6; i++)
{
   d[i][6] = d[i-1][6] % sl;
   sl = sl / 10;
}
```

有了 d[i][6]之后，d[i][5]就好算了：

```
d[i][5] = d[i][6] / 10, i = 0, 1, …, 5
```

有了 d[i][5]之后 d[i][4]也好算了：

```
d[i][4] = d[i][5] / 10, i = 0, 1, …, 4
```

同理可得 d[i][3]、d[i][2]、d[i][1]、d[i][0]，程序如下：

```
for (int j = 5; j >= 0; j--)
   for (int i = 0; i <= j; i++)
      d[i][j] = d[i][j+1] / 10;
```

全部参考程序如下：

```
#include<iostream>
using namespace std;

const int S = 3215125;

int d[7][7] = {0};

int P(int l, int r, int k)  //计算 P(l, r, k)
{
   if (k == 0)
      return d[l][r];
   int ans = 0;
   for (int q = l; q <= r - k; q++)
   {
      int x = d[l][q] * P(q + 1, r, k - 1);
      if (x > ans)
         ans = x;
   }
   return ans;
```

```
}

int main()
{
    int sl = 1000000;
    d[0][6] = S;
    //计算 d[i][j]
    for (int i = 1; i <= 6; i++)
    {
        d[i][6] = d[i-1][6] % sl;
        sl = sl / 10;
    }
    for (int j = 5; j >= 0; j--)
        for (int i = 0; i <= j; i++)
            d[i][j] = d[i][j+1] / 10;
    cout << P(0, 6, 3) << endl;
    return 0;
}
```

为了加速程序出解的速度，可以将自顶向下的递归运算化为自底向上的递推运算。为此需要改写式（14-3）：

$$
\begin{aligned}
P(l,r,k) &= \max_{q} \{d(l,q)*P(q+1,r,k-1)\} \\
&= \max_{q} \{d(l,q)*\max_{t} \{d(q+1,t)*P(t+1,r,k-2)\}\} \\
&= \max_{q} \{d(l,q)*\max_{t} \{d(q+1,t)*\max_{u} \{d(t+1,u)*P(u+1,r,k-3)\}\}\}
\end{aligned}
$$

现在要确定 q、t、u 的范围（见图 14.9）。

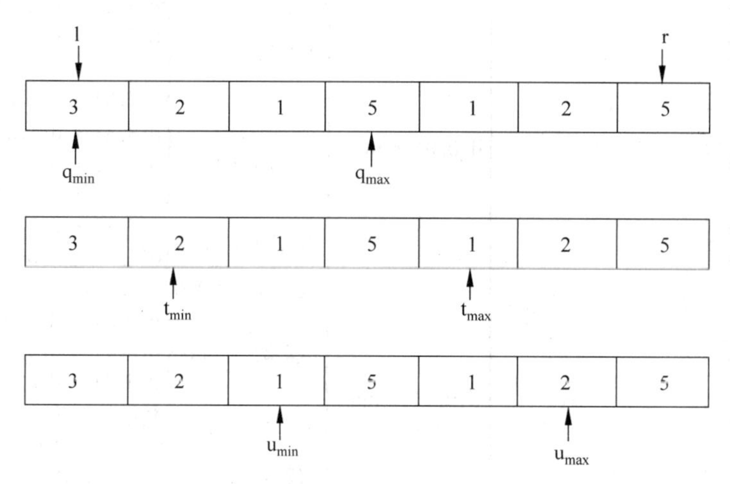

图 14.9　q,t,u 的可变范围

$$q = l, l+1, \cdots, r-k = 0, 1, 2, 3$$

$$t = q+1, q+2, \cdots, r-k+1 = 1, 2, 3, 4$$

$$u = t+1, t+2, \cdots, r-k+2 = 2, 3, 4, 5$$

当 q=0，t=1 时，u 的取值范围为 2、3、4、5 的情况如图 14.10 所示。

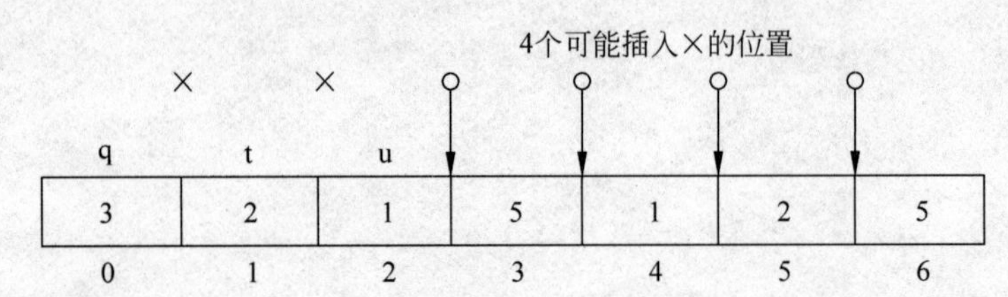

图 14.10　当 q=0，t=1 时，最右边的一个乘号的 4 个可能的插入位置

写成 d(0, 0)*d(1, 1)*max{d(2, 2)*d(3, 6), d(2, 3)*d(4, 6), d(2, 4)*d(5, 6), d(2, 5)*d(6, 6)}，即 3*2*max{1*5125, 15*125, 151*25, 1512*5}。

同理，可以写出 q=1，t=2，u 的取值范围为 3、4、5 的情况，如图 14.11 所示。

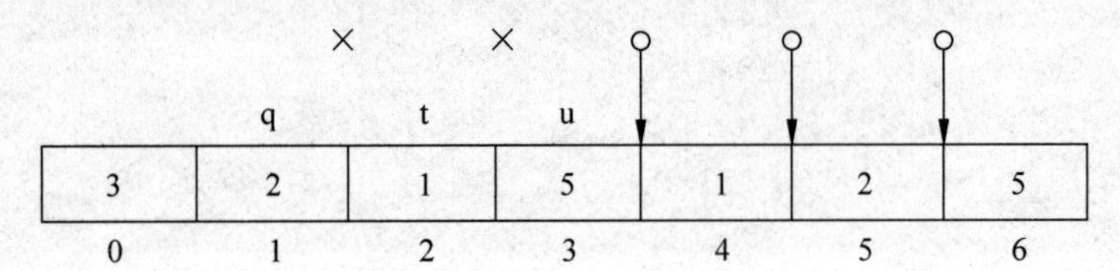

图 14.11　q=1，t=2 时，最右边的一个乘号的 3 个可能的插入位置

写成 d(0, 1)*d(2, 2)*max{d(3, 3)*d(4, 6), d(3, 4)*d(5, 6), d(3, 5)*d(6, 6)}，即 32*1*max{5*125, 51*25, 512*5}。

对每一个 q、t、u 都可以写出表达式，最后可归纳为表 14.2。

表 14.2　不同参数下的状态转移方程计算公式

q	t	u	P(0, 6, 3)
0	1	2	$\max\limits_{q}\begin{cases} d(0,0)\ast\max\begin{cases} d(1,1)\ast\max\begin{cases} d(2,2)\ast d(3,6)\\ d(2,3)\ast d(4,6)\\ d(2,4)\ast d(5,6)\\ d(2,5)\ast d(6,6)\end{cases}\\ d(1,2)\ast\max\begin{cases} d(3,3)\ast d(4,6)\\ d(3,4)\ast d(5,6)\\ d(3,5)\ast d(6,6)\end{cases}\\ d(1,3)\ast\max\begin{cases} d(4,4)\ast d(5,6)\\ d(4,5)\ast d(6,6)\end{cases}\\ d(1,4)\ast d(5,5)\ast d(6,6)\end{cases}\\ d(0,1)\ast\max\begin{cases} d(2,2)\ast\max\begin{cases} d(3,3)\ast d(4,6)\\ d(3,4)\ast d(5,6)\\ d(3,5)\ast d(6,6)\end{cases}\\ d(2,3)\ast\max\begin{cases} d(4,4)\ast d(5,6)\\ d(4,5)\ast d(6,6)\end{cases}\\ d(2,4)\ast d(5,5)\ast d(6,6)\end{cases}\\ d(0,2)\ast\max\begin{cases} d(3,3)\ast\max\begin{cases} d(4,4)\ast d(5,6)\\ d(4,5)\ast d(6,6)\end{cases}\\ d(3,4)\ast d(5,5)\ast d(6,6)\end{cases}\\ d(0,3)\ast d(4,4)\ast d(5,5)\ast d(6,6)\end{cases}$
0	1	3	
0	1	4	
0	1	5	
0	2	3	
0	2	4	
0	2	5	
0	3	4	
0	3	5	
0	4	5	
1	2	3	
1	2	4	
1	2	5	
1	3	4	
1	3	5	
1	4	5	
2	3	4	
2	3	5	
2	4	5	
3	4	5	

下面对表 14.2 进行整理，令

$$dd(t+1) = \max\begin{cases} d(t+1,t+1) * d(t+2,r) \\ d(t+1,t+2) * d(t+3,r) \\ \vdots \\ d(t+1,r-1) * d(r,r) \end{cases}$$

$$P(0,6,3) = \max\begin{cases} d(0,0) * \max\begin{cases} d(1,1) * dd(2) \\ d(1,2) * dd(3) \\ d(1,3) * dd(4) \\ d(1,4) * dd(5) \end{cases} \\ d(0,1) * \max\begin{cases} d(2,2) * dd(3) \\ d(2,3) * dd(4) \\ d(2,4) * dd(5) \end{cases} \\ d(0,2) * \max\begin{cases} d(3,3) * dd(4) \\ d(3,4) * dd(5) \end{cases} \\ d(0,3) * d(4,4) * dd(5) \end{cases}$$

注意，dd(t+1)的物理意义是在 t+1 到 r 的数字串中含有一个乘号时的乘积最大值。

再令

$$ddd(q+1) = \max\begin{cases} d(q+1,q+1) * dd(q+2) \\ d(q+1,q+2) * dd(q+3) \\ \vdots \\ d(q+1,r-2) * dd(r-1) \end{cases}$$

可得

$$P(0,6,3) = \max\begin{cases} d(0,0) * ddd(1) \\ d(0,1) * ddd(2) \\ d(0,2) * ddd(3) \\ d(0,3) * ddd(4) \end{cases}$$

注意，ddd(q+1)的物理意义为：在 q+1 到 r 的数字串中含有两个乘号时的乘积最大值。

讲到这里，即可毫无困难地归纳出递推解法：

（1）在有了下标范围 q、t、u 的前提下，先计算 d。

（2）再计算 dd(t+1)，见程序框图（图 14.12）。

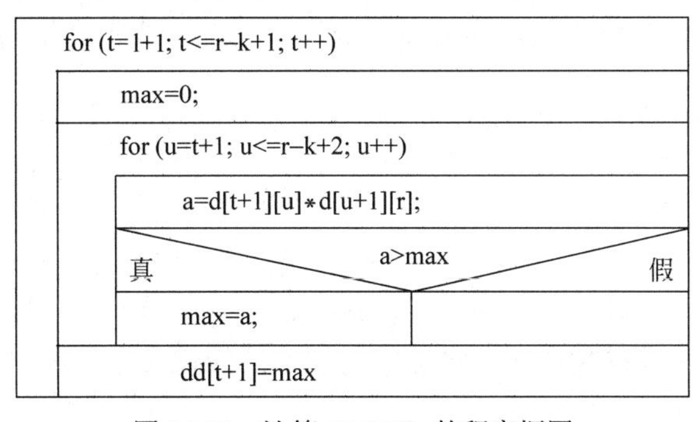

图 14.12　计算 dd (t+1) 的程序框图

（3）计算 ddd(q+1)，见程序框图（图 14.13）。

（4）最后计算 p(l, r, k)，见程序框图（图 14.14）。

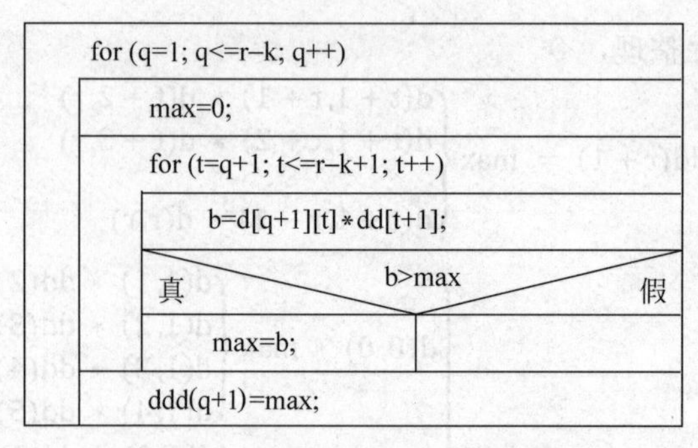

图 14.13　计算 ddd (q+1) 的程序框图

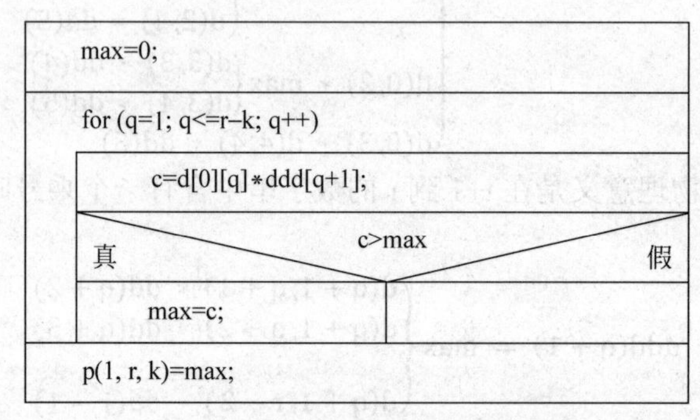

图 14.14　计算 p(l, r, k)的程序框图

14.5　小　结

（1）动态规划方法是一个保证能获得最优解的方法。它是一个自底向上的过程，在这一过程中不会因剪枝而误删最优解。

（2）动态规划基于分治思想，在每一阶段都将当前问题分解为多个已经解决的子问题。

（3）一个问题如果满足最优化原理，就可用动态规划方法来解。

（4）用好动态规划思想解题，需掌握好阶段、状态、决策与策略、状态转移方程等基本概念。

习　题

1．解决第 13 章中的硬币体系问题。从键盘输入硬币体系中不同面值的数目 N 和各种面值大小，输入要买商品的价格 P，输出所用硬币的最优方案，使得硬币总面值等于 P 且所用硬币数目最小。

2．某个化学实验可以用 3 套不同的仪器中任意一套来完成。在做完一次实验之后，如果下次仍用原用的那套仪器，则必须对仪器的某些部分进行清洗，这要花费一段时间；如果下次换用另一套仪器，则要把原仪器从辅助装置上拆卸下来，再装上换用的仪器，这也要花费一段时间。假定一次实验的时间比任一套仪器的清洗时间都长，那么一套仪器换下来后可以在实验过程中清洗，在下一次实验时再使用，相当于节省了清洗时间。设当 $i \neq j$ 时，t_{ij} 表示仪器 i 换成仪器 j 时所需的时间；当 $i=j$ 时，t_{ij} 表示仪器 i 清洗所需的时间。t_{ij} 如下表所示。

i	j		
	1	2	3
1	10	9	14
2	9	12	10
3	6	5	8

现在要做 5 次实验，应如何安排使用仪器的顺序，使得在第一次开始实验之后，到最后一个实验完成之前，花费在仪器清洗和仪器更换上的总时间最少。

3．花店的橱窗固定了一排花瓶，共有 V 个，从左至右分别编号为 1，2，…，V。现有 F（F<V）束不同种类的花，编号为 1，2，…，F，用来插入花瓶布置橱窗。插花时的要求如下：每瓶最多插一束花，而且花也必须按编号 1 至 F 从左到右插入花瓶，例如，1、2、3 号花分别插在 1、3、2 号花瓶是不允许的；由于花瓶可能比花多，所以有些花瓶是空着的，例如，1、2、3 号花可以分别插在 1、2、4 号花瓶中。由于花瓶的式样和形状各不相同，所以不同的花插在花瓶中给人的美感效果也不一样，下表是不同的花插在不同花瓶里的美感得分（V=5，F=3）。

根据这张表，1、2、3 号花分别插在 1、2、3 号花瓶中时，美感得分总分为 7 + 21 + (−4) = 24；1、2、3 号花分别插在 1、2、4 号花瓶中时，美感得分总分为 7 + 21 + (−20) = 8。现在请帮花店主人确定应该如何插花，使橱窗看起来效果最好，即美感得分的总分最高。

花	花瓶				
	1	2	3	4	5
1	7	23	−5	−24	16
2	5	21	−4	10	23
3	−2	15	−4	−20	20

第 15 章　蒙特卡罗法

教学目标

- 伪随机数的产生
- 蒙特卡罗法近似计算几何面积的思路和方法

内容要点

- 伪随机数的产生
- 伪随机数的应用
  - ▸ 求 π 的近似值
  - ▸ 近似计算几何图形面积

蒙特卡罗法常用来求面积的近似值。要使用这个方法，需要了解计算机产生伪随机数的函数。

15.1　伪随机数的产生

15.1.1　产生随机整数

先来看如下的程序：

```
#include <iostream>
#include <cstdlib>
#include <ctime>
using namespace std;

int main()
{
    srand((unsigned int)time(NULL));    //设置种子
    for (int k = 0; k < 10; k++)
        cout << rand() << endl;         //输出随机数
    cout << "最大随机数为" << RAND_MAX << endl;
    return 0;
}
```

这个程序可以产生 10 个随机数。

产生随机数的函数为 rand()，该函数可随机生成 0～RAND_MAX 之间的整数。

产生随机数需要设置种子，方法是使用下述语句：

```
srand((unsigned int)time(NULL));
```

该语句中有时钟 time 参数，因为时间始终都在变，从而使 rand 函数产生的第一个随机数也会不断变化。

为了产生随机数需要加入库函数头文件 cstdlib。为了使用时钟 time，需要有头文件 ctime。

程序中 RAND_MAX 代表最大随机数，是预定义的一个常数值。

该程序约在 2003 年 6 月 26 日上午 11:50 运行时得到如下结果：

```
10957
30068
232
14143
31059
30266
7885
19755
30719
2854
最大随机数为 32767
```

15.1.2 产生随机小数

在 rand()函数的基础上将随机整数处理成随机小数，使用除法算式：

```
rand() / RAND_MAX
```

这样算出的随机数大于零但小于 1。

因为 rand()是整型数，RAND_MAX 是整型常数，两者相除如不做特殊处理是得不出小数的，只能为 0，因为被除数小于除数。因此需要强制转换数据类型，在除式前加上（float），即：

```
(float)rand() / RAND_MAX
```

下面程序就可以产生 10 个随机小数。

```
#include <iostream>
#include <cstdlib>
#include <ctime>
using namespace std;

int main()
{
   srand((unsigned int)time(NULL));    //设置种子
   for (int k = 0; k < 10; k++)        //输出随机小数
      cout << (float)rand() / RAND_MAX << endl;
   return 0;
}
```

15.2　伪随机数的应用

15.2.1　求 π 的近似值

在图 15.1 中有一个正方形，其面积 A=1；还有 1/4 的圆，其面积 B=π/4。

想象有一个底面为正方形的容器，在其中夹有一个极薄的圆弧隔板，将容器划分为两部分。在下小雨的时候将这样的容器搬至屋外，经过一定时间后底面为 1/4 圆的容器内的水重为 C，作为一个整体的底面为正方形的容器的水重为 D。C 与 D 之比应该等于 B 与 A 之比。

$$\frac{C}{D}=\frac{B}{A}=\frac{\pi/4}{1}$$

可推得 $\pi=4\frac{C}{D}$。

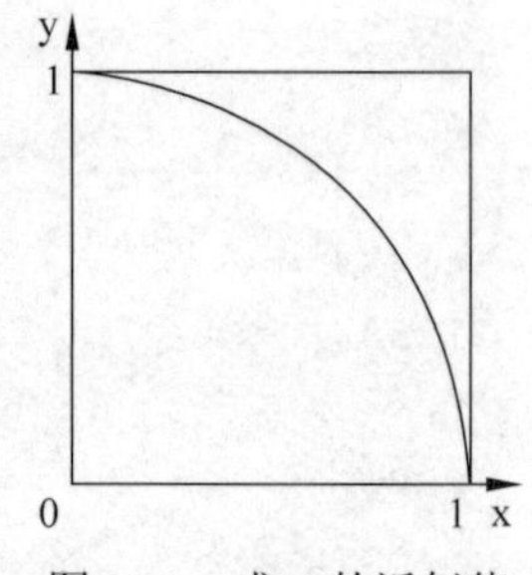

图 15.1　求 π 的近似值

让计算机产生伪随机数 x 和 y，0≤x，y≤1，模拟雨点落在底面为正方形的容器中的情况，当然会按比例落进 1/4 圆内。累计数以百万计的雨点，得到 C 和 D 的值，从而利用上述公式计算出 π 的近似值。这里的关键是要写出雨点落入扇形区域的判据，即

$$\sqrt{x^2+y^2}\leqslant 1$$

如果上述公式得到满足，则让 C=C+1。

依照这个思路很容易写出程序，参考程序如下：

```
#include <iostream>
#include <cstdlib>
#include <ctime>
#include <cmath>
using namespace std;

int main()
{
    srand((unsigned int)time(NULL));              //设置种子
    long c=0, d=0;
    for (long k = 0; k < 10000000; k++)
    {
        d = d + 1;                                //雨点数累计
        float x = (float)rand() / RAND_MAX;   //雨点在 x 方向的位置
        float y = (float)rand() / RAND_MAX;   //雨点在 y 方向的位置
        if (sqrt(x * x + y * y) <= 1)          //累加扇形区的雨点数
            c = c + 1;
    }
    float pai = 4.0f * c / d;                     //计算 π 的值
    cout << "π 的近似值为" << pai << endl;
    return 0;
```

```
}
```

15.2.2　计算图形面积

图 15.2 中有两条半径为 1 的圆弧，试求打阴影线的图形的面积 S。

沿用计算 π 的近似值的思路，模拟雨点落在正方形和带阴影线区域内的情况。这就需要用到解析几何的知识。对于以原点 x=0，y=0 为圆心，半径为 1 的圆弧，阴影线中的每个点应满足：

$$\sqrt{x^2+y^2}>1 \tag{15-1}$$

对于以 x=1，y=0 为圆心的半径为 1 的圆弧，阴影线中的每个点应满足：

$$\sqrt{(x-1)^2+y^2}>1 \tag{15-2}$$

0≤x，y≤1 的条件在产生随机数时就已满足。

因此，同时满足式（15-1）和式（15-2）就可保证雨点落入阴影区域。可以使用如下语句：

```
if ((sqrt(x*x + y*y) > 1) && (sqrt((x-1)*(x-1) + y*y) > 1))
    g = g + 1;
```

其中 g 为落入阴影区的雨点数。

为了比较所得结果是否有效，后面的程序中给出了 S 的精确值。该值是由几何解法算出的，如图 15.3 所示。

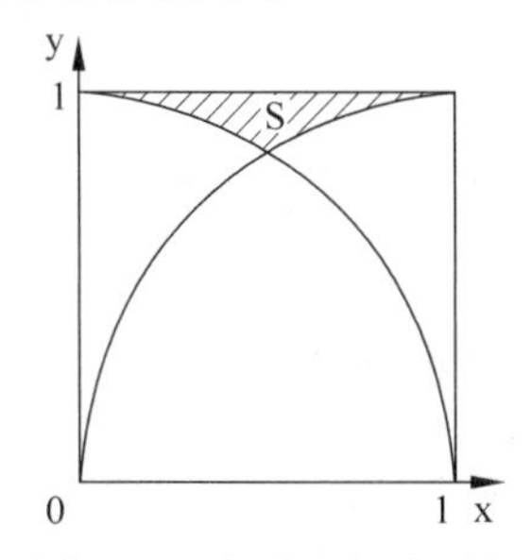

图 15.2　求阴影部分面积

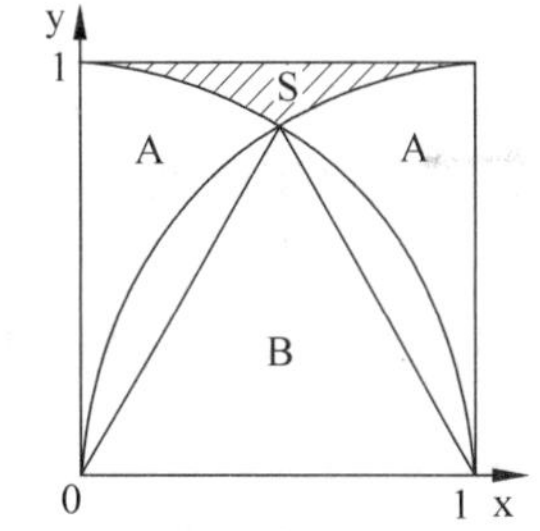

图 15.3　几何解法求阴影部分面积

无阴影线的部分可分解为 A、B、A。A 为 1/12 的圆面积（半径为 1）；B 为边长是 1 的等边三角形的面积。因此，面积为

$$A+B+A=\frac{\pi}{12}+\frac{\sqrt{3}}{4}+\frac{\pi}{12}=\frac{\pi}{6}+\frac{\sqrt{3}}{4}$$

$$S=1-(A+B+A)=1-\frac{\pi}{6}-\frac{\sqrt{3}}{4}$$

参考程序如下：

```
#include <iostream>
#include <cstdlib>
#include <ctime>
#include <cmath>
using namespace std;
```

```
int main()
{
    srand((unsigned int)time(NULL));                //设置种子
    long g = 0, d = 0;
    for (long k = 0; k < 10000000; k++)
    {
        d = d + 1;                                  //雨点数累计
        float x = (float)rand() / RAND_MAX;         //雨点在 x 方向的位置
        float y = (float)rand() / RAND_MAX;         //雨点在 y 方向的位置
        if ((sqrt(x * x + y * y) > 1) &&
            (sqrt((x-1) * (x-1) + y * y) > 1))      //累加扇形区的雨点数
            g = g+1;
    }

    float s = (float)g / d;                         //计算 s 的值
    cout << "S 的近似值为" << s << endl;
    cout << "S 的精确值为" << 1.0 - (3.14159 / 6.0 + 1.73205 / 4.0) << endl;
    return 0;
}
```

15.3 小　　结

（1）在标准库函数中含有产生伪随机数的函数，调用它就可以产生 0～RAND_MAX 的随机整数。若想产生随机小数，可以用数学方法将整数处理成小数。数的范围也可经处理得到。

（2）利用伪随机数结合解析几何公式，可以求几何图形的面积的近似值。

习　　题

1．已知一个椭圆的长轴长为 10，短轴长为 8，设计算法求这个椭圆的面积，并编程实现。

2．已知 $f(x) = a_k^k x^k + \cdots + a_1 x + a_0$ 有定积分

$$y=\int_m^n f(x)dx$$

其中 $m<n$，当 $m \leqslant x \leqslant n$ 时 $0<f(x)<h$。

用键盘输入 a_0，a_1，…，a_k，输入 m，n。试用蒙特卡罗法计算 y 并输出结果。

附录A 程序调试

写程序时出错是很正常的，即使是经验丰富的程序员，也只能尽量减少可能的错误，却无法完全避免错误。

程序中的错误常被称为 Bug，就是虫子的意思。程序中有 Bug，小则可能导致程序运行不稳定或程序结果不正确，大则可能使操作系统崩溃。

找到并排除错误的过程称为调试，英文为 Debug。程序错误是很难避免的，特别是对于一些大型的工程，程序可能有几百万乃至几千万行，错误肯定存在，因此调试也是必需的工作。

程序错误可能非常隐蔽，很难发现，很多实用程序在投入使用前，都要经过长时期的反复测试，目的就是为了发现可能的错误并加以解决。程序调试需要在实践中积累经验，掌握技巧。

Microsoft Visual Studio 6.0 有强大的调试功能。下面通过两个程序调试的例子，介绍一些相关的术语概念和初步的调试方法。

A.1 计分程序的调试

【任务 A.1】 王小二刚学编程，自告奋勇要帮老师编写一个程序，统计一次数学测验的成绩。要统计的内容包括这次测验的最高分、最低分、平均分，以及在 90～100、80～89、70～79、60～69 和 60 以下各分数段的人数。

下面是他最初编写的程序。

```
const int MAX_N = 100;        //最大总人数

main()
{
    int N;                    //总人数
    int i;                    //循环变量
    float Mark[MAX_N];        //各人成绩
    float MaxMark;            //最高分
    float MinMark;            //最低分
    float AvgMark;            //平均分
    int Num90 = 0;            //90~100 分
    int Num80 = 0;            //80~89 分
    int Num70 = 0;            //70~79 分
    int Num60 = 0;            //60~69 分
    int Num0 = 0;             //60 分以下
```

```
    cout << "请输入总人数 N = ";
    cin >> N;
    for (i = 0 ; i < N; i++)
    {
        cout << "Mark[" << i << "] = ";
        cin >> Mark[i];
    }

    for (i = 0; i < N; j++)
    {
        if (Mark[i] > MaxMark)
            MaxMark = Mark[i];
        if (Mark[i] < MinMark)
            MinMark = Mark[i];

        switch (Mark[i] / 10)
        {
        case 9, 10:
            Num90++;
        case 8:
            Num80++;
        case 7:
            Num70++;
        case 6:
            Num60++;
        default:
            Num0++;
        }
    }

    //输出
    cout << "最高分为" << MaxMark << endl;
    cout << "最低分为" << MinMark << endl;
    cout << "平均分为" << AvgMark << endl;
    cout << "90~100 分的人数为" << Num90 << endl;
    cout << "80~89 分的人数为" << Num80 << endl;
    cout << "70~79 分的人数为" << Num70 << endl;
    cout << "60~69 分的人数为" << Num60 << endl;
    cout << "60 分以下的人数为" << Num0 << endl;
}
```

A.1.1 编译时的调试

对最初的程序进行编译，在屏幕的下方出现一些文字（如果没有，单击 View 菜单，在下拉菜单中选择 Output），文字的前几行为：

```
-------------- Configuration: Chengji-Win32 Debug --------------
Compiling...
Chengji.cpp
```

说明程序在编译 Chengji.cpp 这个文件。这几行后还有好多行，最后一行是“Chengji.obj 18 error(s), 2 warning(s)”，这句话的意思是说编译器发现有 18 处错误，有 2 处警告。

错误与警告是不一样的。错误是编译器发现程序有问题，没有办法执行；警告是编译器认为程序可能有问题，但是仍旧可以执行。

先看第一行错误。它的内容是“D:\wxr\Chengji\Chengji.cpp(17): error C2065: 'cout': undeclared identifier”，这句话的前面给出了程序的名称（包括所在路径）和错误所在的行，后面给出错误的内容。“error C2065”是错误的编号，如果安装了帮助文件，那么用鼠标在这一行上单击，然后按 F1 键，可以查到这个错误编号所代表的意义和相关的一些信息。不过一般并不用查这些信息，我们关心的是编号后的错误内容。“'cout' : undeclared identifier”的意思是说，cout 是一个没有定义过的标识符。

王小二很奇怪，cout 应该是标准输出呀，为什么编译器说没有定义过呢？他又看了看程序，恍然大悟，原来他忘了在程序前加上“#include <iostream>”。cin 和 cout 都是在 iostream 中定义的，必须包含这个文件才能使用。他马上加上了这行程序。

下一行错误是“D:\wxr\Chengji\Chengji.cpp(17) : error C2297: '　' : illegal, right operand has type 'char [17]'”，也是源程序第 17 行的，也是 cout 引起的。王小二决定先不看后面的错误，让编译器重新编译一下程序。

这一次编译器给出的信息是“Chengji.exe 3 error(s), 1 warning(s)”，虽然还有错，但是数目已经少了很多。这次的第一个错误是“D:\wxr\Chengji\Chengji.cpp(28) : error C2065: 'j' : undeclared identifier”。用鼠标双击这一行错误信息，程序自动跳到第 28 行。王小二一看就明白了，这个错误是误输入引起的，这里应该是 i。

下一个错误信息有两行，分别是“D:\wxr\Chengji\Chengji.cpp(36) : error C2450: switch expression of type 'float' is illegal”和“Integral expression required”，意思是说 switch 后面的表达式中出现浮点数 Mark[i]是非法的，要用整数运算。在这里，王小二的原意也是进行整除的运算，而不是浮点的除法。由于考试分数可能出现带小数点的数，所以 Mark 数组用浮点型是正确的。这里要进行整除运算，应该使运算的两个数都是整数，所以应该将 Mark[i]转换为整数，即写成(int)Mark[i]。

又改了两处错误，王小二决定再一次编译程序。这次的结果是“Chengji.exe　1 error(s), 1 warning(s)”。这次的错误是“D:\wxr\Chengji\Chengji.cpp(37) : error C2051: case expression not constant”，意思是说 case 后的表达式不是常数，原来这里 case 语句写得不对，应该将“case 9, 10”写成两行：“case 9:”和“case 10:”。王小二进行了改正。

只剩下一个警告了，内容是“D:\wxr\Chengji\Chengji.cpp(59) : warning C4508: 'main' : function should return a value; 'void' return type assumed”，意思是说 main 函数应该返回一个值，现在编译器假定返回类型是 void。这个程序确实不必要返回值，编译器的假定是正确的，但是编译器给出警告毕竟不是好事，我们应该尽可能避免。

王小二在 main 函数的前面加上了 void，心想所有的错误和警告都解决了，很是高兴。

可是，再次编译程序时，又出现了一个警告信息："D:\wxr\Chengji\Chengji.cpp(54) : warning C4700: local variable 'AvgMark' used without having been initialized"，说 AvgMark 在使用的时候没有初始化。这个警告提醒了王小二，在预先设想的输出之前忘了计算平均分。王小二暗怪自己太粗心，赶快把相应的程序补上了。

A.1.2 运行时的调试

在编译器的帮助下，王小二改正了不少源程序中的错误。现在的程序是下面的样子，已经可以编译通过了。

```
#include <iostream>
using namespace std;

const int MAX_N = 100;       //最大总人数

void main()
{
   int N;                    //总人数
   int i;                    //循环变量
   float Mark[MAX_N];        //各人成绩
   float MaxMark;            //最高分
   float MinMark;            //最低分
   float AvgMark;            //平均分
   int Num90 = 0;            //90~100 分
   int Num80 = 0;            //80~89 分
   int Num70 = 0;            //70~79 分
   int Num60 = 0;            //60~69 分
   int Num0 = 0;             //60 分以下

   cout << "请输入总人数 N = ";
   cin >> N;
   for (i = 0 ; i < N; i++)
   {
      cout << "Mark[" << i << "] = ";
      cin >> Mark[i];
   }

   for (i = 0; i < N; i++)
   {
      if (Mark[i] > MaxMark)
         MaxMark = Mark[i];
      if (Mark[i] < MinMark)
         MinMark = Mark[i];

      switch ((int)Mark[i] / 10)
      {
      case 9:
```

```
        case 10:
            Num90++;
        case 8:
            Num80++;
        case 7:
            Num70++;
        case 6:
            Num60++;
        default:
            Num0++;
        }
    }

    AvgMark = 0;                        //先计算总分
    for (i = 0; i < N; i++)
        AvgMark += Mark[i];
    AvgMark = AvgMark / N;              //求得平均分

    //输出
    cout << "最高分为" << MaxMark << endl;
    cout << "最低分为" << MinMark << endl;
    cout << "平均分为" << AvgMark << endl;
    cout << "90~100 分的人数为" << Num90 << endl;
    cout << "80~89 分的人数为" << Num80 << endl;
    cout << "70~79 分的人数为" << Num70 << endl;
    cout << "60~69 分的人数为" << Num60 << endl;
    cout << "60 分以下的人数为" << Num0 << endl;
}
```

王小二试了试这个程序，运行情况如下：

```
请输入总人数 N = 4
Mark[0] = 79
Mark[1] = 98
Mark[2] = 69
Mark[3] = 78
最高分为 98
最低分为-1.07374e+008
平均分为 81
90~100 分的人数为 1
80~89 分的人数为 1
70~79 分的人数为 3
60~69 分的人数为 4
60 分以下的人数为 4
```

最低分显然不对，仔细看发现各分数段的统计也不对。王小二决定在程序运行时进行调试。

程序运行的方式有两种，一种是选择Build菜单下前面有红色惊叹号的Execute命令（或按Ctrl+F5组合键）来运行。另一种是选择Build菜单下的Start Debug下一级菜单中的命令来运行。前一种方式，程序会一直运行直到结束；后一种方式，程序会在指定的地方暂停下来，可以随时让程序继续运行。如果要在运行时进行调试就要在后一种方式下运行。

第一步，单击Build后出现下拉菜单，再单击Start Debug，然后单击Step Info（或按F11键），看到有一个黑色的窗口闪了一下，然后回到Visual C++环境下，但是界面的布局改变了。在程序窗口的左边，有一个黄色的箭头，指向main函数开始的左大括号。这个黄色箭头表示目前程序运行到这一行暂停下来，但这一行命令还未执行。

看一下菜单，原来Build的位置现在变成了Debug，说明Visual C++环境已经知道程序进入了调试状态。Debug菜单下有些命令是灰色的，表示现在不可用。下面解释Debug菜单下的一些常用调试命令。

（1）Go：执行程序直到碰到某个断点或程序结束。断点是由程序员在程序上做的标记，表示调试程序时，运行到该处应该暂停。要在某行设置一个断点，只要右击该行，在弹出的菜单中选择Insert/Remove Breakpoint，这时这一行前面就会出现一个红色的圆点，表示断点已设置。如果再右击，原处会出现Remove Breakpoint和Disable Breakpoint两个命令，前一个表示取消断点，后一个表示断点还保留，但暂时不起作用，即让程序忽略这个断点。将光标移到断点所在行，按F9键也可以设置或取消断点。

（2）Restart：重新开始调试。

（3）Stop Debugging：中断调试。

（4）Break：暂停。有时候程序在下一个断点之前有死循环，可以用这个命令来强行暂停程序，以便查看循环的情况。

（5）Step Into：单步执行当前程序，如果当前程序行包含函数，则进入函数，否则在下一程序行处暂停。

（6）Step Over：单步执行当前程序，即使当前程序行包含函数，仍然暂停在下一行；如果要跳过的函数中设了断点，则程序暂停在该函数的断点处。

（7）Step Out：执行程序，直到当前函数执行完毕；如果当前函数内还有断点，则程序会停在下一个断点处。

（8）Run to Cursor：让程序运行到光标所在行，相当于在光标所在行设置断点，再用Go命令执行。

由于最低分算得不对，王小二在第30行处设置了一个断点，然后使用Go命令。输入了N和4个成绩之后，程序停了下来，王小二切换到Visual C++环境下，这时黄色箭头正停在断点标记上。

在程序窗口下面有两个窗口，左边的称为变量窗口，右边的称为观察窗口。可以用鼠标把这两个窗口拖到希望的位置。变量窗口有3页，分别是Auto页、Locals页和this页。我们经常要查看前两页的内容，其中Auto页中给出刚执行完的程序行涉及的变量及其取值，以及将要执行的程序行涉及的变量及其取值；Locals页给出当前函数的局部变量及其取值。在这两页中，随着程序行的执行，变量的值如果发生改变，就会用红色显示。在Locals页中，变量Mark前有一个+号，表示该项可以展开。展开Mark后可看到数组每一元素的值。

在 Locals 页中，王小二发现 MaxMark 和 MinMark 的取值都是−1.07374e+008，知道原来处理成绩之前，没有给这两个变量进行初始化。MaxMark 可以初始化为 0，MinMark 可以初始化为 100。

增加了两个变量的初始化后，王小二中断调试，重新编译程序。想到再次调试时，又要输入 N 和几个成绩值，王小二决定暂时把程序改一下，省得每次调试都要输入。于是他把负责输入的程序注释掉，直接写入 N 和成绩值。相关的几行程序如下：

```
int Num0 = 0;       //60 分以下

/*cout << "请输入总人数 N = ";
cin >> N;
for (i = 0 ; i < N; i++)
{
    cout << "Mark[" << i << "] = ";
    cin >> Mark[i];
}*/
N = 4;
Mark[0] = 79;   Mark[1] = 98;
Mark[2] = 69;   Mark[3] = 78;

MaxMark = 0;
MinMark = 100;
for (i = 0; i < N; i++)
```

这次的运行结果如下，各分数段的人数还是不正确：

```
最高分为 98
最低分为 69
平均分为 81
90~100 分的人数为 1
80~89 分的人数为 1
70~79 分的人数为 3
60~69 分的人数为 4
60 分以下的人数为 4
```

王小二再进行调试，按 F5 键后，程序停在第 33 行的断点处。再按 F10 键单步执行，一直到 switch 语句，然后程序进入 case 7 的分支，再次按 F10 键，程序进入到 case 6 的分支。原来问题在这里，case 的分支后应该用 break 语句跳出。

王小二在每个分支的后面都加上了 break，再次运行，程序运行结果正确。这时，王小二再把调试时的代码去掉，恢复原来的输入控制。最后的程序如下：

```
#include <iostream>
using namespace std;

const int MAX_N = 100;  //最大总人数

void main()
```

```
{
    int N;                  //总人数
    int i;                  //循环变量
    float Mark[MAX_N];      //各人成绩
    float MaxMark;          //最高分
    float MinMark;          //最低分
    float AvgMark;          //平均分
    int Num90 = 0;          //90~100 分
    int Num80 = 0;          //80~89 分
    int Num70 = 0;          //70~79 分
    int Num60 = 0;          //60~69 分
    int Num0 = 0;           //60 分以下

    cout << "请输入总人数 N = ";
    cin >> N;
    for (i = 0 ; i < N; i++)
    {
        cout << "Mark[" << i << "] = ";
        cin >> Mark[i];
    }

    MaxMark = 0;
    MinMark = 100;
    for (i = 0; i < N; i++)
    {
        if (Mark[i] > MaxMark)
            MaxMark = Mark[i];
        if (Mark[i] < MinMark)
            MinMark = Mark[i];

        switch ((int)Mark[i] / 10)
        {
        case 9:
        case 10:
            Num90++;
            break;
        case 8:
            Num80++;
            break;
        case 7:
            Num70++;
            break;
        case 6:
            Num60++;
            break;
        default:
            Num0++;
```

```
            break;
        }
    }

    AvgMark = 0;                //先计算总分
    for (int i = 0; i < N; i++)
        AvgMark += Mark[i];
    AvgMark = AvgMark / N;      //求得平均分

    //输出
    cout << "最高分为" << MaxMark << endl;
    cout << "最低分为" << MinMark << endl;
    cout << "平均分为" << AvgMark << endl;
    cout << "90~100 分的人数为" << Num90 << endl;
    cout << "80~89 分的人数为" << Num80 << endl;
    cout << "70~79 分的人数为" << Num70 << endl;
    cout << "60~69 分的人数为" << Num60 << endl;
    cout << "60 分以下的人数为" << Num0 << endl;
}
```

A.1.3 其他调试相关知识

管理断点还可以用 Edit 下的 Breakpoints 命令，在弹出的对话框中列出了当前工程的所有断点，以及各个断点的内容。选中一个断点，单击 Condition 按钮，可以设置一个表达式来控制该断点什么条件下起作用，还可以设置该断点在程序执行过多少次后起作用，这两个功能对于循环的调试有时非常有用。

对程序设置断点进行调试，其实是有要求的。选择 Build 菜单下 Set Active Configuration 命令，出现一个对话框。左边窗口中有两行文字："Chengji Win32 Release"和"Chengji Win32 Debug"，而且后一行处于选中状态。如果选第一行，单击 OK 按钮，然后用 F5 键进行调试，会弹出一个对话框，如图 A.1 所示。

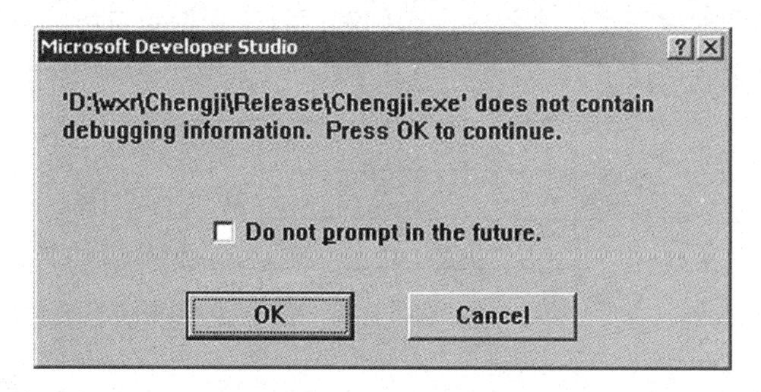

图 A.1 不含调试信息

Release 和 Debug 是工程的不同版本设置。当建立一个工程的时候，默认是 Debug 版本。一般来说，在 Debug 版本下，编译器将程序中的语句逐个翻译成可执行代码，同时加入有关的调试信息；而在 Release 版本下，不会加入调试信息，翻译成的可执行代码还要进一步进行优化。与 Debug 版本生成的可执行代码相比，Release 版可执行代码量少，执行速度快，但是与原来的程序语句不再一一对应。

对学生来说，用 Debug 版本是比较合适的。对于企业和公司的开发人员来说，软件程序先要在 Debug 版本下进行必要的调试，当软件投入实际应用的时候，就需要用 Release 版本生成优化的代码。

变量窗口可以显示各个变量及其取值，在该窗口中还可以修改变量的值。方法很简单，只要双击变量的值，就可以直接修改。

在变量窗口中，由于 Auto 页和 Locals 页所显示的变量并不是当前函数中所有有意义的变量，而且在两个页中切换也不方便，所以在调试时还经常使用观察窗口来显示变量的值。观察窗口有 4 页，每一页都可任意输入变量。双击观察窗口 Name 栏中空白的地方，就可以输入任意变量；如果该变量在当前程序环境内有意义，该变量的值就会显示在 Value 栏中。双击变量的值，也可以直接修改，就像在变量窗口中的操作一样。在观察窗口中还可以输入一些简单的表达式，如 x+5，就会显示这个表达式的值。

在调试程序的时候，如果只想临时查看一下变量的值，只需将鼠标移到程序窗口中该变量上稍候即可。

在变量窗口最上面 Context 的右边有一个下拉列表，列表中是程序运行到当前为止时的函数调用序列，最下面的是最外层的函数，最上面的是当前的函数。在程序调试时，变量窗口自动显示当前函数范围内的变量。当程序暂停的时候，可以选择列表中的不同函数，变量窗口的各个页会显示相应函数范围内的变量及其取值。

A.2 跳马程序的调试

【任务 A.2】 王小二最近刚学会下国际象棋，他觉得马的移动方式很有特色。如图 A.2 所示，如果马在位置 O，则下一步可以移动到 A、B、C、D、E、F、G、H 中任一位置，即横向移一格纵向移两格，或者横向移两格纵向移一格。

他想知道在一个 N×N 格的正方形棋盘中，马从某个给定位置开始，能否不重复地走遍所有的格子。为此他编写了一个程序，用回溯的方法来搜索可能的移动方法。下面是他的程序，已经没有编译错误了。

	B	C		
A				D
		O		
H				E
	G		F	

图 A.2　马的移动

```
#include <iostream>
#include <iomanip>
using namespace std;
```

```
int N;                                          //棋盘大小
int **Field = NULL;                             //棋盘

void Output()
{
    for (int i = 0; i < N; i++)
    {
        for (int j = 0; j < N; j++)
            cout << setw(5) << Field[i][j];
        cout << endl;
    }
}

//用回溯法搜索可能的移动路径
//返回值：表示是否搜索成功
//int x：当前要尝试的x位置
//int y：当前要尝试的y位置
//int step：表示当前是第几步
bool TryJump(int x, int y, int step)
{
    if (Field[x][y] != 0)                       //当前尝试的格子已走过
        return false;

    Field[x][y] = step;                         //走入这一格
    if (step = N*N)                             //是否已走完所有格子
        return true;
    if (!TryJump(x-1, y-2, step+1) ||           //尝试下一步
        !TryJump(x-1, y+2, step+1) ||
        !TryJump(x+1, y-2, step+1) ||
        !TryJump(x+1, y+2, step+1) ||
        !TryJump(x-2, y-1, step+1) ||
        !TryJump(x-2, y+1, step+1) ||
        !TryJump(x+2, y-1, step+1) ||
        !TryJump(x+2, y+1, step+1))
    {
        Field[x][y] = 0;                        //失败，回溯
        return false;
    }
    else
        return true;
}

int main()
{
    cout << "请输入跳马棋盘的大小(N*N)N=" ;
```

```
    cin >> N;
    int x, y;
    cout << "请输入马的初始位置(0<=x,y<=" << N-1 << ")\n" ;
    cout << "x=";                                //得到初始位置
    cin >> x;
    cout << "y=";
    cin >> y;

    Field = new int*[N];                         //构造棋盘
    for (int i = 0; i < N; i++)
    {
        Field[i] = new int[N];
        for (int j = 0; j < N; j++)
            Field[i][j] = 0;
    }

    if (TryJump(x, y, 1))                        //尝试移动
        Output();
    else
        cout << "无解\n" ;
    return 0;
}
```

在这个程序中，从键盘输入棋盘的大小和马的初始位置，然后动态生成棋盘，用递归的方法进行回溯搜索，最后输出结果。在程序中，每个棋盘格子都用一个整数表示马在第几步移入这个格子，0表示马还未经过这个格子。

王小二运行了几次程序，程序总能找到移动路径，但输出结果除了初始位置处是1，其余位置都是0，如下面的运行例子所示：

```
请输入跳马棋盘的大小(N*N)N=2
请输入马的初始位置(0<=x,y<=1)
x=0
y=1
   0   1
   0   0
```

王小二将输入部分的程序注释掉，直接使N=3, x=0, y=1；在main函数调用TryJump函数处设置了一个断点。按F5键之后，程序在该处停下来，他再按F11键进入函数内部。在变量窗口的Auto页中，可以看到参数x、y和step的值以及Field[x][y]的值。

在执行完第29行后，王小二发现step的值变成了9，下一语句是函数返回真。但上一行不是赋值语句，而是一个if语句的判断。再仔细看，王小二找到原因了，原来他把“==”错输入为“=”了。

改正这个错误后，王小二去掉了原来的断点，直接把断点设在第25行TryJump开始的地方。

再次按 F5 键运行程序进行调试，程序停在断点处；单步执行，程序很正常，然后进入递归的 TryJump 函数；继续执行，出现了一个如图 A.3 所示的对话框。

图 A.3　程序异常

这个对话框的内容是说发生了未处理的异常，异常的原因是访问冲突。发生这类错误，一般都是数组下标越界，或者使用了未赋值的指针。

从变量窗口的 Auto 页中可以看到，现在 x 和 y 的值都是–1，引起数组下标越界。王小二记起老师曾经强调过，在使用数组时应该注意保证下标不要越界。对于这个程序，就是在使用 Field[x][y]时，应该先保证 x 和 y 的值在 0 至 N–1 的范围内。

王小二将下面的代码添加在 TryJump 函数的最前面，然后重新调试。

```
if (x < 0 || y < 0 || x >= N || y >= N)
    return false;     //保证数组下标不越界
```

这次函数在访问 Field[x][y]之前就返回 false 了。

继续按 F11 键进入下一次 TryJump 函数的递归调用，但是程序却直接前进到回溯的代码处，显然是 if 的条件有问题。王小二仔细想了想，终于发现了错误之处：回溯应该在所有可能的移动都不成功时进行，所以各个可能移动之间应该是“与”的关系，原先的程序中却是“或”的关系，所以只要有一个移动不成功就进行回溯了。这是一个算法逻辑上的大错误。

改正这个错误之后，王小二继续调试，没有再发现什么问题。他把程序的断点都去掉，并改回从键盘输入，运行了几次。下面是某次运行结果：

```
请输入跳马棋盘的大小(N*N)N=5
请输入马的初始位置(0<=x,y<=4)
x=2
y=2
  21   8   3  14  19
   2  13  20   9   4
   7  22   1  18  15
  12  17  24   5  10
  23   6  11  16  25
```

另一次运行，屏幕出现：

```
请输入跳马棋盘的大小(N*N)N=6
请输入马的初始位置(0<=x,y<=5)
x=0
y=0
```

然后就停在那里没动静了。

王小二怀疑程序进入了死循环，直接关掉了没动静的运行窗口。再次按F5键来运行程序，当运行窗口没有动静后，他切换到Visual C++环境下，用Debug菜单下的Break命令暂停程序的执行。这时从变量窗口中看到step为28。他用单步方式执行了很多步，看见指示将执行程序行的黄色箭头在递归的TryJump函数中移动，相应的变量与取值也都一切正常。王小二再按F5键使程序自动运行下去，等了会儿，程序结束了。看来程序没有问题，只是运行时间长了些，这是因为所用算法并不是很好，搜索效率不高。事实上在另一次运行中，使N=6、x=2、y=3，程序很快结束了。

王小二认为现在这个程序没什么问题了。第二天他把程序给老师看，老师赞扬他学习积极主动，能够灵活运用所学的知识解决实际问题。不过，老师指出这个程序还有一个问题：在程序输出结果之后，没有释放初始化棋盘时所分配的空间，造成内存泄漏。显然这是因为王小二的粗心，而且可惜的是Visual C++环境没能指出这个问题。完整的程序如下：

```
#include <iostream>
#include <iomanip>
using namespace std;

int N;                                       //棋盘大小
int **Field = NULL;                          //棋盘

void Output()
{
    for (int i = 0; i < N; i++)
    {
        for (int j = 0; j < N; j++)
            cout << setw(5) << Field[i][j];
        cout << endl;
    }
}

//用回溯法搜索可能的移动路径
//返回值：表示是否搜索成功
//int x：当前要尝试的x位置
//int y：当前要尝试的y位置
//int step：表示当前是第几步
bool TryJump(int x, int y, int step)
{
    if (x < 0 || y < 0 || x >= N || y >= N)
        return false;
    if (Field[x][y] != 0)                    //当前尝试的格子已走过
        return false;

    Field[x][y] = step;                      //走入这一格
    if (step == N*N)                         //是否已走完所有格子
```

```
        return true;
    if (!TryJump(x-1, y-2, step+1) &&      //尝试下一步
        !TryJump(x-1, y+2, step+1) &&
        !TryJump(x+1, y-2, step+1) &&
        !TryJump(x+1, y+2, step+1) &&
        !TryJump(x-2, y-1, step+1) &&
        !TryJump(x-2, y+1, step+1) &&
        !TryJump(x+2, y-1, step+1) &&
        !TryJump(x+2, y+1, step+1))
    {
        Field[x][y] = 0;                   //失败，回溯
        return false;
    }
    else
        return true;
}

int main()
{
    cout << "请输入跳马棋盘的大小(N*N) N=" ;
    cin >> N;
    int x, y;
    cout << "请输入马的初始位置(0<= x,y <=" << N-1 << ")\n" ;
    cout << "x=";                          //得到初始位置
    cin >> x;
    cout << "y=";
    cin >> y;

    Field = new int*[N];                   //构造棋盘
    for (int i = 0; i < N; i++)
    {
        Field[i] = new int[N];
        for (int j = 0; j < N; j++)
            Field[i][j] = 0;
    }

    if (TryJump(x, y, 1))                  //尝试移动
        Output();
    else
        cout << "无解\n" ;

    //释放内存
    for (int j = 0; j < N; j++)
        delete []Field[i];
    delete []Field;
```

```
    return 0;
}
```

老师告诉王小二，有其他软件可以发现程序的内存泄漏问题，不过一个好的程序员会非常注意指针操作以及可能带来的内存泄漏问题。老师希望王小二今后在编写程序的时候要耐心细致，养成良好的编程习惯，尽量避免各种可能的错误。

附录B 库 函 数

B.1 数 学 函 数

使用下面的函数，应在程序前添加 #include <math.h>。

函数原型： int abs(int n)
long labs(long n)
double fabs(double n)

功能： 对于不同类型的 n，计算 $|n|$

示例：
```
cout << abs(-4) << endl;
cout << labs(-41576) << endl;
cout << fabs(-3.14159) << endl;
```

输出：
4
41576
3.14159

函数原型： double sin(double x)

功能： 正弦函数，参数 x 为弧度值

函数原型： double asin(double x)

功能： 反正弦函数，返回值为弧度

示例：
```
cout << sin(3.1415926535/2) << endl;
cout << asin(0.32696) << endl;
```

输出：
1
0.333085

函数原型： double cos(double x)

功能： 余弦函数，参数 x 为弧度值

函数原型： double acos(double x)

功能： 反余弦函数，返回值为弧度

示例：
```
cout << cos(3.1415926535/2) << cndl;
cout << acos(0.32696) << endl;
```

输出：
4.48966e-011
1.23771

函数原型： double tan(double x)

功能： 正切函数，参数 x 为弧度值

函数原型： double atan(double x)

功能： 反正切函数，返回值为弧度

续表

示例：	cout << tan(3.1415926535/4) << endl;
	cout << atan(–862.42) << endl;
输出：	1
	–1.56964
函数原型：	double exp(double x)
功能：	计算 e^x
函数原型：	double log(double x)
功能：	计算 $\ln x$
函数原型：	double log10(double x)
功能：	计算 $\log_{10} x$
示例：	cout << exp(1) << endl;
	cout << exp(2.302585093) << endl;
	cout << log(2.71828) << endl;
	cout << log10(10) << endl;
输出：	2.71828
	10
	0.999999
	1
函数原型：	double pow(double x, double y)
功能：	计算 x^y
函数原型：	double sqrt(double x)
功能：	计算 $\sqrt{x}$
示例：	cout << pow(2.0, 3.0) << endl;
	cout << sqrt(42.25) << endl;
输出：	8
	6.5
函数原型：	double floor(double x)
功能：	计算不超过 x 的最大整数
示例：	cout << floor(2.8) << endl;
	cout << floor(–2.8) << endl;
输出：	2
	–3

B.2 字符判断函数

使用下面的函数，应在程序前加上#include <ctype.h>。

这些函数用来判断输入参数是否是某一类型的字符，如果是则返回一个非零整数；不是则返回 0。

函数原型： int isalpha(int c)

功能： 判断 c 是否为字母 A～Z 或 a～z.

示例：

```
cout << isalpha('A') != 0 << endl;
cout << isalpha('4') << endl;
```

输出：

```
1
0
```

函数原型： int isdigit(int c)

功能： 判断 c 是否为十进制数字 0～9

示例：

```
cout << isdigit('4') != 0 << endl;
cout << isdigit('A') << endl;
```

输出：

```
1
0
```

函数原型： int isxdigit(int c)

功能： 判断 c 是否为十六进制数字 0～9 或 A～F 或 a～f

示例：

```
cout << isxdigit('4') != 0 << endl;
cout << isxdigit('A') != 0 << endl;
cout <<   isxdigit('G') << endl;
```

输出：

```
1
1
0
```

函数原型： int isalnum(int c)

功能： 判断 c 是否为字母或数字，即 c 为 A～Z 或 a～z 或 0～9

示例：

```
cout << isalnum('4') != 0 << endl;
cout << isalnum('A') != 0 << endl;
cout << isalnum('%') << endl;
```

输出：

```
1
1
0
```

函数原型： int isascii(int c)

功能： 判断 c 是否为 ASCII 字符，即 0≤c≤0x7F

示例：

```
cout << isascii('A') != 0 << endl;
cout << isascii(128) << endl;
```

输出：

```
1
0
```

函数原型： int iscntrl(int c)

功能： 判断 c 是否为控制字符，即 0≤c≤0x1F 或 c=0x7F

示例：

```
cout << iscntrl('\t') != 0 << endl;
cout << iscntrl('t') != 0 << endl;
```

输出：

```
1
0
```

续表

函数原型：	int iscsym(int c)
功能：	判断 c 是否为字母、数字或下画线，即 c 为 A～Z 或 a～z 或 0～9 或'_'

示例：	cout << iscsym('A') != 0 << endl;
	cout << iscsym('4') != 0 << endl;
	cout << iscsym('_') != 0 << endl;
	cout << iscsym('%') << endl;

输出：	1 1 1 0
函数原型：	int isiscsymf(int c)
功能：	判断 c 是否为字母或下画线，即 c 为 A～Z 或 a～z 或'_'

示例：	cout << isiscsymf('A') != 0 << endl;
	cout << isiscsymf('_') != 0 << endl;
	cout << isiscsymf('4') << endl;

输出：	1 1 0
函数原型：	int isprint(int c)
功能：	判断 c 是否为可打印字符（包括空格），即 0x20≤c≤0x7E

示例：	cout << isprint('A') != 0 << endl;
	cout << isprint('['] != 0 << endl;
	cout << isprint('\t') << endl;

输出：	1 1 0
函数原型：	int isgraph(int c)
功能：	判断 c 是否为除空格外的可打印字符，即 0x21≤c≤0x7E
示例：	cout << isgraph('A') != 0 << endl; cout << isgraph('[') << endl;
输出：	1 0
函数原型：	int ispunct(int c)
功能：	判断 c 是否为符号（可打印字符中除去空格、字母和数字）
示例：	cout << ispunct('%') != 0 << endl; cout << ispunct('A') << endl;
输出：	1 0

续表

函数原型：	int isspace(int c)
功能：	判断 c 是否为空白字符
示例：	cout << isspace('\t') != 0 << endl;
	cout << isspace('A') << endl;
输出：	1
	0
函数原型：	int islower(int c)
功能：	判断 c 是否为小写字母 a～z
示例：	cout << islower('a') != 0 << endl;
	cout << islower('A') << endl;
输出：	1
	0
函数原型：	int isupper(int c)
功能：	判断 c 是否为大写字母 A～Z
示例：	cout << isupper('A') != 0 << endl;
	cout << isupper('a') << endl;
输出：	1
	0

B.3 字符串相关函数

下面这些函数的声明在<stdlib.h>或<string.h>中，因此在使用前应先包含这两个文件。

下面这些函数在对字符串进行操作的时候，不考虑字符数组的越界，所以使用这些函数的时候，要保证各字符串已分配足够的空间，否则可能引起不可预知的错误。

函数原型：	double atof(const char *string)
功能：	将字符串 string 转换为实型数值。
示例：	cout << atof("–2309.12E–15") << endl;
	cout << atof("7.8912654773d210") << endl;
输出：	–2.30912e–012
	7.89127e+210
函数原型：	int atoi(const char *string)
功能：	将字符串 string 转换为整型数值。
示例：	cout << atoi("–9885 pigs") << endl;
输出：	–9885
函数原型：	long atol(const char *string)
功能：	将字符串 string 转换为长整型数值。
示例：	cout << atol("98854 dollars") << endl;
输出：	98854

续表

函数原型：	char *itoa(int value, char *string, int radix)
功能：	将整数 value 转化成用 radix 进制表示的字符串 string，进制 radix 必须在 2～36 之间。
返回值：	指向 string 的指针。
示例：	char strDest[20]; cout << itoa(3445, strDest, 10) << endl;
输出：	3445
函数原型：	char *ultoa(unsigned long value, char *string, int radix)
功能：	将无符号整数 value 转化成用 radix 进制表示的字符串 string，进制 radix 必须在 2～36 之间。
返回值：	指向 string 的指针。
示例：	char strDest[20]; cout << ultoa(123456789UL, strDest, 16) << endl;
输出：	75bcd15
函数原型：	char *ltoa(long value, char *string, int radix)
功能：	将长整数 value 转化成用 radix 进制表示的字符串 string，进制 radix 必须在 2～36 之间。
返回值：	指向 string 的指针。
示例：	char strDest[20]; cout << ltoa(–344115L, strDest, 16) << endl;
输出：	fffabfcd
函数原型：	int tolower(int c)
功能：	将字母 c 转化为小写字母。
示例：	cout << (char)tolower('A') << endl;
输出：	a
函数原型：	int toupper(int c)
功能：	将字母 c 转化为大写字母。
示例：	cout << (char)toupper('a') << endl;
输出：	A
函数原型：	char *strlwr(char *string)
功能：	将字符串 string 中的字母转化为小写字母。
返回值：	指向 string 的指针。
示例：	char p[] = "ABC"; cout << strlwr(p) << endl;
输出：	abc
函数原型：	char *strupr(char *string)
功能：	将字符串 string 中的字母转化为大写字母。
返回值：	指向 string 的指针。
示例：	char p[] = "abc"; cout << strupr(p) << endl;
输出：	ABC

续表

函数原型：	unsigned int strlen(const char *string)
功能：	计算字符串长度。
示例：	cout << strlen("Hello") << endl;
输出：	5
函数原型：	char *strchr(const char *string, int c)
功能：	在字符串 string 中查找第一次出现字符 c 的位置。
返回值：	字符指针，指向 string 中第一次出现的字符 c；没找到 c 则返回 NULL。

示例：	char *p = strchr("abcdcefg", 'c');
	if (p != NULL)
	    cout << p << endl;
	p = strchr("abcdefg", 'z');
	if (p == NULL) //不能直接输出 NULL
	    cout << "NULL" << endl;

输出：	cdcefg NULL
函数原型：	char *strrchr(const char *string, int c)
功能：	在字符串 string 中反向查找第一次出现字符 c 的位置。
返回值：	字符指针，指向 string 中反向第一次出现的字符 c；没找到 c 则返回 NULL。

示例：	char *p = strrchr("abcdcefg", 'c');
	if (p != NULL)
	    cout << p << endl;
	p = strchr("abcdefg", 'z');
	if (p == NULL) //不能直接输出 NULL
	    cout << "NULL" << endl;

输出：	cefg NULL
函数原型：	unsigned int strcspn(const char *string, const char *strCharSet)
功能：	从串 string 的起始位置开始，往后查找第一个出现在 strCharSet 中的字符，输出该字符在串 string 中的位置，也就是从 string 的起始位置开始到该字符前一个位置结束的子串的长度。如果 string 中查不到符合条件的字符，则输出的子串长度就是 string 的长度。
返回值：	返回子串的长度；如果 string 的第一个字符就在 strCharSet 中，则返回 0。
示例：	cout << strcspn("xyzabg", "abc") << endl; cout << strcspn("bxyzabg", "abc") << endl;
输出：	3 0
函数原型：	unsigned int strspn(const char *string, const char *strCharSet)
功能：	从串 string 的起始位置开始，往后查找第一个不在 strCharSet 中的字符，输出该字符在串 string 中的位置，也就是从 string 的起始位置开始到该字符前一个位置结束的子串的长度。如果 string 中每一字符都在 strCharSet 中，则输出的子串长度就是 string 的长度。

续表

返回值：	返回子串的长度；如果 string 的第一个字符就不在 strCharSet 中，则返回 0。
示例：	cout << strspn("bacgeab", "abcd") << endl; cout << strspn("xbacgeab", "abcd") << endl;
输出：	3 0
函数原型：	char *strpbrk(const char *string, const char *strCharSet)
功能：	查找 string 中第一次出现的在 strCharSet 中的字符，即 string 和 strCharSet 的公共字符。
返回值：	指向 string 中该字符的指针；如果两个串没有公共字符，则返回 NULL。

示例：	char *p = strpbrk("xyzabg", "abc");
	if (p != NULL)
	    cout << p << endl;

输出：	abg
函数原型：	char *strstr(const char *string, const char *substring)
功能：	查找子串 substring 在字符串 string 中第一次出现的位置。
返回值：	指向 string 中该子串开始位置的指针；如果 string 中不存在该子串，则返回 NULL。

示例：	char *p = strstr("xyzabcsa", "abc");
	if (p != NULL)
	    cout << p << endl;
	p = strstr("xyzabcsa", "abs");
	if (p == NULL)
	    cout << " NULL" << endl;

输出：	abcsa NULL
函数原型：	char *strcpy(char *strDestination, const char *strSource)
功能：	将字符串 strSource 复制到字符串 strDestination 中。
返回值：	指向 strDestination 的指针。
示例：	char strDestination[20]; cout << strcpy(strDestination, "abcd") << endl;
输出：	abcd
函数原型：	char *strncpy(char *strDestination, const char *strSource, unsigned int count)
功能：	将字符串 strSource 中前 count 个字符复制到字符串 strDestination 中。
返回值：	指向 strDestination 的指针。
示例：	char strDestination[20] = "abcd"; cout << strncpy(strDestination, "wxyz", 2) << endl;
输出：	wxcd
函数原型：	char *strset(char *string, int c)
功能：	将字符串 string 中的每个字符都设成 c。
返回值：	指向 string 的指针。
示例：	char p[20] ="abcde"; cout << strset(p, '%') << endl;
输出：	%%%%%

续表

函数原型：	char *strnset(char *string, int c, unsigned int count)
功能：	将字符串 string 中前 count 个字符都设成 c。
返回值：	指向 string 的指针。
示例：	char p[20] ="%%%%%"; cout << strnset(p, 'X', 4) << endl;
输出：	XXXX%
函数原型：	char *strcat(char *strDestination, const char *strSource)
功能：	将字符串 strSource 接到字符串 strDestination 之后。
返回值：	指向 strDestination 的指针。
示例：	char strDestination[20] = "Hello"; cout << strcat(strDestination, "world") << endl;
输出：	Hello world
函数原型：	char *strncat(char *strDestination, const char *strSource, unsigned int count)
功能：	将字符串 strSource 的前 count 个字符接到字符串 strDestination 之后。
返回值：	指向 strDestination 的指针。
示例：	char strDestination[20] = "Hello world"; cout << strncat(strDestination, "!@#$", 1) << endl;
输出：	Hello world!
函数原型：	int strcmp(const char *string1, const char *string2)
功能：	按字典序比较字符串 string1 和 string2。
返回值：	若 string1 排在 string2 前，返回值小于零；若 string1 和 string2 相等，返回零；若 string1 排在 string2 后，返回值大于零。
示例：	char s1[] = "abc"; char s2[] ="abd"; cout << strcmp(s1, s2) << endl;
输出：	–1
函数原型：	int strncmp(const char *string1, const char *string2, unsigned int count)
功能：	按字典序比较 string1 前 count 个字符的子串和 string2 前 count 个字符的子串。
返回值：	若 string1 的子串排在 string2 的子串前，返回值小于零；若 string1 的子串和 string2 的子串相等，返回零；若 string1 的子串排在 string2 的子串后，返回值大于零。
示例：	char s1[] = "abc"; char s2[] = "abd"; cout << strncmp(s1, s2, 2) << endl;
输出：	0
函数原型：	int stricmp(const char *string1, const char *string2)
功能：	按字典序比较字符串 string1 和 string2，但在比较时将所有字母都视为小写字母。
返回值：	若 string1 排在 string2 前，返回值小于零；若 string1 和 string2 相等，返回零；若 string1 排在 string2 后，返回值大于零。
示例：	char s3[] = "aBD"; char s2[] = "abd"; cout << stricmp(s3, s2) << endl;
输出：	0

续表

函数原型：	int strnicmp(const char *string1, const char *string2, unsigned int count)
功能：	按字典序比较 string1 前 count 个字符的子串和 string2 前 count 个字符的子串，但在比较时将所有字母都视为小写字母。
返回值：	若 string1 的子串排在 string2 的子串前，返回值小于零；若 string1 的子串和 string2 的子串相等，返回零；若 string1 的子串排在 string2 的子串后，返回值大于零。
示例：	char s3[] = "aBD"; char s4[] = "Abc"; cout << strnicmp(s3, s4, 3) << endl;
输出：	1
函数原型：	char *strtok(char *string, const char *strDelimit)
功能：	以 strDelimit 中任一字符为分隔符，将 string 分成多个子串。如果 string 的开头就是分隔符，则在第一次调用本函数时，开头的分隔符会被跳过。每调用一次本函数，就输出一个子串，并且原字符串的内容会被改变。如果调用本函数时，第一个参数为 NULL，则函数将会继续处理上一次被调用时处理的字符串。
返回值：	如果得到子串，则返回该子串的指针；否则返回 NULL。

示例：	char str[] ="A$BC%DEF";
	cout << strtok(str, "$%#") << endl; //输出子串 1
	cout << "str = " << str << endl; //str 已被改变
	cout << strtok(NULL, "$%#") << endl; //输出子串 2
	cout << "str =" << str << endl;
	cout << strtok(NULL, "$%#") << endl; //输出子串 3
	cout << "str =" << str << endl;
	//再用 cout << strtok(NULL, "$%#") << endl;会出错!

输出：	A str = A BC str = A DEF str = A

附录C　ASCII码表

	0	1	2	3	4	5	6	7	8	9
0	nul	soh	stx	etx	eot	enq	ack	bel	bs	ht
1	nl	vt	ff	cr	so	si	dle	dc1	dc2	dc3
2	dc4	nak	syn	etb	can	em	sub	esc	fs	gs
3	rs	us	sp	!	"	#	$	%	&	'
4	(	)	*	+	,	-	.	/	0	1
5	2	3	4	5	6	7	8	9	:	;
6	<	=	>	?	@	A	B	C	D	E
7	F	G	H	I	J	K	L	M	N	O
8	P	Q	R	S	T	U	V	W	X	Y
9	Z	[	\	]	^	_	`	a	b	c
10	d	e	f	g	h	i	j	k	l	m
11	n	o	p	q	r	s	t	u	v	w
12	x	y	z	{	|	}	~	del		

说明：第一列的数是字符代码（十进制值）的高位，第一行的数是字符代码（十进制值）的低位。

附录 D　输入输出的格式控制

D.1　流的概念与输入输出格式

C++中的流实际上是一个字节序列。输入操作是控制序列中的字节内容从一个设备流入内存；输出操作是控制序列中的字节内容从内存流向某个设备。这里的设备可能是键盘、显示器、打印机、磁盘等。

用 cin 和 cout 处理整数、浮点数、字符等不同类型的数据时，只需用同样的程序语句，这是因为流对不同数据的类型进行了不同的操作。

除了针对数据类型的不同操作之外，流还用一些标志来表明该如何操作数据，例如，设置输出数据的占位宽度，设置输出浮点数的精度。可以用函数 setiosflags()和 resetiosflags()来改变这些标志，另外也有一些操作专门用于设置某些标志。这些函数或操作有的已包含在头文件 iostream 或头文件 iomanip 中，使用前要在程序中用#include 引入。

D.2　改变整数的进制

整数通常被解释成十进制的，以下程序演示了如何改变输入输出整数时所用的进制。

```
#include <iostream>
#include <iomanip>
using namespace std;

int main()
{
    int a, b;
    cout << "以八进制格式输入整数：\na = 0";
    cin >> oct >> a;     //以八进制输入 a
    cout << "b = 0";
    cin >> b;            //输入 b，仍然是八进制
    cout << "以十六进制显示整数 a = 0x" << hex << a << endl;
    cout << "以十进制显示整数 b = " << dec << b << endl;

    //设置以八进制显示
    cout << oct << setiosflags(ios::showbase);
    cout << "以八进制显示整数 a = " << a
        << ", b = " << b << endl;
    //设置以十六进制显示
    cout << hex << setiosflags(ios::showbase);
```

```
    cout << "以十六进制显示整数 a = " << a
        << ", b = " << b << endl;
    //设置以十进制显示
    cout << dec << setiosflags(ios::showbase);
    cout << "以十进制显示整数 a = " << a
        << ", b = " << b << endl;
    return 0;
}
```

程序说明

（1）输入流和输出流都可以设置整数的进制。

（2）程序中分别用 oct、hex 和 dec 来设置整数的进制。

（3）程序中用到了 setiosflags()函数，该函数只有一个参数。ios::showbase 表示输出流在输出数据时要显示该数的进制。

（4）改变整数的进制后，该设置就一直起作用，直到下一次相关的标志被改变。

D.3　设置浮点数的精度

以下程序演示了如何控制输出浮点数小数点后面的数字位数。

```
#include <iostream>
#include <iomanip>
using namespace std;

int main()
{
    float x = 35.547f;
    cout << "x = " << x << endl;    //以默认精度输出
    //以定点小数方式输出
    cout << setiosflags(ios::fixed);
    for (int i = 0; i < 6; i++)
        cout << "x = " << setprecision(i) << x << endl;
    //以科学记数方式输出
    cout << resetiosflags(ios::fixed)
         << setiosflags(ios::scientific);
    for (int i = 0; i < 6; i++)
        cout << "x = " << setprecision(i) << x << endl;
    return 0;
}
```

程序说明

（1）程序先以默认方式输出 x。

（2）调用 setiosflags(ios::fixed)设置以定点小数的方式输出，再依次调用 setprecision(i)设置不同的小数位数并输出 x。

（3）调用 setiosflags(ios::scientific)设置以科学记数方式输出，再依次调用 setprecision(i)

设置不同的小数位数并输出 x。由于定点小数方式与科学记数方式意义上不能共存，所以在设置科学记数方式前先用resetiosflags(ios::fixed)消除定点小数标志。事实上，setiosflags()所做的工作是把指定的参数按“或”的方式加到流内部的标志中，resetiosflags()则保证参数所表示的方式不被流内部的标志所设置。

（4）setprecision()对调用后所有的输出操作都有效，直到重新调用 setprecision()。

（5）按指定小数位数输出时，原数据根据输出的精度要求四舍五入或添 0 补位。

D.4 设置输入输出宽度

输入输出宽度指输入输出的字符数。对于输入来说，这个设置只在读入字符串类型的时候起作用，这时由于字符串的最后一个字符是'\0'，所以实际读入字符串的长度会比设置的宽度少 1。如果读入的是其他类型的数据，那么这个设置不起任何作用。对于输出来说，如果正常输出的宽度大于设置的宽度，则结果仍以正常宽度输出，如果正常输出宽度小于等于设置的宽度，则按设置宽度输出，空位用填充字符填充，默认是用空格填充。

请注意，与其他设置不同的是：设置输入输出宽度只影响紧接着的一次操作，再下一次操作又自动回复到默认的宽度。

请看如下程序。

```
#include <iostream>
#include <iomanip>
using namespace std;

int main()
{
    int a;
    cout << "请输入一个小于1000的数：";
    cin >> setw(3) >> a;          //宽度设置不起作用，因为a为整数类型
    cout << "你输入的数为" << setw(3) << a << endl;

    char p[5];
    int width = 5;
    cout << "请输入长度大于4的字符串并回车，用Ctrl+C退出\n" ;
    while (1)
    {
        cin >> setw(5) >> p;      //实际每次读入4个字符
        cout << setw(width) << p << endl;
        width++;
    }
    return 0;
}
```

程序运行结果

```
请输入一个小于1000的数：123
```

```
你输入的数为 123
请输入长度大于 4 的字符串并回车，用 Ctrl+C 退出
abcdabcdabcd
 abcd
  abcd
   abcd
^C
```

程序说明

（1）main 函数的前 4 行代码测试设置输入输出宽度对整数的影响。输入宽度实际上是没有影响的；当输出的数小于 3 位数字时，可以看到数字前有空格，空格加上数字的个数正好是设置的输出宽度。

（2）接下来的 9 行代码测试设置输入输出宽度对字符串的影响。字符串本身是以空格或回车作为分界的，但由于设置了输入宽度，如果一个字符串长度大于 4，则 cin 每次最多接受 4 个字符。

（3）运行这个程序，试试输入不同的整数值（大于 1000 的也可以），看看程序输入和输出的结果。试试输入不同长度的字符串，试试输入带空格的字符串，看看程序输出结果。用 Ctrl+C 表示结束程序，在屏幕上显示为^C。

D.5　设置对齐方式和填充字符

输出数据时默认的对齐方式是右对齐，可以设置标志使输出采用左对齐或两端对齐。前面说过，当输出字符少于指定的宽度时，会用填充字符来填充。默认的填充字符是空格，可以设置别的字符作为填充字符。

请看如下程序。

```
#include <iostream>
#include <iomanip>
using namespace std;

int main()
{
    int a = 123;
    cout << setfill('*');                    //设置填充字符为*
    cout << hex << setiosflags(ios::showbase);
    cout << setiosflags(ios::left);          //设置为左对齐方式
    cout << "a = " << setw(8) << a << endl;
    cout << resetiosflags(ios::left);
    cout << setiosflags(ios::right);         //设置为右对齐方式
    cout << "a = " << setw(8) << a << endl;
    cout << resetiosflags(ios::right);
    cout << setiosflags(ios::internal); //设置为两端对齐方式
    cout << "a = " << setw(8) << a << endl;
    return 0;
```

```
}
```

程序运行结果

```
a = 0x7b****
a = ****0x7b
a = 0x****7b
```

程序说明

（1）程序先设置填充字符为'*'。

（2）然后设置以十六进制输出，且输出进制符号。

（3）接着以左对齐方式输出 a 的值，填充字符在数值右边。

（4）再接着以右对齐方式输出 a 的值，填充字符在数值左边。由于对齐方式在意义上不能共存，所以先要将左对齐方式清除。从输出可以看到，setw(8)的效果在上一次输出 a 值时已经结束，请将这行代码中的 setw(8)移到 cout 的后面，再看运行结果有何不同。

（5）最后以两端对齐方式输出 a 的值，a 的进制显示在左边，a 的数值显示在右边，中间为填充字符。

请修改以上程序，使得输出 a 的值时不带进制，看看运行结果如何。

D.6 其 他 设 置

下面列出另外一些有关输出的设置：

（1）用 setiosflags(ios::showpoint)强制输出小数点和小数尾数。

（2）用 setiosflags(ios::showpos)强制输出十进制正数前的+号。

（3）用 setiosflags(ios::uppercase)设置输出十六进制和科学记数时所有字母都用大写。

读懂下面的程序，分析程序运行结果，再看看实际运行结果是不是与分析的结果一样。

```
#include <iostream>
#include <iomanip>
using namespace std;

int main()
{
    float a = 12.0f;
    int b = 78;
    cout << "默认输出 a = " << a << endl;
    cout << "强制输出小数点和小数尾数 a = "
         << setiosflags(ios::showpoint) << a << endl;
    cout << "输出正数前的+号 a = "
         << setiosflags(ios::showpos) << a << endl;
    cout << "输出整数用十六进制，浮点数用科学记数方式，用大写字母\n" ;
    cout << hex << setiosflags(ios::showbase)
         << setiosflags(ios::scientific | ios::uppercase);
    cout << "b = "  << b << endl;
```

```
    cout << "a = "  << a << endl;
    return 0;
}
```

C++语言有类和对象的概念，cin 和 cout 就是输入和输出流的对象。除了上面介绍的一些操作以外，输入输出流还有其他一些函数操作，学习这些内容需要有类和对象的相关知识，感兴趣的读者可以参考 C++的语法规范和其他一些书。

参考文献

[1] Deitel H M, Deitel P J. C++大学教程. 2 版. 邱仲潘，等译. 北京：电子工业出版社，2001.

[2] Decoder. C/C++程序设计. 北京：中国铁道出版社，2002.

[3] 谭浩强. C 语言程序设计. 北京：清华大学出版社，2000.

[4] 钱能. C++程序设计教程. 北京：清华大学出版社，1999.